国内外石油科技创新发展报告
（2019）

吕建中 主编

石油工业出版社

内 容 提 要

本书是中国石油集团经济技术研究院在长期跟踪研究国内外石油科技创新进展的基础上编写而成，主要包括8个技术发展报告和10个专题研究报告。技术发展报告全面归纳总结了世界石油上下游各个领域的重要技术进展及发展趋势。专题研究报告针对近期世界油气技术的研发热点及其应用与发展进行深入研究，并提出思考与建议，内容包括区块链技术、人工智能技术、石化智能工厂建设等未来油气工业颠覆性的创新技术，以及超级压裂技术、先进的油藏描述技术、人工智能地震解释技术、随钻远探—前视测井技术等降本增效显著的新兴技术，并对国内民营油服企业的发展及国内外氢能产业的发展进行了分析研究。

本书可作为石油行业各专业科技管理人员、科研工作者以及石油院校相关专业师生的参考用书。

图书在版编目（CIP）数据

国内外石油科技创新发展报告. 2019／吕建中主编
. —北京：石油工业出版社，2020.11
ISBN 978 – 7 – 5183 – 4313 – 3

Ⅰ. ①国… Ⅱ. ①吕… Ⅲ. ①石油工程 – 科技发展 – 研究报告 – 世界 – 2019 Ⅳ. ①TE – 11

中国版本图书馆 CIP 数据核字（2020）第 211244 号

出版发行：石油工业出版社
（北京安定门外安华里2区1号楼　100011）
网　　址：www.petropub.com
编辑部：(010)64523738　图书营销中心：(010)64523633
经　销：全国新华书店
印　刷：北京中石油彩色印刷有限责任公司

2020年11月第1版　2020年11月第1次印刷
787×1092毫米　开本：1/16　印张：16
字数：409千字

定价：180.00元
（如出现印装质量问题，我社图书营销中心负责调换）
版权所有，翻印必究

《国内外石油科技创新发展报告（2019）》

编 委 会

主　　　任：李建青　钱兴坤
副　主　任：吕建中
成　　　员：刘朝全　姜学峰　张　宏　祁少云　李尔军
　　　　　　廖　钦　程显宝　刘　嘉　林东龙　牛立全

编 写 组

主　　　编：吕建中
副　主　编：刘　嘉　饶利波　李晓光
编写人员：（按姓氏笔画排序）
　　　　　　王晶玫　田洪亮　司云波　毕研涛　朱桂清
　　　　　　刘雨虹　刘知鑫　孙乃达　杨　虹　杨　艳
　　　　　　杨金华　李　磊　吴　潇　邱茂鑫　张华珍
　　　　　　张运东　张珈铭　张焕芝　周大通　赵　旭
　　　　　　郝宏娜　侯　亮　袁　磊　高　慧　郭晓霞
　　　　　　焦　姣
指导专家：高瑞祺　蔡建华　李万平　阎世信　孙　宁
　　　　　　徐春明　杜建荣
编写单位：中国石油集团经济技术研究院

着力营造我国能源央企开放的创新生态系统
（代序）

技术创新是一项复杂的系统工程，技术创新管理的对象历经了从创新链、创新体系，再到创新生态的交错演进，为企业增强技术创新能力、改进创新管理效率不断提供新思路、新途径。企业作为技术创新主体，既是外部创新生态系统的重要成员，又要营造好内部创新生态。能源是现代经济社会发展的重要物质基础，事关国计民生和国家安全，能源央企都是大型、特大型企业，承担着经济、社会、政治三大责任，是做强、做优、做大国有企业的重中之重。面对世界新一轮技术革命、能源革命、工业革命浪潮，能源央企迫切需要通过营造开放、包容、协同、有序、可持续的创新生态系统，推进创新驱动和高质量发展，进一步增强竞争力、创新力、控制力、影响力、抗风险能力。

一、良好创新生态的重要性

1. 从创新链、创新体系到创新生态

一般认为，技术创新活动是一种链条式延伸，完整的创新链条应包括基础研究、应用研究、试验发展、中间试验、技术成果产业化 5 个环节。立足于创新链的管理，便于分析技术创新不同环节之间的关系，有利于打通技术创新链条，使技术创新过程更加顺畅，最终实现科技成果的产业化，使技术创新真正成为企业发展乃至国家经济发展的驱动力。

然而，任何技术创新活动都需要来自系统的配套、支持及互动，从而形成国家、地区、企业不同层次的技术创新体系。具体说，即以技术创新链为主线，将战略、组织、资金、人力、运行、平台等要素与创新活动结合起来，相应建立技术创新的战略体系、资源体系、组织体系、规则体系、文化体系等。相对于创新链，技术创新体系主要研究如何合理地组织创新主体、资源、设施及其他要素，使创新活动沿着创新链顺畅地运行，侧重于为企业技术创新提供良好的内部条件。企业加强技术创新，主要表现为增加科研经费、增设科研机构、扩大科研队伍、加快技术成果转化应用等。

随着创新活动的广泛普及，越来越强调创新链条与制度、政策、法律、金融、市场、文化等环境因素的有机结合，共同营造一种良好的创新生态系统。在良好的创新生态环境下，创新人才、资本、技术都是流动的，哪里的创新生态好，就会流向哪里，正所谓"栽下梧桐树，引来金凤凰""筑巢引凤栖，花开蝶自来"。候鸟回归是对生态环境改善的最好肯定，投资者、创业者、创新者及各类优质资源蜂拥而至，则是对营商环境和创新生态的最好检验。不良的创新生态既是创新不足的原因，又是创新不足的体现。如果没有良好的创新生态，搭建的技术创新链、建立的技术创新体系也都难以正常运行。特别是当企业的生存与发展进入必须依靠创新驱动或技术主导的阶段时，除了基础设施等硬件支撑之外，更需要良好

的创新生态环境等软件保障。

2. 创新生态系统的含义

企业创新生态系统理论的提出最早可追溯到1993年，美国学者James F. Moore首次将生态学理论带入经济创新领域。21世纪初，Iansiti、Adner和Zahara等学者也分别从生态位、生态系统动态结构和企业生态网络的视角对企业生态系统进行了深入阐述，创新生态系统理论得到了丰富和发展。根据该理论，企业的技术创新活动离不开外部环境的支持。正如原始森林中阳光、空气、雨露等赋予了植物的成长环境，企业创新生态系统中需要政策法规、产业规划、金融资本、市场机制、社会舆论等创新环境给予支撑。

经过近30年的发展，目前国际上普遍认可的"企业创新生态"定义是：为了使企业的技术创新能够动态、循环发展，创新主体与外部环境之间通过资金聚集、人才流动、知识转移、成果商业化等方式形成的复杂系统。企业创新生态和原始森林生态类似，都具有"共生性"和"自治性"的特点，强调环境及各主体之间的共生栖息关系。简而言之，创新生态就是创新主体、创新资源与创新环境的共生栖息系统，各个创新主体之间相互协同、相互依赖、优势互补、共创价值、共生演进。

创新生态系统有着与技术创新链、技术创新体系不同的定位和视角。具体来说，创新链聚焦于创新过程，强调企业内部的研发到成果转化推广，是一种线性的创新模式。技术创新体系的重点在于为技术创新构建良好的企业内部条件，是从手段和方法的角度提出企业有效开展技术创新活动的内部措施，是一种平面的创新模式。技术创新生态则是围绕企业技术创新活动，着重于为企业营造有利于技术创新持续良性发展的外部环境，是一种立体的创新模式。

3. 创新生态系统的构成

在理论与实践分析基础上，我们认为创新生态系统的构成要素主要包括创新主体、创新环境、创新资源、创新支撑、创新文化等。创新主体，包括企业、大学、科研院所、国家各类重点实验室/试验基地等；创新环境，主要是由政府制定的促进创新的政策、制度、法律等；创新资源，包括资金和人才，资金由企业及银行和非银行等金融机构提供，包括企业研发投入、创新基金、风险投资等；创新支撑，指提供信息咨询、技术交易等专业服务的信息平台和中介机构；创新文化，包括价值观、行为规范、实物载体等维度，包含企业家精神、开拓变革、宽容失败等内涵。

良好的创新生态需要具备5个特征：开放、包容、协同、有序、可持续。开放是指创新主体与外部环境之间存在着知识、人员、技术、资金等方面的交流，鼓励借用或引入外部创新力量与成果，"不求所有、但求所用"，共同拓展能源创新发展空间；包容是指创新主体可以充分考虑社会和环境需要，能够为社会民众带来更多福祉，激发更多人群参与或支持创新，促进自身创新能力提升；协同是指各类创新主体之间或创新主体内部各机构之间能够有意识、主动地相互支持、相互协作，建立科学有效的产学研深度融合机制，形成推进创新的合力；有序是指各类主体在创新链条中功能定位明确，符合创新规律，并各司其职，做好政府和市场"两只手"的分工协调，共同推动技术创新活动；可持续是指创新生态具有自我更新、调控、优化的能力，通过培育创新精神和文化，不断催生各种技术创新成果。

企业创新生态系统可以分为外部创新生态系统与内部创新生态系统。外部创新生态系统是由以企业为主体，以及大学、科研机构、政府、金融等中介服务机构等构成的复杂网络结构，通过网络协作，整合人力、技术、信息、资本等创新资源和成果，实现创新因子有效汇聚，推动企业的可持续发展。对于大型企业集团来说，内部创新生态系统十分重要，主要是建立中央研究院（直属总院）、专业研究机构、技术中心、工程中心等各类技术创新机构，业务板块、成员企业之间形成协同合作关系，围绕业务发展、市场竞争需要，有效开展技术创新活动。在完善企业技术创新体系的基础上，要突出创新制度、政策、文化等软环境的支持，由此形成充满生机和活力的内部创新生态系统。

4. 依靠创新生态培育竞争优势

创新是一个民族进步的灵魂，是一个国家兴旺发达的不竭动力，综合国力竞争说到底是创新的竞争。其中，科技创新是核心，在人类社会发展历程中，每一次重大转折、突破及飞跃都离不开科技创新的驱动。当今世界正面临百年未有之大变局，只有牵住科技创新这个牛鼻子，才可能占领先机、赢得优势。

世界主要发达国家普遍高度重视营造创新生态系统，并将其上升至国家战略部署层面，成为国家竞争优势的重要支撑。创新生态系统的案例最早可溯源到日本政府20世纪60年代的"官产学"合作，通过充分整合政府、产业界和学术界的力量，抓住了时代机遇发展经济，使日本半导体产业迅速崛起。从20世纪90年代开始，这种创新生态系统模式推广到主要发达国家，许多国际大公司陆续发展出多种产学研用合作模式。它们既重视企业内部的自主研发，也通过与学术机构合作研发、参与各种形式的风险投资、以获取技术为目的的并购、建立技术创新战略联盟与合资等形式，从外部环境中汲取所需创新资源。这种开放式的技术创新，已成为国际大公司培育竞争优势的重要手段。

2004年，美国总统科技顾问委员会（PCAST）发布的《维护国家的创新生态体系、信息技术制造和竞争力》研究报告明确指出：美国的经济繁荣和在全球经济中的领导地位，得益于一个精心编制的创新生态系统。这一生态系统的本质是追求卓越，主要由科技人才、富有成效的研发中心、风险资本产业、政治经济社会环境、基础研究项目等构成。从中可以看出，美国的创新生态系统包括完善的科技创新法律体系、以风险资本为主的多层次金融体系、政府对人才和基础研究项目持续不断的强大投入，并由此带动整个社会对科技进步的推崇，以及产业化带来的巨大利益，进而有条件形成再投入、再创新的良性循环。2015年发布的新版《美国国家创新战略》把创新生态系统看作是实现全民创新和提升国家竞争力的关键所在，并明确了支持创新生态系统的一系列政策措施。2013年，欧盟发布了以开放式创新2.0为核心的《都柏林宣言》，部署了新一代创新政策，即聚焦创新生态系统的11项策略与政策路径。2011年，日本部署了改良版的"科技政策学"项目，提出要实施重大的政策转向，从技术政策转向基于生态概念的创新政策，强调将创新生态作为日本维持今后持续创新能力的根基所在。

近年来,我国对创新生态问题越来越重视。2011 年,中国—经合组织(OECD)创新政策圆桌会对国家创新生态系统进行了讨论;2013 年,夏季达沃斯论坛上再次将创新生态作为重要议题,强调经济系统、发展环境、行业企业等,在面对新兴产业、技术和管理不断创新时,应成为一个开放、吐故纳新、动态的"生态系统"。在深化国家科技体制机制改革方面,强调营造公平公正、有利于创新的法律、政策、文化、社会的生态环境。特别是在推进新能源转型及数字化、智能化技术创新方面,初步形成了政府推动、政策扶持、市场引导、社会支持、多方参与的良好生态系统。

随着新一轮技术革命、能源革命、工业革命浪潮的到来,我国能源企业正面临着技术主导未来的历史性选择,迫切需要增强自主创新力和核心竞争力。在这种情况下,必须坚持以开放的姿态,着力营造良好的创新生态,努力占领技术制高点,才能赢得国际竞争优势。

二、能源央企打造创新生态的探索与实践

央企是国有企业中的重点和骨干,在关系国家安全和国民经济命脉的重要行业和关键领域占据主导地位,是党和国家事业发展的重要物质基础和政治基础。目前,由国务院国有资产监督管理委员会(简称国资委)监管的央企有 95 家,其资产总额、所有者权益都约占全国国有企业总量的 40%,上缴税费总额约占全国税收收入的 1/3。

能源行业中的央企(简称能源央企)有 20 多家,覆盖了煤炭、电力、石油天然气、核能、节能等各主要能源领域。能源央企在全国能源生产供应中占据主导地位,其中,煤炭开采量占全国的 25%,原油产量占全国的 90%,天然气产量占全国的 90%,油品加工量占全国的 70%,发电装机总量占全国的 60%(火电占 60%、水电占 55%、核电占 100%、风电占 70%)。能源央企以其资源优势、规模实力和责任担当,在国家深化改革、扩大开放、保障能源安全、推动能源革命等实践中,大胆探索、勇立潮头、不辱使命,多家企业进入世界 500 强,成为国内建设世界一流企业的领跑者。

能源央企是国家技术创新体系的重要组成部分,拥有雄厚的技术创新资源,是建设创新型国家、支撑引领社会经济发展、推进能源"四个革命、一个合作"的主力军,在实施国家重大科技攻关、带动尖端前沿技术发展、落实引进—吸收—消化—再创新、推动产学研用协同创新、提升国际竞争力等方面,发挥着主导作用。能源央企作为技术创新主体,在国家创新政策的倡导和引领下,认真落实国家创新驱动发展战略,集中优势资源重点攻关,特别是在打造创新生态系统方面开展了探索性的工作,取得了显著成效。

许多能源央企在完善创新链、健全创新体系的基础上,着力营造开放的技术创新生态系统。一方面加大开放合作,通过产学研融合、战略联盟、风险投资等方式,将高等院校、科研院所、其他企业及用户,甚至竞争者等都引入创新链条中,充分整合和利用外部创新资源。近 5 年来,能源央企参与的合作和联盟数量增长了 1 倍以上,包括各种各样的创新创业联盟、联合工业项目、技术联盟,甚至跨界、跨行业合作项目等。另一方面,培育内部创新生态,营造鼓励创新的制度与文化,激发广大职工的创新积极性。

1. 推动产学研深度融合

推动产学研深度融合是构建协同创新生态、突破技术瓶颈的重要途径。产学研合作,主

要是基于加快科研成果向现实生产力转化的需要，按照利益共享、风险共担及优势互补的原则，企业与高校、科研院所共同开展技术创新活动。在推动产学研结合过程中，政府发挥着重要的牵线搭桥作用，并通过发展一批有影响的产业技术创新联盟，逐步凸显企业作为创新决策、研发投入、科研组织、成果转化的主体地位。目前，国内高校科研经费中已有30%来自企业，规模是10年前的3倍；各类科研机构来自企业的经费更是达到10年前的4倍。央企参与的产学研合作项目多达1.36万个，已累计支出经费150多亿元。

以中国石油天然气集团有限公司（简称中国石油）为例，公司大力推进与高等院校、科研院所、行业优势企业深度融合，组建不同层次的创新联合体，建立长期稳定合作关系，深入推进产学研用一体化；同时，积极部署多层次国际交流合作，加强与国外著名科研机构和大学的科研项目合作，努力融入全球创新网络。

中国石油于2008年在北京市昌平区建立了石油科技园。一方面整合了集团内部科技资源，有利于进行联合技术创新，推动科研机构资源共享和充分利用，着力营造内部创新生态；另一方面，吸引国内外高端人才，促进产学研合作，产生聚集、协同效应，加快推进能源科技创新产业化。

2. 构建产业技术创新战略联盟

随着创新驱动发展战略的深入实施，产业技术创新联盟这种新型组织形式，把高校、科研院所和企业等分布在技术创新链上下游的创新资源整合起来，打造完整的创新链条，推进协同创新。能源央企作为牵头单位，聚焦国家能源战略发展目标和能源产业发展实际需要，联合各领域、各企业、各科研院所在科技创新活动中的优势资源，突破关系国计民生和国民经济命脉的重大关键技术。

构建能源产业技术创新战略联盟是能源央企实施创新驱动发展战略的重大举措。针对目前我国能源领域创新资源分散、存在创新活动"孤岛"现象，能源产业技术创新战略联盟通过建立互利共赢的市场化机制，把单个的科技"珍珠"串成完整的创新"项链"，突破了原有的科技体制障碍，充分发挥市场配置科技资源的决定性作用，提升科技创新效率。

政府在产业技术创新战略联盟构建过程中发挥牵线搭桥的作用，积极营造有利于联盟发展的政策环境。截至2019年，央企牵头或参加的国家及地方产业技术创新联盟近500个，年度经费支出约10亿元，其中能源央企发挥着十分重要的作用。一些能源类产业创新联盟紧紧围绕能源技术创新链条开展联合攻关，打破制约能源产业发展的关键技术瓶颈，有力地推动了新能源的发展及传统能源的清洁、低碳化转型。

3. 设立风险投资基金助力创新发展

风险投资在创新生态系统中扮演着资金提供者和资源连接者的角色。早在1946年，位于美国波士顿的全球第一家现代风险投资机构（美国研究开发公司）成功孵化了一批创新型企业。随后，这种风险投资模式在全球范围内流行起来，改变了硅谷、波士顿和特拉维夫等国际科技创新中心的创新路径，成为国际科技创新中心形成过程中的重要催化剂。

2016年，国务院国资委授权中国国新控股有限责任公司牵头设立中国国有资本风险投资基金。国有资本风险投资基金立足于市场机制推进国家战略实施，按照市场化、专业化原则运作，在回报良好的前提下，主要投资于企业技术创新、产业升级项目。国资委推动设立国有资本风险投资基金，是贯彻落实国家创新驱动发展战略的现实需要，是调整优化国有资本布局结构的重大举措，是推进国有资本运营公司试点的有益探索，也是发展混合所有制经济的有效尝试。

近年来，部分能源央企积极渗透新能源业务，并选择采用风投基金的模式扶持技术创新和产业转化。比如，中国石油化工集团有限公司（简称中国石化），2018年在雄安新区成立了首家央企资本投资运营平台——中国石化集团资本有限公司，主要投资于新能源、新材料、节能环保及智能制造等战略性新兴产业，注册资本100亿元。该公司除直接投资外，还将发起设立具有明显市场化特征的基金，包括科技创新基金、新兴产业基金和混合所有制改革引导基金等，探索借助新的商业模式和金融业态推进新能源业务的创新发展。

4. 大力推进"大众创业、万众创新"活动

按照党中央、国务院关于大力推进"大众创业、万众创新"的要求和部署，能源央企充分发挥规模实力强、产业链条长、市场潜力大的优势，立足企业和能源产业链上下游的创新创业需求，加强与中小企业、科研院所、高校及各类创客群体的有机结合，打造了一批协同创新平台、创业孵化平台、金融支持平台和创新服务平台，有效带动了能源行业的创新创业。国家电网有限公司入选国家"双创"示范基地，打造"实验共享平台""智慧车联网平台""新能源云平台"等"双创"平台，促进了关键技术的协同攻关，增强了创新创业活力，形成了能源互联网产业链上下游企业协同创新、融通发展的新格局。

能源央企还通过组织各类创新创意大赛、创建职工创新工作室、设立内部创客团队、设立专项资金等多种方式，支持员工创新创业。中国石油开展了以新技术、新工艺、新材料、新装备、新方法和小革新、小发明、小改造、小设计、小建议为主要内容的"五新五小"群众性创新实践活动，激发了基层和一线职工的创新创效热情。此外，能源央企也不断完善内部创新组织体系和运行机制，积极探索技术入股、收益提成、内部技术转移、创业人员管理等激励机制，有效激发广大员工的创新活力。中国石化研究制定了"中国石化创新创业激励政策"，启动实施"停薪留职（保岗）"政策，鼓励和支持系统内科研人员在职离岗创新创业，并可在3年内保留人事关系。

三、思考与建议

我国能源央企在营造创新生态方面虽然取得了一定成效，但与美国等发达国家能源行业的创新生态相比，还存在一些问题和差距，主要表现为：国家能源战略政策和方向虽然明确，但目标多元、分散，缺乏具体实施举措；作为创新主体的大型能源企业和科研院所，存在研发力量分散和重复的现象，缺乏完善的技术市场，知识产权保护力度也不够；能源央企内部的科技管理体制机制僵化，缺乏配套的金融服务和中介组织，科技风投机制不健全；科研人员自由流动难度大，待遇偏低，创新的积极性未能充分调动。特别是，能源央企在创新生态系统建设的广泛性、深入性方面存在着明显不足，一些企业将构建开放的创新生态系统

仅仅看成对企业技术创新体系的一种概念更新,并没有将其视为提升技术创新能力和水平的新模式、新举措,在一定程度上影响和制约了能源行业的技术创新和转型升级。

在当前和今后一个时期,我国能源行业需要坚持围绕产业链、打造创新链、实现价值链,依靠"三链融合"促进产业转型升级;大型能源企业需要进一步加强创新体系建设,不断增强创新能力,力求在关键核心技术上取得重大突破。与此同时,必须在营造开放、包容、协同、有序、可持续的创新生态系统上多下功夫、下狠功夫,切实依靠创新驱动实现能源转型和企业高质量发展。正如前述,能源央企营造开放的创新生态系统涉及创新环境、创新主体、创新资源、创新支撑、创新文化等诸多方面,绝非一日之功,而需久久为功。研究认为,可将以下6个方面作为重点和突破口。

1. **更好地发挥政府的作用**

从国际成功经验来看,政府在营造创新生态方面扮演着重要角色,创新生态系统中的各类创新主体、金融机构和中介机构等的活动都要受政府政策影响。能源涉及国民经济全局,特别是国家安全,能源转型创新离不开政府的引导和支持。

目前,关键是要优化"风险共担、收益共享"的创新政策,包括税收政策、后补贴政策、奖励政策、采购政策等,并确保各项政策可操作、能落地。要深化能源体制机制改革,坚持"政府调节市场、市场引导企业、企业依法经营"的方向,进一步理顺政府、市场、企业的关系,打破条块分割和部门利益障碍,用简政放权的"减法",换取能源行业创新创业的"加法"。

2. **进一步明确各类创新主体的角色定位**

首先,要明确能源央企在能源创新生态系统中的主导、牵引作用,打造新引擎、形成新动力。新兴中小型能源企业,侧重于新兴能源领域的革命性创新;传统大型能源央企,侧重于采取集成式创新和渐进式创新,适时采取技术收购,形成小企业"铺天盖地"、大企业"顶天立地"的发展格局。在能源行业中,为避免技术研发重复、分散现象造成的资源浪费,可通过构建产业技术创新战略联盟共同进行科技攻关。对于能源产业链上下游企业,可通过战略重组和专业化整合,推进产业链优化。

其次,要明确大学、科研院所等作为知识创造的主体,是创新生态系统优质人才、知识、技术的源泉,避免因定位不明确、利益分配不合理导致角色错位,阻碍产学研的深度融合,破坏创新生态系统的平衡、协同及有序。

3. **重视金融对创新的支持**

技术创新是要花钱的,例如新产品新技术研发、成果产业化都需要资金支持。但是,由于技术创新通常具有较大的风险和不确定性,难以满足银行等金融机构的一般性投资条件,于是出现了大量的非银行金融机构,特别是风险投资机构。国际石油公司雪佛龙和壳牌都成立了风险技术投资公司,油服公司斯伦贝谢设立风险投资基金,它们在利用外部科技资源、实现公司技术的跨越式发展方面做了有益的尝试。能源央企在这方面起步晚、规模小,加之市场发育不成熟,是营造创新生态系统必须克服的短板。

4. 加强中介机构的创新服务和桥梁作用

充分发挥能源领域各种学会、协会、研究会等科技社团的优势和作用，提供各种能源技术信息和咨询服务。建设能源知识产权运营平台及行业技术交易市场，促进科技成果供需信息公开化，实现成果信息互通和有效对接。建立技术转移管理人员、技术经纪人、技术经理人等专业技术转移服务人员的市场化聘用机制和利益分配激励机制，更多通过市场收益回报科研人员，形成全链条的科技成果转化管理和服务体系。

5. 切实解决好科技资源开放共享与流动问题

创新资源的开放共享和有序流动有助于优化资源配置，提高创新效率。能源央企在现阶段存在各种壁垒与藩篱，阻碍了人才和技术的流动，难以推行科研基础设施、大型科研仪器、科研成果、数据资源等的共享，并在一定程度上造成重复购置和闲置的浪费现象。因而需要进一步建立完善相关制度，大力推进开放共享，促进人才流动。例如，中国石油在推进科研成果和科技资源共享方面，建立科技报告制度，完善科研成果共享平台，最大限度推动科研成果、实验数据等在公司内部开放共享；强化知识产权的保护和运营，实现价值最大化；探索建立以授权为基础、市场化方式运营为核心的科研设施与仪器共享机制，提高科技资源的使用效率。

6. 大力培育"崇尚创新、宽容失败"的创新文化氛围

能源央企需要加强创新文化建设，大力倡导科学精神、企业家精神、工匠精神和创新精神，弘扬尊重知识、尊重人才、尊重劳动、尊重创新的观念，形成人人参与创新、支持创新、推动创新的生动局面。同时，建立完善创新激励和容错纠错机制，健全科研诚信审核等相关制度，用激励、宽容、诚实、守信的创新环境营造良好的创新生态系统。持续推动"双创"活动，营造良好的创新创业氛围，激发企业内部创新活力，并与能源产业链上下游各类中小企业和新兴能源企业共同构建协同发展、可持续的能源创新生态。

中国石油集团经济技术研究院　吕建中
（源自2020年第1期《石油科技论坛》）

前 言

世界石油工业的发展史就是一部技术创新史，石油工业的每一次历史性跨越，几乎都得益于技术革命的推动。随着全球油气勘探开发对象逐步从常规向非常规、从陆地向海上、从浅层浅水向深层深水延伸，开采难度越来越大，对技术及装备的要求越来越高。科学技术是世界性、时代性的，在能源转型的新的历史条件下，抢占科技创新发展战略制高点，掌握全球油气技术竞争的先机，实现优势领域、关键技术重大突破，必须具有全球视野，把握时代脉搏。

中国石油集团经济技术研究院（简称经研院），作为国家首批高端智库试点单位，国家能源局第一批研究咨询基地，依托集团公司，按照"一部三中心"职能定位，培育了一支稳定的科技信息分析与创新管理研究团队，通过对国内外石油科技信息的长期持续跟踪研究，为及时准确地了解和把握世界石油科技发展现状与趋势以及国内外石油科技创新成果，更好地服务于国家石油科技发展，每年定期形成一份涵盖石油地质、开发、物探、测井、钻井、储运、炼油、化工等多个领域的科技发展报告，并为上级管理部门提供不同领域的专题研究报告。这些报告为中国石油实施科技创新战略，增强公司科技实力，建设世界一流的创新型企业，提供了有力的决策支持。

《国内外石油科技创新发展报告（2019）》主要包括 8 个技术发展报告和 10 个专题研究报告。技术发展报告全面介绍了国内外石油科技的新进展和发展动向，归纳总结了世界石油上下游各个领域的重要技术进展及技术发展特点与趋势。根据国外石油科技发展状况，结合国内石油科技发展的实际需求与科技发展规划，专题研究报告重点介绍了近年来世界油气领域技术研发及应用的最新成果，归纳总结了区块链和智能油气等未来油气工业颠覆性的创新技术，对超级压裂技术在油气开采降本增效方面的进展，以及人工智能地震解释技术、随钻远探—前视测井技术、系列油藏描述技术的最新进展进行了跟踪研究，分析了技术发展前景与潜力；通过调研分析国内先进民营油服企业及国内外氢能产业的发展，结合国际上一系列先进技术的迅速发展，为公司科技发展和规划提供发展建议。

中国石油集团经济技术研究院吕建中副院长对本书进行了总体策划、设计和审核，李建青院长对报告提出了宝贵的修改意见。本书综述由李晓光编写，勘探地质理论技术发展报告由焦姣编写，油气田开发技术发展报告由张华珍编写，地球物理技术发展报告由李晓光编写，测井技术发展报告由朱桂清、侯亮编写，钻井技术发展报告由郭晓霞编写，油气储运技术发展报告由郝宏娜编写，石油炼制技术发展报告由赵旭编写，化工技术发展报告由刘雨虹编写。技术发展报告审核专家主要有高瑞祺、孙宁、阎世信、蔡建华、李万平、徐春明、杜建荣。专题研究报告编写人员包括吕建中、刘嘉、饶利波、田洪亮、杨艳、杨虹、张运东、王晶玫、杨金华、李晓光、袁磊、郭晓霞、孙乃达、张焕芝、张华珍、高慧、邱茂鑫、张珈铭、刘知鑫、侯亮、吴潇、李磊、司云波、毕研涛、周大通等。

由于编者水平有限，书中难免存在疏漏与不足之处，恳请读者谅解并批评指正，真诚地希望听到大家的意见和建议，以不断提高编写质量和水平。

目 录

综 述

一、国内外油气上游投资变化与走势 ……………………………………………………（3）
  （一）全球油气勘探开发形势 …………………………………………………………（3）
    1. 上游勘探开发投资连续 3 年稳步增长 …………………………………………（3）
    2. 全球油气重要发现仍处于较低水平 ……………………………………………（3）
    3. 全球油气产量呈小幅增长态势 …………………………………………………（5）
    4. 陆上油气勘探开发难度加大，深水油气战略地位凸显 ………………………（5）
  （二）全球工程技术服务市场新动向 …………………………………………………（6）
    1. 全球工程技术服务市场稳步回升 ………………………………………………（6）
    2. 全球钻井数量明显增加，北美动用钻机数大幅度增长 ………………………（6）
    3. 国际主要油服公司及承包商均实现收入增长 …………………………………（7）

二、油气勘探开发领域理论与技术创新发展 ……………………………………………（8）
  （一）石油勘探理论技术新进展 ………………………………………………………（8）
    1. 超级盆地 …………………………………………………………………………（8）
    2. 层序地层学新进展 ………………………………………………………………（8）
    3. 微生物 DNA 指纹分析技术 ……………………………………………………（9）
  （二）油气田开发技术新进展 …………………………………………………………（9）
    1. 提高采收率技术 …………………………………………………………………（9）
    2. 压裂技术 …………………………………………………………………………（9）
    3. 人工举升技术 ……………………………………………………………………（9）
    4. 生产优化技术 ……………………………………………………………………（10）
    5. 水处理技术 ………………………………………………………………………（10）
    6. 油气行业虚拟现实技术 …………………………………………………………（10）

三、油气工程技术服务领域技术创新发展 ………………………………………………（10）
  （一）地球物理技术新进展 ……………………………………………………………（10）
    1. 地震采集装备成为市场竞争关键 ………………………………………………（11）

  2. 高效、高质量地震采集取得新进展 ……………………………………………… (11)
  3. 多学科协同一体化、大数据软件平台是主要方向 …………………………… (11)
  4. 数据处理解释向智能化方向发展 ……………………………………………… (11)
 (二) 测井技术新进展 …………………………………………………………………… (12)
  1. 无源密度等多种新型测井仪器问世 …………………………………………… (12)
  2. 过钻头测井系列仪器逐步增多 ………………………………………………… (12)
  3. 光纤传感技术快速发展 ………………………………………………………… (12)
 (三) 钻井技术新进展 …………………………………………………………………… (13)
  1. 油气钻井数字化发展又上新台阶 ……………………………………………… (13)
  2. 微机电系统为井下测控开辟新天地 …………………………………………… (13)
  3. 旋转导向钻井技术持续推进 …………………………………………………… (14)
四、油气储运与炼化领域技术创新发展 ………………………………………………………… (14)
 (一) 油气储运技术新进展 ……………………………………………………………… (14)
  1. 管材技术 ………………………………………………………………………… (14)
  2. 施工和安全技术 ………………………………………………………………… (14)
  3. 监测检测及维抢修技术 ………………………………………………………… (14)
  4. 防腐技术 ………………………………………………………………………… (15)
  5. 智能储存技术 …………………………………………………………………… (15)
 (二) 石油炼制技术新进展 ……………………………………………………………… (15)
  1. 低成本生产高辛烷值汽油新工艺 ……………………………………………… (15)
  2. 新型硫酸法烷基化技术 ………………………………………………………… (16)
  3. 催化裂化烯烃转化技术 ………………………………………………………… (16)
  4. 间接烷基化技术 ………………………………………………………………… (16)
  5. 催化柴油加氢转化技术 ………………………………………………………… (16)
  6. 化工原料型加氢裂化催化剂 …………………………………………………… (16)
  7. GARDES－Ⅱ和 M－PHG 系列硫化态催化剂 ……………………………… (17)
  8. 低浊点重质润滑油基础油加氢异构催化剂 …………………………………… (17)
  9. 煤间接液化新型费托合成铁基催化剂 ………………………………………… (17)
  10. 大规模超临界连续分离油浆制备高性能针状焦技术 ……………………… (18)
  11. 微界面传质强化反应—精细分离集成系统 ………………………………… (18)
  12. 炼化能量系统优化技术 ……………………………………………………… (18)
 (三) 石油化工技术新进展 ……………………………………………………………… (18)
  1. 基本化工原料生产技术 ………………………………………………………… (18)

  2. 催化剂制备技术 …………………………………………………………… (19)
  3. 绿色化工技术 ……………………………………………………………… (19)

技术发展报告

一、勘探地质理论技术发展报告 …………………………………………………… (23)
（一）油气勘探新动向 …………………………………………………………… (23)
  1. 全球油气勘探开发投资大幅度增长 ……………………………………… (23)
  2. 全球油气剩余探明储量小幅度增长 ……………………………………… (24)
  3. 天然气需求增长强劲 ……………………………………………………… (27)
  4. 海域仍是全球油气新发现的主要战场 …………………………………… (27)
  5. 大型勘探将越来越集中于少数石油公司 ………………………………… (27)
（二）勘探地质理论技术新进展 ………………………………………………… (28)
  1. 超级盆地 …………………………………………………………………… (28)
  2. 层序地层模拟精准预测储层品质技术 …………………………………… (29)
  3. 结合小波和成分数据分析地层的新方法 ………………………………… (29)
  4. 利用 DNA 寻找"甜点"技术 ……………………………………………… (30)
  5. 大数据分析技术 …………………………………………………………… (31)
（三）地质勘探科技展望 ………………………………………………………… (32)
  1. 模式创新将推动老油区实现储量接替 …………………………………… (32)
  2. 智能化技术组合将助力油气勘探效率 …………………………………… (33)
  3. 跨界创新成为油气技术发展新动能 ……………………………………… (33)
参考文献 …………………………………………………………………………… (33)

二、油气田开发技术发展报告 ……………………………………………………… (34)
（一）油气田开发新动向 ………………………………………………………… (34)
  1. 技术与效率是美国油气持续增加"新常态"的主因 …………………… (34)
  2. 天然气行业已经迎来复苏并将持续繁荣 ………………………………… (34)
（二）油气田开发技术新进展 …………………………………………………… (36)
  1. 提高采收率技术 …………………………………………………………… (36)
  2. 压裂技术 …………………………………………………………………… (39)
  3. 人工举升技术 ……………………………………………………………… (43)
  4. 生产优化技术 ……………………………………………………………… (46)
  5. 水处理技术 ………………………………………………………………… (47)

  6. 油气工业的虚拟现实技术 ……………………………………………………（48）
 （三）油气田开发技术展望 ………………………………………………………（50）
  1. 提高采收率技术是获得产量的主要途径 …………………………………（50）
  2. 绿色低成本是压裂技术的新趋势 …………………………………………（50）
  3. 新能源用于油气开发前景广阔 ……………………………………………（51）
 参考文献 …………………………………………………………………………（51）

三、地球物理技术发展报告 ……………………………………………………（52）
 （一）地球物理行业新动向 ………………………………………………………（52）
  1. 地球物理市场复苏仍旧面临巨大挑战 ……………………………………（52）
  2. 主要物探公司纷纷进行战略调整，市场竞争呈现新格局 ………………（53）
  3. 地球物理行业的数字化变革已经启动 ……………………………………（54）
 （二）地球物理技术新进展 ………………………………………………………（54）
  1. 地球物理装备新进展 ………………………………………………………（54）
  2. 地震采集技术新进展 ………………………………………………………（57）
  3. 地震数据处理解释技术新进展 ……………………………………………（58）
 （三）地球物理技术发展新趋势 …………………………………………………（65）
  1. 便携化、数字化、自动节点化装备将成为行业竞争关键因素 …………（65）
  2. 经济、高效的绿色地震数据采集方法是采集技术发展的重要方向 ……（66）
  3. 基于人工智能的数据分析及云端数据管理是处理解释重要发展方向 …（66）
  4. 多学科协同、一体化服务是行业发展方向 ………………………………（66）
 参考文献 …………………………………………………………………………（66）

四、测井技术发展报告 …………………………………………………………（68）
 （一）测井技术服务市场形势 ……………………………………………………（68）
 （二）测井技术新进展 ……………………………………………………………（70）
  1. 电缆测井 ……………………………………………………………………（70）
  2. 套管井测井 …………………………………………………………………（73）
  3. 随钻测井 ……………………………………………………………………（76）
  4. 其他 …………………………………………………………………………（80）
 （三）测井技术发展特点 …………………………………………………………（81）
  1. 过钻头测井系列仪器逐步增多 ……………………………………………（81）
  2. 光纤传感技术快速发展 ……………………………………………………（81）
 参考文献 …………………………………………………………………………（82）

五、钻井技术发展报告 (83)
（一）钻井领域新动向 (83)
1. 全球陆上钻井活动稳步回升 (83)
2. 北美动用钻机 (84)
3. 并购活动加剧，行业走向寡头垄断格局 (85)
（二）钻井技术新进展 (85)
1. 定向与导向钻井技术 (85)
2. 钻井数字化转型 (88)
3. 微机电技术在导向钻井中应用 (90)
4. 钻井新技术、新工艺 (92)
（三）钻井技术展望 (97)
1. 钻井技术继续向智能化方向发展 (97)
2. 油气钻井系统性互联将大幅度提升效率 (97)
3. 低油价后深水油气将存在机遇 (98)
参考文献 (98)

六、油气储运技术发展报告 (99)
（一）油气储运领域新动向 (99)
1. 全球天然气长输管道建设持续推进 (99)
2. 管道自动化市场值得关注 (99)
3. 智能管道实现全生命周期管理 (100)
4. 储气库迎来建设高峰 (100)
（二）油气储运技术新进展 (101)
1. 油气管材技术进展 (101)
2. 油气管道施工技术进展 (102)
3. 油气管道安全技术进展 (103)
4. 油气管道检测、监测技术进展 (105)
5. 油气管道维抢修技术进展 (107)
6. 防腐技术进展 (110)
7. 智能储运技术进展 (112)
8. 油气储存技术进展 (116)
（三）油气储运技术展望 (118)
1. 天然气基础设施建设和相关技术将再次驶入快车道 (118)

2. 智能管道、智慧管网建设是大势所趋 …………………………………………（118）
　　3. 中国储气库技术将快速发展 ……………………………………………………（119）
　参考文献 ………………………………………………………………………………（119）

七、石油炼制技术发展报告 ……………………………………………………………（120）
　（一）石油炼制领域发展新动向 ………………………………………………………（120）
　　1. 世界炼油能力继续增长，运行情况总体处于较好水平 ………………………（120）
　　2. 中国炼油能力结构性过剩日趋严重，地方炼厂分化发展 ……………………（120）
　　3. 炼油工业持续转型升级，技术创新向跨学科融合发展 ………………………（120）
　（二）石油炼制技术新进展 ……………………………………………………………（121）
　　1. 清洁油品生产技术 ………………………………………………………………（121）
　　2. 新型催化剂技术 …………………………………………………………………（124）
　　3. 劣质重油加工利用技术 …………………………………………………………（128）
　　4. 炼化反应系统优化技术 …………………………………………………………（129）
　（三）石油炼制技术展望 ………………………………………………………………（130）
　　1. 高品质清洁油品生产技术仍将是炼油行业的技术创新重点 …………………（130）
　　2. 劣质渣油加氢裂化技术仍将是炼油技术创新突破的主要难点 ………………（131）
　　3. 智能石化工厂的建设将对炼化行业的未来发展产生深远影响 ………………（131）

八、化工技术发展报告 ……………………………………………………………………（132）
　（一）化工领域发展新动向 ……………………………………………………………（132）
　　1. 乙烯原料更加多元化和轻质化 …………………………………………………（132）
　　2. 原油直接制化学品将给世界乙烯行业带来重大影响 …………………………（132）
　　3. 甲烷制乙烯酝酿突破 ……………………………………………………………（132）
　　4. 绿色低碳发展新动向 ……………………………………………………………（133）
　（二）化工技术新进展 …………………………………………………………………（133）
　　1. 基本化工原料生产技术 …………………………………………………………（133）
　　2. 催化剂制备技术 …………………………………………………………………（134）
　　3. 绿色化工技术 ……………………………………………………………………（135）
　（三）化工技术展望 ……………………………………………………………………（136）
　　1. 现有的化工技术进行"绿色化"改造 …………………………………………（136）
　　2. 大力发展和推广微化工技术 ……………………………………………………（137）
　参考文献 ………………………………………………………………………………（138）

专题研究报告

一、对区块链技术在石油石化行业应用情况的调研 ……………………… (141)
 （一）国外油气领域开展区块链技术应用的新动态 ……………………… (141)
  1. 基于区块链的能源大宗商品交易平台 Vakt ……………………… (141)
  2. 国际七大油气巨头成立海上运营商协会油气区块链联盟 ……………………… (142)
 （二）国内中化集团推进区块链技术应用的探索与实践 ……………………… (142)
  1. 重视顶层设计，自上而下推动 ……………………… (142)
  2. 利用 BaaS 平台，成功试点进出口业务 ……………………… (142)
 （三）思考与建议 ……………………… (143)

二、石油企业加快发展人工智能的思考与建议 ……………………… (145)
 （一）人工智能正在重塑油气工业新格局 ……………………… (145)
  1. 跨界融合创新已经成为油气行业科技创新的主要途径 ……………………… (145)
  2. 石油公司对智能化技术的应用速度与水平将决定未来能源版图 ……………………… (145)
 （二）"智能油气"时代的颠覆性技术 ……………………… (146)
  1. 人工智能大幅度提高资源发现率和油气采收率 ……………………… (146)
  2. 人工智能助力油气行业降本增效 ……………………… (147)
 （三）思考与建议 ……………………… (147)
  1. 高度重视人工智能的战略作用 ……………………… (147)
  2. 强化顶层设计 ……………………… (147)
  3. 加大跨界合作 ……………………… (148)

三、对国内先进民营油服企业的调研与启示 ……………………… (149)
 （一）经营规模不断壮大，市场地位和影响力明显提升 ……………………… (149)
 （二）民营油服企业的经验做法 ……………………… (150)
  1. 重视研发投入，并掌握了一些技术利器 ……………………… (150)
  2. 大力拓展海外市场，国际竞争力日益增强 ……………………… (150)
  3. 向全产业链、多元化发展，部分企业开始涉足油公司业务 ……………………… (151)
  4. 用人机制灵活，激励政策到位，吸引聚集了大批优秀技术和管理人才 ……………………… (151)
 （三）对国有油服企业的建议 ……………………… (151)
  1. 正视民营油服企业的客观存在，探索建立既竞争又合作的关系 ……………………… (151)
  2. 完善人才激励机制并形成常态化 ……………………… (152)

四、未来油气工业颠覆性创新技术 ……………………… (153)
 （一）颠覆性创新技术种类 ……………………… (153)

（二）人工智能带来的颠覆性创新 ·· (153)
　　1. 勘探开发智能化、一体化 ·· (154)
　　2. 高效化、精准化 ·· (154)
　　3. 少人化、无人化、远程化 ·· (154)
　　4. 安全绿色生产 ·· (154)
（三）新材料带来的颠覆性创新 ·· (154)
　　1. 碳纤维带来的颠覆性创新 ·· (155)
　　2. 石墨烯带来的潜在颠覆性创新 ·· (155)
　　3. 智能材料带来的颠覆性创新 ·· (156)
　　4. 耐超高温材料带来的颠覆性创新 ·· (156)
（四）技术组合的颠覆性创新 ·· (156)
（五）资源开采方式的颠覆性创新 ·· (157)
　　1. 应用钻井法+采矿法开采深层煤炭资源 ··· (157)
　　2. 用采矿法或钻井法+采矿法开采海域天然气水合物 ····························· (157)
　　3. 用钻井法+采矿法开采深层稀有资源 ··· (157)
（六）值得关注的颠覆性技术创新 ·· (157)
　　1. 连续运动智能钻机 ·· (157)
　　2. 井下数据高速传输技术 ·· (158)
　　3. 井下电动智能导向钻井系统 ·· (158)
　　4. 无隔水管钻井 ·· (158)
　　5. MEMS 传感器 ··· (158)
　　6. 无水压裂 ·· (159)
　　7. 颠覆性的破岩及辅助破岩方法 ·· (160)
　　8. 海底钻探器（海底钻机） ·· (160)

五、超级压裂技术实现油气开采降本增效 ··· (161)
（一）超级压裂技术 ·· (161)
　　1. 技术定义 ·· (161)
　　2. 技术效果 ·· (161)
　　3. 应用与推广 ·· (162)
　　4. 发展前景 ·· (162)
（二）支撑剂技术新进展 ·· (163)
　　1. 自悬浮支撑剂 ·· (163)
　　2. 可膨胀支撑剂 ·· (163)

    3. 超低密度支撑剂 (164)
  (三) 压裂水处理技术 (165)
    1. xWATER 灵活水源压裂液技术 (166)
    2. HRT 油气回收技术 (167)
    3. MYCELX RE-GEN 水处理技术 (167)
六、油藏描述技术新进展 (168)
  (一) 微流体芯片油藏描述技术 (168)
    1. 微流体分析技术在油气行业的应用 (168)
    2. 微流体芯片储层分析技术的特点 (169)
    3. 应用案例 (170)
  (二) Big Loop 油藏描述方法 (170)
    1. 数据集成 (171)
    2. 地震解释 (171)
    3. 构造建模 (171)
    4. 模型网格充填 (171)
    5. 油藏模拟器链接 (171)
    6. 工作流程 (172)
  (三) DNA 测序油藏描述技术 (172)
  (四) 油藏描述技术云平台 (173)
    1. 数字化、集成化云存储平台 (174)
    2. 完整的流体表征采样技术 (174)
    3. 测量技术优化 (174)
    4. 综合三维建模技术 (174)
七、基于机器学习的人工智能解释技术新进展 (176)
  (一) 人工智能地震解释技术发展背景 (176)
    1. 人工智能技术发展概述 (176)
    2. 人工智能地震数据解释技术发展概述 (177)
  (二) 人工智能地震解释技术新进展 (178)
    1. 机器学习地震属性分析技术 (178)
    2. 机器学习地震相识别 (179)
    3. 机器学习地震构造解释 (179)
    4. 深度学习地震反演 (181)
  (三) 认识、启示与建议 (182)

  1. 智能化物探技术发展前景 …………………………………………………… (182)
  2. 发展建议 …………………………………………………………………… (183)
八、随钻远探—前视测井最新进展及发展趋势 …………………………………… (184)
 （一）随钻远探—前视测井技术特点与应用领域 ………………………………… (184)
  1. 技术特点 …………………………………………………………………… (184)
  2. 应用领域 …………………………………………………………………… (184)
  3. 技术发展趋势 ……………………………………………………………… (185)
 （二）国外技术发展状况 …………………………………………………………… (185)
  1. 随钻电法远探—前视测井技术 …………………………………………… (185)
  2. 随钻声波远探—前视测井技术 …………………………………………… (186)
  3. 随钻地震远探—前视测井技术 …………………………………………… (187)
 （三）国内技术发展状况 …………………………………………………………… (187)
  1. 随钻电法远探—前视测井技术 …………………………………………… (187)
  2. 随钻声波远探—前视测井技术 …………………………………………… (187)
  3. 随钻地震远探—前视测井技术 …………………………………………… (187)
 （四）发展建议 ……………………………………………………………………… (187)
  1. 加快随钻声波远探—前视测井技术研究 ………………………………… (187)
  2. 加大对井下数据传输速度攻关力度 ……………………………………… (188)
  3. 同步发展数据处理技术与解释软件 ……………………………………… (188)
  4. 重视多种技术和仪器的融合与集成 ……………………………………… (188)
 参考文献 ……………………………………………………………………………… (188)
九、石化产业建设智能工厂的思考与建议 ………………………………………… (190)
 （一）中国石化企业面临的问题和机遇 …………………………………………… (190)
 （二）石化智能工厂建设的愿景和挑战性工程科学问题 ………………………… (190)
 （三）中国石化智能工厂建设的实践经验 ………………………………………… (191)
 （四）启示与建议 …………………………………………………………………… (192)
  1. 加大政策支持，推动石化智能工厂试点建设 …………………………… (192)
  2. 鼓励自主知识产权软硬件的研发与推广 ………………………………… (192)
  3. 布局增建1~2个世界级先进水平智能炼厂 ……………………………… (193)
十、对国内外氢能产业发展情况的调研与思考 …………………………………… (194)
 （一）国内外氢能产业发展势头不断增强 ………………………………………… (194)
 （二）国内外传统能源企业纷纷进军氢能产业领域 ……………………………… (195)
 （三）思考与建议 …………………………………………………………………… (196)

附 录

附录一 石油科技十大进展 (201)

一、2018 年中国石油科技十大进展 (201)
（一）陆相页岩油勘探关键技术研究取得重要进展 (201)
（二）注天然气重力混相驱提高采收率技术获得突破 (201)
（三）无碱二元复合驱技术工业化应用取得重大进展 (202)
（四）可控震源超高效混叠地震勘探技术国际领先 (202)
（五）地层元素全谱测井处理技术实现规模应用 (202)
（六）抗高温高盐油基钻井液等助力 8000m 钻井降本增效 (203)
（七）应变设计和大应变管线钢管关键技术取得重大进展 (203)
（八）化工原料型加氢裂化催化剂工业应用试验取得成功 (204)
（九）超高分子量聚乙烯生产技术开发及工业应用取得成功 (204)
（十）中国合成橡胶产业首个国际标准发布实施 (205)

二、2018 年国外石油科技十大进展 (205)
（一）深海油气沉积体系和盐下碳酸盐岩勘探技术取得新进展 (205)
（二）"长水平井＋超级压裂"技术助推非常规油气增产增效 (205)
（三）海底节点地震勘探技术取得新进展 (206)
（四）基于深度学习的地震解释技术成为研究热点 (206)
（五）新一代多功能测井地面系统大幅度提高数据采集速度 (207)
（六）先进的井下测控微机电系统传感器技术快速发展 (207)
（七）负压脉冲钻井技术提升连续管定向钻深能力 (208)
（八）数字孪生技术助力管道智能化建设 (208)
（九）渣油悬浮床加氢裂化技术应用取得新进展 (208)
（十）原油直接裂解制烯烃技术工业应用取得重大进展 (209)

三、2008—2017 年中国石油与国外石油科技十大进展汇总 (209)
（一）2008 年中国石油与国外石油科技十大进展 (209)
（二）2009 年中国石油与国外石油科技十大进展 (210)
（三）2010 年中国石油与国外石油科技十大进展 (210)
（四）2011 年中国石油与国外石油科技十大进展 (211)
（五）2012 年中国石油与国外石油科技十大进展 (212)
（六）2013 年中国石油与国外石油科技十大进展 (212)

（七）2014 年中国石油与国外石油科技十大进展 …………………………………………… (213)
（八）2015 年中国石油与国外石油科技十大进展 …………………………………………… (214)
（九）2016 年中国石油与国外石油科技十大进展 …………………………………………… (214)
（十）2017 年中国石油与国外石油科技十大进展 …………………………………………… (215)

附录二　国外石油科技主要奖项 …………………………………………………………… (216)

一、2018 年工程技术创新特别贡献奖 ……………………………………………………… (216)

（一）人工举升奖——斯伦贝谢公司的 Lift IQ 监控平台 ………………………………… (216)
（二）钻头奖——斯伦贝谢公司的 StingBlock 切削块 …………………………………… (216)
（三）钻井液/增产处理奖——Pegasus Vertex 公司的 CEMPRO +
　　　注水泥模拟工具 …………………………………………………………………… (216)
（四）钻井系统奖——哈里伯顿公司的 JetPulse 高速钻井液脉冲遥测服务 …………… (216)
（五）钻井系统奖——威德福公司的 Endura 双套管磨铣技术 ………………………… (216)
（六）勘探奖——沙特阿美公司的 DrillCam 综合实时系统 ……………………………… (217)
（七）地层评价奖——斯伦贝谢公司的 Pulsar 多功能全谱测井服务 …………………… (217)
（八）HSE 奖——沙特阿美公司的二氧化碳提高采收率和碳封存项目 ………………… (217)
（九）水力压裂/压力泵奖——Stage Completions 公司的 SC Bowhead Ⅱ系统 ………… (217)
（十）智能系统和组件奖——斯伦贝谢公司的 WellWatcher Advisor 实时
　　　智能完井软件 ……………………………………………………………………… (217)
（十一）IOR/EOR/修井奖——通用贝克休斯公司的 Torus 安全阀 …………………… (218)
（十二）不压裂完井奖——Reveal 能源服务公司的裂缝图技术 ………………………… (218)
（十三）陆上钻机奖——威德福公司的 AutoTong 系统 ………………………………… (218)
（十四）海底系统奖——钻石海洋公司的螺旋槽浮力系统 ……………………………… (218)

二、2018 年 OTC 聚焦新技术奖 …………………………………………………………… (218)

（一）Aegion 涂层服务公司的 ACSTMHT – 200 超高温海底湿式保温系统 …………… (219)
（二）Ampelmann 公司的 N – type "Icemann" 运动补偿舷梯转移系统 ……………… (219)
（三）通用贝克休斯公司的 TERRADAPT™ 自适应钻头 ……………………………… (219)
（四）通用贝克休斯公司的 DEEPFRAC™ 深水多级压裂服务 ………………………… (219)
（五）CoreAll 公司的智能取心系统 ……………………………………………………… (219)
（六）Delmar Systems 公司的 RARPLUS™ 快速分离技术 ……………………………… (219)
（七）Dril – Quip 公司的 HFRe™ 自动化海上钻井立管系统 …………………………… (219)
（八）Expro 公司的新一代接地钻杆（NGLS） …………………………………………… (219)
（九）哈里伯顿公司的 GeoBalance® 自动控压钻井系统 ………………………………… (219)
（十）哈里伯顿公司的 9½in 方位岩性密度（ALD™）随钻测井服务 ………………… (219)

（十一）LORD 公司的 10K 完井修井立管柔性接头 …………………………………（219）
（十二）洛阳威尔若普检测技术公司的 TCK.W 自动实时在线钢丝绳检测系统……（220）
（十三）NOV 公司的 NOVOS™ 反馈式钻井系统 ……………………………………（220）
（十四）NOV 公司的 Seabox™ 海水回注技术 ………………………………………（220）
（十五）国际海洋工程公司的 E-ROV 水下机器人 …………………………………（220）
（十六）Oliden 技术公司的 GeoFusion475 侧向电阻率成像随钻测井仪 …………（220）
（十七）Teledyne 海洋公司的 FlameGuard™P5-200 电动穿孔器 ………………（220）

三、2018 年世界石油奖 ………………………………………………………………（220）

四、2018 年 SEG 奖 …………………………………………………………………（221）

五、2018 年 SPE 全球奖 ……………………………………………………………（224）

综 述

2018年是低油价以来全球油气勘探活动最为活跃的一年，国际石油公司开始加大勘探投资，桶油发现成本持续降低，多数重大油气发现均来自海洋，海洋待发现资源潜力巨大。非常规油气资源的勘探开发仍是热点，天然气需求增加，业务量增多。工程技术服务市场领域整体规模有所回升，钻井活动活跃。但地球物理行业前景仍不明朗，测井、钻井服务市场均有小幅度回升。跨学科、多专业融合的技术层出不穷，大数据、云技术、分子化、智能化等技术不断升级。

一、国内外油气上游投资变化与走势

世界油气勘探开发业务在波折中稳步前行，勘探开发投资连续稳步增长，海洋油气投资开始反弹。全球重要油气发现主要来自海上，美国非常规油气产量继续保持增长。油服行业开始复苏，主要油服公司均实现盈利。中国加大勘探开发投入，国内勘探开发活动升温，油气探明地质储量继续大幅度增加，天然气产量快速上升。

（一）全球油气勘探开发形势

随着国际原油价格上涨并日趋稳定，油气行业加大页岩油气等短周期项目投资，油气勘探开发投资开始止跌反弹。

1. 上游勘探开发投资连续3年稳步增长

自2014年低油价以来，各大石油公司纷纷大幅度削减上游投资。据埃信华迈（IHS Markit）2019年的数据统计，2017年以来随着国际油价回升，全球上游勘探开发投资呈现恢复性增长，投资额为3820亿美元，同比增长11%。2018年投资额为4100亿美元，同比增长7.3%，其中陆上非常规油气勘探开发投资910亿美元，海上油气勘探开发投资1050亿美元（图1）。2019年，全球勘探开发投资规模继续增长，达到4440亿美元，涨幅约8.3%，其中陆上非常规油气勘探开发投资达940亿美元，海上投资增长到1200亿美元，从图1中可以看出，陆上非常规油气项目仍是热点勘探领域，深水油气勘探项目走出低迷，深水资源潜力持续释放，全球深水资本支出实现3年连续增长。

从区域投资状况看，各地区陆上勘探开发投资均有增长，其中北美和拉丁美洲是勘探开发投资增幅最大的两个地区，2018年分别达到1560亿美元和340亿美元，涨幅高达20.5%和16%（图2）。

2018年以来，中国油气勘探开发活动升温，三大石油公司加大勘探开发投入。据中国自然资源部报告，国内油气勘探与开发投资分别为636.58亿元和2031.06亿元，同比增长8.9%和24.7%。

2. 全球油气重要发现仍处于较低水平

Rystad能源咨询公司在研究报告中称，2018年是2015年以来全球常规油气勘探成果最

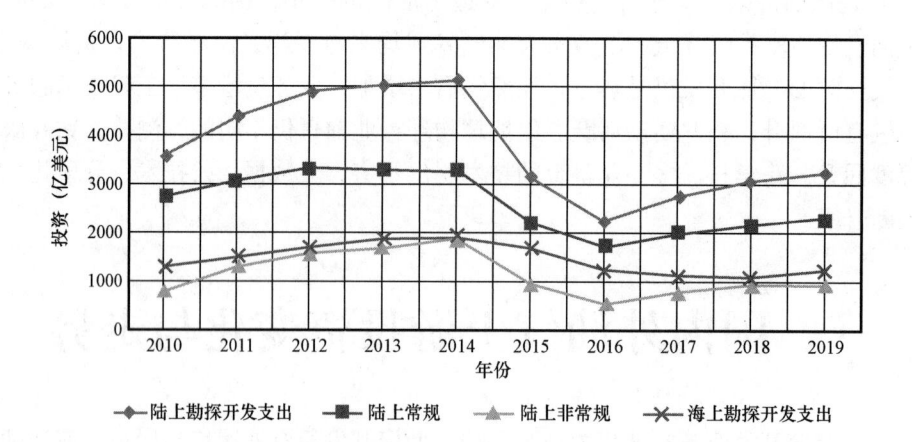

图 1 全球不同领域勘探开发投资资金变化

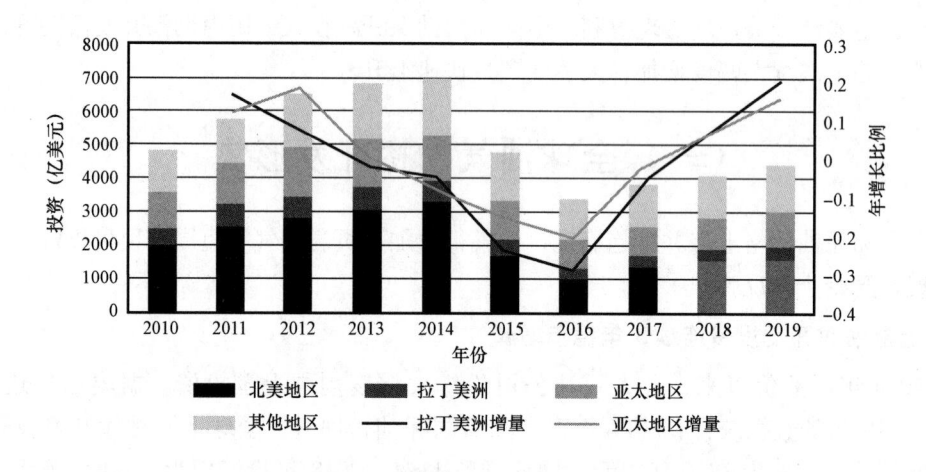

图 2 全球不同地区勘探开发投资及涨幅

好的一年,扭转了近几年来的油气发现颓势。全球石油剩余探明可采储量维持稳定,天然气储量略有增长,但是受低油价时期投资不足的影响,全球油气发现持续处于较低水平,油气发现主要来自海洋,特别是超深水。

2018 年,全球石油剩余探明可采储量 2444×10^8 t,较 2017 年增长 41×10^8 t,增幅 1.7%;天然气探明可采储量 206×10^8 m³,较 2017 年增长 1×10^{12} m³,增幅 0.5%。全球共发现油气田 226 个,新增石油可采储量 5.2×10^8 t,天然气可采储量 5.7×10^8 t 油当量,油气勘探发现排名前五的国家分别是圭亚那、俄罗斯、中国、巴西和塞浦路斯。

根据 BP 公司发布的《世界能源统计年鉴 2019》,2018 年底,全球石油探明储量达 1.73×10^{12} bbl❶。全球石油资源主要分布于中东地区和美洲(图 3)。其中,中东石油资源探明储量 8361×10^8 bbl,占比 48.3%。中南美洲石油探明储量 3251×10^8 bbl,占比 18.8%;北美洲石

---

❶ 1 bbl = 158.987 dm³。

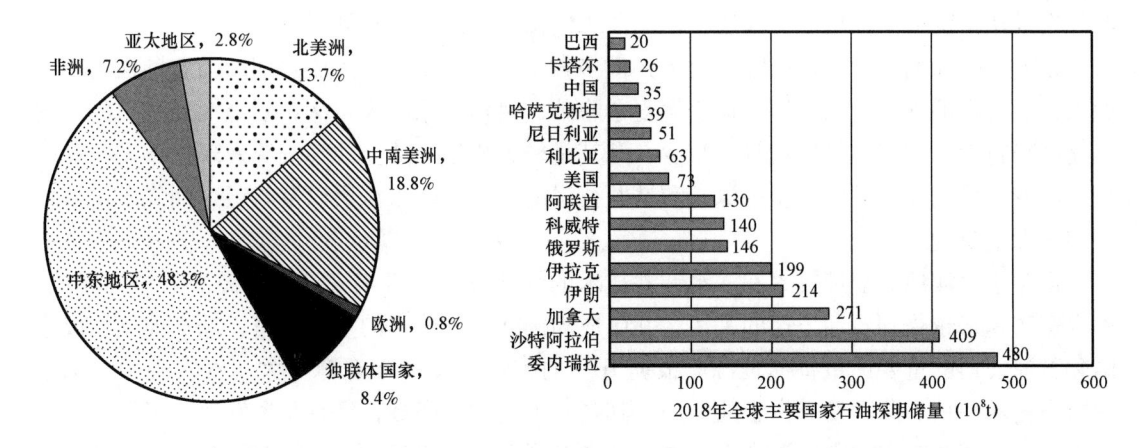

图 3 全球石油探明储量分布及主要国家石油探明储量

油探明储量 2367×10^8 bbl，占比 13.7%。欧洲石油探明储量仅为 143×10^8 bbl，占比 0.8%（图3）。其中，欧佩克拥有 71.8% 的全球储量。委内瑞拉是石油储量最高的国家，储量 480×10^8 t，占全球储量 17.5%；沙特阿拉伯紧随其后，409×10^8 t，占 17.2%。

据中国自然资源部《全国石油天然气资源勘查开采情况通报（2018年度）》统计，2018年国内油气探明储量止跌回升，新增1个亿吨级油田、3个千亿立方米级气田、1个千亿立方米级页岩气田。石油新增探明地质储量 9.59×10^8 t，同比增长 9.4%，继两年连续下降后实现再增长。天然气新增探明地质储量 8311.57×10^8 m³，同比增长 49.7%。

3. 全球油气产量呈小幅增长态势

2018年，全球油气产量稳定增长。全球石油产量为 44.5×10^8 t，同比增长 1.7%。其中，北美地区的增量最大，高达 9500×10^4 t，其次是中东地区（1600×10^4 t），分别增长 12.6% 和 1.1%。北美地区增量主要来自美国，增加 7400×10^4 t；中东地区增量主要来自沙特阿拉伯，增加 1500×10^8 t。全球天然气产量为 3.97×10^{12} m³，同比增长 4.5%。其中，增量较大的地区有北美和俄罗斯中亚地区，增量分别为 920×10^8 m³ 和 450×10^8 m³，增幅分别为 9.1% 和 5.5%。北美地区增量主要来自美国，增加 850×10^8 m³；俄罗斯中亚地区增量主要来自俄罗斯，增加 350×10^8 m³。

据中国自然资源部《全国石油天然气资源勘查开采情况通报（2018年度）》报告，2018年，中国国内石油产量保持基本稳定，天然气产量较快增长。中国三大石油公司在渤海湾、新疆、川渝等地区取得一系列新突破。国内油气产量下降势头得到有效遏制，年产 1.89×10^8 t，同比下降 1.2%，跌幅明显收窄。中国国内天然气产量 1415.12×10^8 m³，同比增长 6.4%。其中，产量大于 30×10^8 m³ 的盆地有鄂尔多斯盆地、四川盆地、塔里木盆地、柴达木盆地、松辽盆地和珠江口盆地，合计 1263.46×10^8 m³，占全国总量的 89.3%。

4. 陆上油气勘探开发难度加大，深水油气战略地位凸显

近年来，油气资源的勘探开发不断向更细、更深、更广、更难、更具挑战的领域发展。

油气发现从中深层向深层、超深层，从中浅水向深水、超深水拓展。

目前，全球油气开发仍以陆上为主，但多数主要油气田已进入成熟期。随着勘探的不断深入，主要含油气盆地的勘探目标变得复杂隐蔽，目标层系越来越深，陆上大油气田的发现难度越来越大，常规油气发现日益减少，尤其是较大规模的陆上油气资源发现近年来明显减少。随着全球老油田勘探开发的深入和钻井技术的进步，未来深层以及新层系油气勘探开发将会占据重要的地位。

得益于海洋地球物理技术和深水钻井技术的快速发展，近年来深水资源潜力持续释放，深水资产越来越受到石油公司的关注，并已成为国际石油公司的重要战略，深水油气已成为国际石油公司的重要产量替代资源。根据 IHS 的统计，2018 年全球十大油气发现中，除了中国塔里木中秋 1 井大发现位于陆上外，其余 9 个均位于海域，且有 5 个发现位于深水—超深水领域。全球深水油气资源丰富，国际能源署预测，到 2035 年，全球深水油气产量将占全球油气总产量的 22%～25%，未来深水资源勘探必将成为国际竞争重点领域。近两年中国海上石油产量占比稳步提升，2018 年产量约 $4400 \times 10^4 t$，占总产量的 23%，尽管与全球海洋石油产量平均占比 30% 仍有一定差距，但中国能源企业开始重视海洋油气资源的勘探开发。

（二）全球工程技术服务市场新动向

近两年全球油田服务市场总体出现好转，市场规模逐渐增加，全球大多数地区的工作量有所增长，市场呈现复苏的态势。国际大型油服公司收入总体上涨，市场格局变化不明显。陆上市场增长明显，海上市场依然低迷。

1. 全球工程技术服务市场稳步回升

据 Spears & Association 2019 年 4 月《油田技术服务市场报告》统计，2018 年全球（不含俄罗斯与中国）工程技术服务市场规模约 2598 亿美元，比 2017 年增长了近 10%，市场增长速度有所提高（图 4）。其中，油田生产服务板块市场规模增幅最大，同比增长近 25%，钻井与完井服务增长近 13%，测井、录井、试井服务增长 11%；尽管油田工程建设板块市场规模仍旧下降，但降幅收窄至 3%。

2. 全球钻井数量明显增加，北美动用钻机数大幅度增长

全球勘探工作量仍维持在较低水平，重磁勘探和二维地震勘探工作量连续两年处于低位，三维地震采集量约为 $29.6 \times 10^4 km^2$，较 2017 年减少 5.4%。但北美钻井活动稳步回升，带动全球钻井活动进一步回升，全球钻井工作量增加，尤其陆上钻井工作量大幅度增加。2018 年，全年动用钻机数量比 2017 年增长 9%，其中陆上钻机的增长接近 10%，海上动用略有增加。北美地区仍是全球动用钻机的重要区域，占全球动用钻机总数的 55%，其中美国动用钻机数占到北美地区的 84%。全球陆上动用钻机数量占全部动用钻机数量的 90%，比 2017 年略有上升，在北美占比更为明显，达到 98%，主要是北美地区非常规油气生产动用了大量陆上钻机（图 5）。

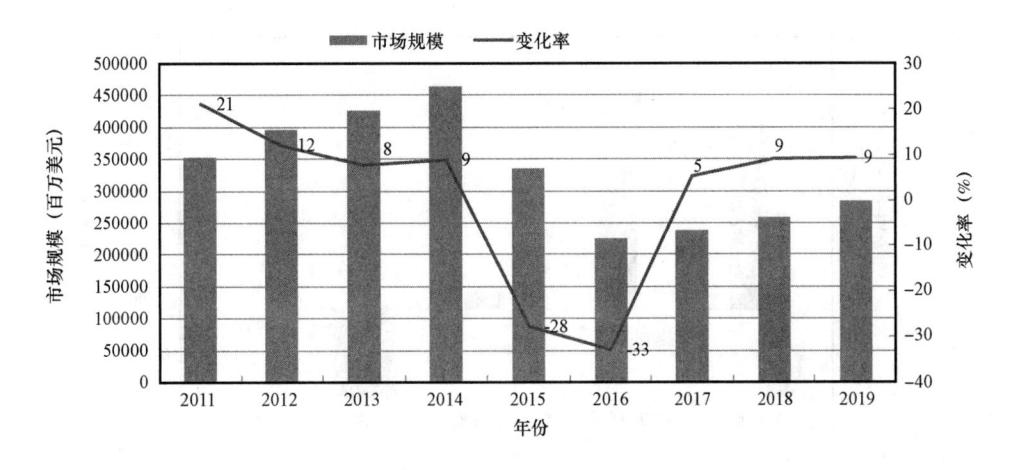

图 4 全球工程技术服务市场规模与变化
资料来源：Spears & Association

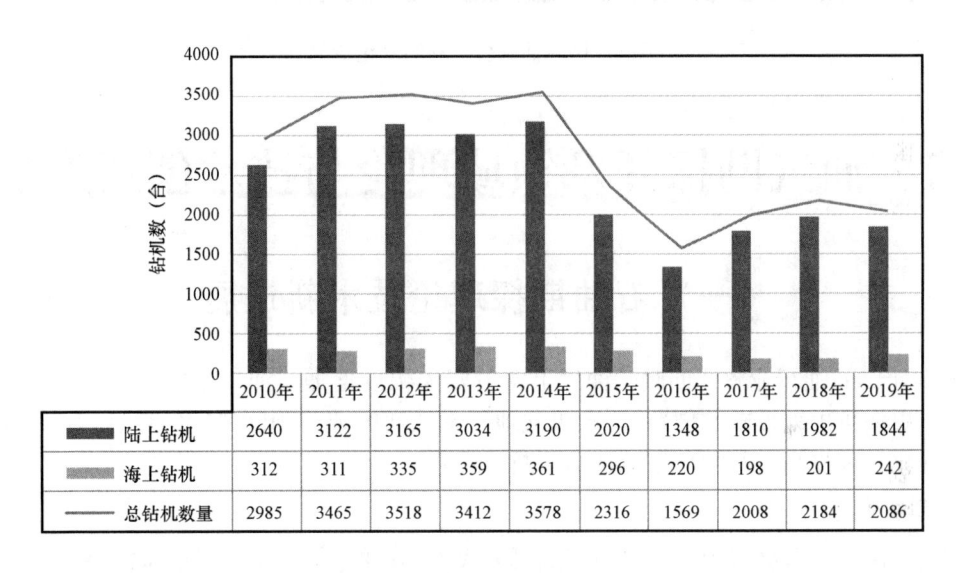

图 5 2010—2019 年全球动用的总钻机数量

	2010年	2011年	2012年	2013年	2014年	2015年	2016年	2017年	2018年	2019年
陆上钻机	2640	3122	3165	3034	3190	2020	1348	1810	1982	1844
海上钻机	312	311	335	359	361	296	220	198	201	242
总钻机数量	2985	3465	3518	3412	3578	2316	1569	2008	2184	2086

3. 国际主要油服公司及承包商均实现收入增长

油服技术服务市场排名前三位仍是斯伦贝谢公司、哈里伯顿公司和贝克休斯公司。两家海洋服务公司 TechnipFMC 和 Saipem 虽然受到海上工程量较少影响，2018 年收入整体下降，但依靠其完整的产业链条，收入仍整体较高，持续排在第 4 位和第 6 位。哈里伯顿、贝克休斯和斯伦贝谢三家国际大油服公司在 2018 年都实现了收入增长，三家公司 2018 年全球收入比 2017 年分别增长 26%、16% 和 33%（图 6）。但是威德福仍然未能走出亏损，NOV 接近盈利边缘。美国主要承包商也实现了营收的连增。但受到承包市场和价格的影响，盈利水平依然没有恢复。多家公司转型工程承包和技术服务，通过收购拓展服务业务，在向工程承包和技术服务一体化道路上迈出了实质的一步。

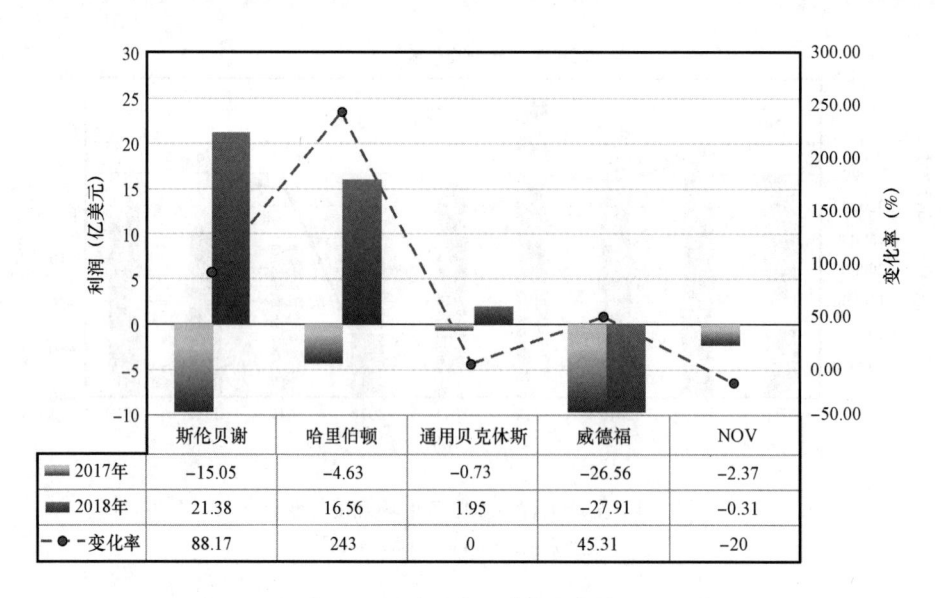

	斯伦贝谢	哈里伯顿	通用贝克休斯	威德福	NOV
2017年	−15.05	−4.63	−0.73	−26.56	−2.37
2018年	21.38	16.56	1.95	−27.91	−0.31
变化率	88.17	243	0	45.31	−20

图 6　国际油服公司利润变化情况

二、油气勘探开发领域理论与技术创新发展

（一）石油勘探理论技术新进展

2018 年，石油行业整体回暖，油气上游投资大幅度增加，油气勘探活动不仅注重技术的创新，更注重思维模式的创新。"超级盆地"模式研究成为国际研究的热点，地层层序的识别精准化程度提高，跨学科创新技术不断涌现。

1. 超级盆地

近期，国际大型会议中超级盆地模式研究成为热议的项目。随着全球油气勘探开发逐步进入平台期，油气工业正在重新审视传统的勘探理念，新的勘探开发模式在油气行业中崭露头角。超级盆地模式研究不只是关注地下资源状况，还注重分析把握地上因素，包括政府态度、开放准入、法律条款、市场竞争及社会包容等，甚至认为地上因素比地下因素更重要，进而实现成熟盆地油气勘探开发挖掘潜力，实现储量有序接替、产量有效增长。

2. 层序地层学新进展

（1）通过计算机模拟地层层序。通过砂岩厚度图和四维惠勒图可建立动态地层沉积模型，预测不同沉积环境下圈闭的三维环境，对不同海平面变化速率和不同砂泥比注入的河流三角洲沉积体系做了详细分析。该方法不仅可提高三角洲沉积储层认识和复杂性的预测能力，同时，有助于改善在油藏注水开发过程中的驱替效果，提高油气藏的勘探开发效率。

（2）利用小波数据实现采集解决层序地层精细划分。这是一种结合小波和成分数据

（CDA-WA）用以分析伽马测井和荧光分析数据，进而根据岩性敏感指标评价地层不连续性和沉积的周期旋回性，准确性高，适用性极其广泛，常规和非常规油气藏均可适用的方法。

3. 微生物 DNA 指纹分析技术

使用 DNA 指纹分析技术可通过唾液分析检测肿瘤细胞。通过发育良好的天然微裂缝网连接的地表和地下油气资源也可采用该方法，一些微生物对裂缝引起的微渗流环境适应能力强，因此，可直接指示圈闭中油气的垂直微渗漏现象，进而预测油气"甜点"。土壤样品中存在与烃类有关的微生物，采用 DNA 指纹分析技术后，相关数据量可达到太字节（Tb），随着机器学习和超级计算的不断发展突破，可使数以百万计的微生物指纹信息得到处理、分析，建立可靠的预测模型成为现实。

（二）油气田开发技术新进展

2018 年，多家公司推出了新的技术和研发方案，推动油气田开发向着高效节能、环保和低成本的方向发展，在提高采收率技术、压裂技术、人工举升技术、生产优化技术、水处理技术和虚拟现实技术等方面取得了新进展。

1. 提高采收率技术

随着常规原油产量的下降，需要通过其他途径获得原油以满足能源需求，提高油气采收率技术一直是各国获得产量的主要途径。中东和北非地区的国家石油公司正广泛采用 CO_2 提高采收率技术，并计划继续扩大其 CO_2 捕集、利用与封存（CCUS）技术的使用，未来 10 年内用于提高原油采收率的 CO_2 量将大幅度增长。注天然气重力辅助混相驱技术现场试验效果显著。裂缝孔隙型碳酸盐岩弱挥发性油藏注水开发技术实现了哈萨克斯坦碳酸盐岩油藏规模效益开发。低—超低渗透油藏水平井分段找堵水技术、无碱二元复合驱技术、聚合物驱精细高效开发配套技术和聚合物微球深部调驱技术等取得了重大进展，具有巨大的技术经济效益和广阔的应用前景。

2. 压裂技术

随着非常规油气资源的快速开发和环保意识的增强，向压裂技术提出了更为苛刻的要求，同时推动压裂技术向更高效、更环保、更低成本、更精准、更快速、更大规模的方向发展。PSI-Clone™ 推进剂无水压裂技术，不需要使用任何压裂液和支撑剂，节约水资源，环保效果显著，减少了作业人员数量和作业时间。目前，正在合作研发第二代 PSI-KICK™ 推进剂技术及其配套工具，这项技术一旦成功推广将会给传统水力压裂技术带来革命性影响。DuraStim 6000hp❶ 压裂泵，大幅度提高了功率，增加了稳定性，提高了效率。

3. 人工举升技术

人工举升技术一直是油气田开发中最重要的一个环节，技术进展对优化开采作业起着重

---

❶ 1hp = 745.7W。

要的推动作用。智能人工举升技术通过变速控制器控制人工举升系统的电动机，在变速控制器中内置了专用于油气开采的高级程序，使人工举升系统的控制达到了前所未有的水平。海底项目的交付方式需要在设计、管理和执行方式等方面进行持续不断地改进，Subsea 2.0™ 平台包含 6 种核心的经过现场验证的技术或新技术，即紧凑型采油树、紧凑型管汇、灵活跳线、分配器、控制器和集成连接器，用于综合油田和绿色油田，可根据客户需求进行配置并进行优化，以提高油田生产寿命。

4. 生产优化技术

生产优化平台系统，可以帮助石油公司更好地对资产数据进行深度分析，进而及时做出决策达到产品优化的目的。ForeSite 平台可以实现全生产系统中各个单元的安全高效连接，可以广泛地收集油田数据并进行整合，通过将物理模型和先进的数据分析技术相结合，可以有效地增加储层、油井以及地面设备的服役时间，提高工作效率，最终改善延长资产生命周期，提高油田整体效益。Ability™ 数字化解决方案可以促进油气田快速投产。

5. 水处理技术

油气行业每年由于油气生产产生大量的废水，而随着油田开采难度的不断加大，作业者不得不采取化学驱等手段提高采收率，这不仅增加了废水量，而且使得传统污水处理方法的效率降低了 50%。同时，监管部门对于水处理提出了更高的环保要求，给作业者带来了更大的挑战。Osorb 水处理系统可以有效去除污水中的苯、甲苯、乙苯、二甲苯等污染物，为面临化学驱污水处理困扰的作业者提供了独特的解决方案。

6. 油气行业虚拟现实技术

虚拟现实技术是利用计算机模拟产生一个三维空间的虚拟世界，提供用户关于视觉、听觉、触觉等感官的模拟，让用户如同身临其境一般，可以及时、没有限制地观察三维空间内的事物。未来，人们可以随时随地在虚拟空间标记风险，包括普通风险和暂时风险，简化区域隔离，并提供明确的记录。随着环境的变化，工作人员将获得实时更新，最大限度地缩短风险发生后的反应时间。

三、油气工程技术服务领域技术创新发展

（一）地球物理技术新进展

低油价下，地球物理行业受到巨大冲击，装备制造市场受到重挫，陆上采集产能严重过剩，多用户采集暴力时代成为过去，处理解释和油藏服务市场不断加快向数字化转型，市场恢复异常艰难，地球物理服务公司面临着前所未有的巨大压力和严峻挑战，市场竞争日趋激烈，对高品质、高效率、低成本物探技术的需求更加迫切。高效可控源采集、压缩感知采集技术，以及云计算、大数据、人工智能技术的发展为石油工业，特别是地球物理技术发展提供了广阔空间，信息技术与地球物理的融合发展已经成为石油公司的必然选择。未来物探装

备将向无线化、轻便化、自动化和智能化方向发展，降本增效地震采集技术是行业发展方向，高端精细成像技术仍是行业关注焦点，多学科协同一体化研究将是地球物理未来的发展必然趋势。

1. 地震采集装备成为市场竞争关键

在硬件方面，节点、光纤采集、宽频可控震源快速发展。尤其节点装备发展迅速。实时存储无线、节点系统依然是行业竞争的关键与研究热点。各大仪器制造公司不断完善推出新一代的节点仪器，实时仪器依然受到热捧。Wireless 公司的 RT3 系统，极大地改善了节点仪器的应用效率，低成本节点仪器受到大力关注，为服务公司降低成本带来希望。海底节点器朝着自动化方向发展，并且在油藏监测、采集效果和采集效率方面均取得重大进展。宽频可控震源依然是行业主流，低频数据、高效、绿色采集是竞争关键。

2. 高效、高质量地震采集取得新进展

地震高效采集从最初的滑动扫描技术到远距离分离同步激发技术，从独立同步扫描技术到高效混叠采集技术，更新进步速度非常快。同时，可控震源采集（或混合）是降低勘探成本的主要措施，已变得越来越重要。近两年，随着数据分离技术的发展，超高效混叠采集技术极大地提高了生产效率。压缩感知地震采集与成像也在海底节点、海上拖缆和陆地可控震源等生产项目商业应用中取得显著效果，并且与宽频带处理以及叠前深度偏移技术相结合，提供了高质量、高精度的地下成像结果，并克服了作业的季节、环境限制，大幅度提高了作业效率。高效生产的需求以及对绿色采集的要求，促使海上采集朝着可控源方向发展，eSeimic 新的海上地震采集方法也实现了高效、高质量地震采集。

3. 多学科协同一体化、大数据软件平台是主要方向

近几年，地球物理数据处理软件发展迅速，软件平台兼容性更强，并逐渐向油藏开发领域延伸，多学科协同的大数据软件平台成为研究热点。随着人工智能技术的快速发展，多学科协同研究的大数据软件平台将成为竞争热点。国外的一些油服巨头纷纷打造了多学科集成的软件平台。基于深度学习的软件产品更是快速发展，并在实际应用中取得较好的效果。随着计算机能力的大幅度提高，地球物理技术与强大的计算技术相结合，将会发生巨大的技术突破。

4. 数据处理解释向智能化方向发展

地球物理行业是个"数据为王"的行业，数据是地球物理勘探的基础，地震数据采集、处理与解释的范围和复杂度正在迅猛增长。随着大数据分析、机器学习和人工智能的快速发展，地震解释正朝智能化方向发展。目前，人工智能技术主要应用于地震数据处理和地震解释与综合油藏描述两个方面。地震数据处理主要包括地震波初至拾取、微地震事件识别、去噪、地震速度分析等方面；地震解释与综合油藏描述主要包括地震属性分析解释、地震反演、断层识别等。Geophysical Insights 公司和帕拉代姆公司在人工智能地震解释领域已率先开发了工作流程及软件系统。多家大学及公司在地震速度拾取、自动断层识别、相位识别等方面开展大量研究。

（二）测井技术新进展

2018 年，油价继续回升，石油工程技术服务市场继 2017 年大幅度反弹之后，继续呈上升态势。测井技术服务市场预计比 2017 年度增长 12%。

2018 年，测井技术虽未获得突破性进展，但电缆测井、随钻测井和套管井测井仍取得了较大进展。一些服务公司和油公司、科研机构或院校推出或正在研发多种新型或改进型测井仪器，包括无源密度测井仪器、新型核磁共振及电阻率测井仪器、新型生产测井仪器、新型井眼完整性检测与评价仪器、光纤测井仪器、随钻超深电磁波测井仪器、随钻电阻率与声波组合测井仪器、微传感器测井系统等。

1. 无源密度等多种新型测井仪器问世

2018 年，有多种新型测井仪器问世，比较有代表性的是无源密度测井仪、随钻电阻率与声波组合测井仪器、微传感器测井系统。

密度测井一直使用化学源，为了避免操控、运输和存储测井化学源的风险，数十年来服务公司和作业公司一直在努力寻求替代方法，斯伦贝谢公司于近期推出了真正的无源密度测井仪器——X 射线岩性密度测井仪器。此外，斯伦贝谢公司制造出双成像（电阻率与超声波）测井仪器样机，用于在油基钻井液中采集高分辨率测井数据。目前，已在 6 个国家多种地层和井眼环境下对仪器样机进行了广泛的现场测试，结果证实，电阻率和超声波图像与模拟及实验数据一致。超声波图像分辨率高于电阻率图像，两者均能分辨出地层裂缝及层理。Tulsa 大学和挪威工业科技研究所正在研发微传感器测井系统，以能够实时地提供井眼参数的分布式测量，诸如温度和压力随深度的变化。可以采用不同方法将微传感器置入钻井流体中，通过流体循环返回到地面，并由钻井液振动筛捕捉。

2. 过钻头测井系列仪器逐步增多

为了应对复杂结构井特别是水平井的不断增多，近年来，过钻头测井系列不断得到加强，每年都有新的过钻头测井仪器推出，如偶极声波、微电阻率成像、阵列侧向等。目前，斯伦贝谢公司的过钻头测井系列仪器包括偶极声波、单极声波、高分辨率阵列侧向、阵列感应、密度、中子和全井眼微电阻率成像测井仪器。

过钻头系列仪器的增多利于更好地完成困难测井环境，特别是水平井的测井与地层评价，将对非常规油气的勘探与开发起到非常重要的作用。

3. 光纤传感技术快速发展

光纤传感技术代表了油气井监测的未来，先进的光纤传感技术不需要任何井筒干预即可提供全面、实时的井下状况数据。使用光纤测量，可以不再进行传统的生产测井。现在，通过一根光纤可以完成温度、压力、声波等多种测量，提供全面的井下生产数据，在井的整个生产寿命内沿井眼轨迹进行连续测量，利于有效的油气井及油藏管理，对于智能完井、数字油田具有非常重要的意义。

除了已有的温度、压力、声波、流量、化学等测量传感器外，近期光电混合电缆和一次性分布式光纤传感器系统的问世，提供了一种低成本、低风险的光纤传感器布放方法。光电混合电缆的发展，准许一次下井同时采集常规电缆测井数据和单分量时—深及声速数据，从而显著缩短钻井时间。

随着光纤传感技术的发展，油气井的监测将发生重大变化。目前，斯伦贝谢、哈里伯顿、威德福等大型服务公司都推出了成套的光纤监测服务。

（三）钻井技术新进展

钻井技术领域，水平井钻井的定向和导向技术仍是研发的热点，钻井数字化、自动化、智能化的步伐仍在推进，同时外行业技术不断涌入钻井领域，为钻井技术发展注入新的活力。

1. 油气钻井数字化发展又上新台阶

过去，钻井业通过对硬件设备的改造与创新实现生产效率的提升和成本的节约，但在今天，以预测分析、物联网（IoT）、机器学习以及人工智能为特点的数字化技术正在改变着油气井钻井的规则。在数字和数据处理技术方面，国民油井华高（NOV）公司开发的NOVOS自动化编程平台是实现大数据的实例。首先，通过大量井下传感器和地面传感器收集地面和井下数据，再通过平台开放式的架构理念与软件开发套件，允许第三方编写算法来控制系统，一方面帮助实现地上地面的一体化，有助于整个钻井系统的闭路自动控制；另一方面，通过统一的软件平台形成完整的控制体系。目前，斯伦贝谢、NOV、通用贝克休斯等公司都在开展该技术研发。通用贝克休斯公司的Predix平台将各种工业资产设备和供应商相互连接并接入云端，并提供资产性能管理（APM）和运营优化服务。APM系统每天共监控和分析来自上万件设备资产上的1000万个传感器发回的5000万条数据，终极目标是帮助客户实现100%的无故障运行。NOV公司在Precision钻井公司北美市场的十多台钻机上装备的NOVOS系统，可通过数据监控实现改善，使每次接单根时间减少41%，平均接单根时间从7.91min下降到4.67min。基于NOVOS平台的Rigsentry应用能够监测防喷器和钻机上部设备的状况，预测设备或部件的失效，最早能够提前14d给出潜在风险提示。斯伦贝谢公司的"未来钻机"也将通过钻机构建一条先进机械化设备通向数据的桥梁，通过数据的收集、反馈和共享，实现高度的自动化钻井，最终实现"自主钻井"。

2. 微机电系统为井下测控开辟新天地

随着井眼测量技术的发展和升级，传统传感器体积大、易损坏且成本高等缺点，使业界积极寻求一种可以替代标准化导向传感器的技术。近年来，随着半导体制造技术的发展，小型化、价格低廉且坚固耐用的微机电系统（MEMS）传感器在随钻测井、随钻测量、旋转导向工具中，获得越来越多的应用。MEMS设备极小的尺寸使得其具备与生俱来的可靠性，设备使用的耐疲劳配件能够承受数十亿次甚至数万亿次的冲击而不会出现失效，MEMS设备微观的尺寸意味着可移动部件非常少，这使得其在受到冲击和振动时具备极高的可靠性。另外，MEMS传感器的成本极低，是传统传感器的0.1%~1%。这些都为MEMS逐渐取代传统传感器奠定了基础，目前几乎所有的MWD系统都以某种形式配备了MEMS传感器，有的公司已经开始提供部分或全部基于MEMS技术的井眼测量或导向系统，如斯伦贝谢推出的GyroSphere随钻测量仪器及 Power Drive ICE 耐高温旋转导向系统都大量使用了 MEMS 传感器。

3. 旋转导向钻井技术持续推进

美国每年 15000 口的水平井钻井数量使水平井成为钻井的主力军，对水平井钻井速度和质量的要求不断提升，使定向和导向技术不断发展。2018 年，在这一技术领域，各家大油服公司又推出了一系列新理念、新产品，取得一系列新进展。贝克休斯公司推出的连续平衡转向技术优化了井眼轨迹，提升了水平井段的井眼质量，同时降低了卡钻和钻具组合失效的可能性，缩短了钻井周期。哈里伯顿公司宣布推出了智能钻头内置钻头内传感器和 Cerebro 钻头内传感器。斯伦贝谢公司推出的动力钻头导向系统 BGS 为未来的远程定向钻井和自动化钻井作业打下了坚实的基础。

四、油气储运与炼化领域技术创新发展

（一）油气储运技术新进展

1. 管材技术

随着上游油气勘探开发向深水、北极领域等恶劣复杂环境进军，对管材的性能提出了越来越高的要求，中国中俄东线的敷设也对低温管道技术提出了新的要求。相应的大变形、耐低温等管材技术成为研究热点，南钢研究院成功研发的 25Mn 低温钢焊接材料，填补了中国 25Mn 钢焊接材料的技术空白。由于天然气市场消费需求旺盛，大口径、高钢级、高压力管材技术一直是近年研究的热点。另外，随着新材料领域的创新，非金属管道、石墨烯管道等新型管材的研究日益得到重视。尤其是石墨烯与塑料机械混合后，可以制造出一种效果特别好的阻隔结构，阻止气体分子渗透，可使 CO_2 渗透率降低 90% 以上，而 H_2S 的渗透率降低到不可检出的水平，在油气行业等领域的应用具有巨大潜力。

2. 施工和安全技术

激光焊接技术在近年不断进步，新的激光焊接技术可以减少高达 80% 的激光飞溅，除了可以减小焊缝的宽度和孔隙度外，还可将执行同类焊接操作的激光功率降低 40%，有效地提高了焊接效率。另外，针对复杂且具有挑战性的施工现场，新型自动吊管机可安全有效地进行作业。安全目前是行业高度关注的问题，相关技术也成为研究热点，例如储罐内液面之上会积聚易燃易爆蒸气，罐内的静电积聚或直接雷击会导致罐内放电，点燃蒸气造成严重后果，新型装置可有效防止非金属罐和内衬罐的放电，防止储罐爆燃。海上施工活动中或在繁忙海运航线中由货物（如集装箱）脱离导致的坠物，可造成管道损坏甚至破裂。为了降低风险，研发的管道压力隔离技术，对处于风险区域的管道进行隔离，从而保障管道运行安全。

3. 监测检测及维抢修技术

油气管道的监测检测技术是保障管道安全运行的重要因素，相关的新技术层出不穷。新一代泄漏光线预警系统，借助分布式声传感器和增强型数据与声学管理系统的先进技术和强大功能，首次将光纤传感技术的范围扩大到了100km，大大简化并降低了在管道上部署分布式光纤传感解决方案的成本。新型高压天然气管道清工具在不影响高压天然气管道气体输送的情况下仍能保持清管器稳定行进速度，提高清管效果。远场涡流检测技术可以在不拆除保温层及保留防腐层的情况下，采用专门设计的可变径检测器，利用电磁波的高穿透力，直接在管道外对金属管道内外壁腐蚀进行检测成像。在维抢修方面，远程封堵技术将在恶劣复杂环境地区的管道维修中发挥巨大作用。碳纤维复合材料补强修复方法不需动火焊接，工艺简单、施工迅速、操作安全，可实现不停输修复，并且成本相对较低。

4. 防腐技术

腐蚀一直是危害油气管道安全运行的重要因素，防腐技术一直是管道行业研究的热点技术。常用的防腐方法有防腐层、阴极保护等，近年研究者试图从防腐机理上进行创新。例如，对于管道不满流、顶部有空隙的管道表面，传统腐蚀抑制剂难以提供保护，而这种空隙会聚集腐蚀性蒸汽，导致管道腐蚀。为应对这一问题，研发出蒸汽腐蚀抑制剂，采用相对高的蒸气压，使抑制剂充分扩散到管道整个密闭空间，在管道顶部内表面形成保护膜，实现腐蚀防护。另外，现场的管道表面深层清洁作业经常被忽略，管道表面清洁作业的不彻底极易导致管道涂层，尤其是焊接接头附近涂层损坏或过早腐蚀。针对此情况研发的试剂，只需将溶液在饮用水中稀释，再用高压清洗机对管道表面进行清洗，即可达到清洁要求，可有效去除管道表面目测无法发现的残留可溶性盐。

5. 智能储存技术

随着信息化和数字化进程加快，管道运营人员可对管道进行实时监测，获取大量管道在线运行数据。然而，面对如此繁复庞杂的数据，如何实现数据的可视化一直困扰着管道行业。管道数字孪生技术就成功解决了这一难题，对数据进行处理，对周边环境可以进行虚拟再现，有效帮助运营商进行决策。另外，随着智能化的推进，网络安全日益重要，新的管道管理模式技术首次将准确可靠的泄漏监测与符合SIL 3标准的紧急关闭系统集成在一起。通过在紧急情况下自动关闭任何受影响区域，实现最大限度的安全性和可靠性，并提供了最大限度的网络安全，为防范网络攻击提供了强有力的防线。

（二）石油炼制技术新进展

全球炼油行业的发展呈现出炼油格局持续调整、产业集中度进一步提高、油品质量升级加快、技术创新驱动作用显著增强等新动向。围绕扩大资源、降低成本、生产清洁化和实现本质安全等方面，全球炼油技术在清洁燃料生产、炼油化工一体化、重质/劣质原油加工利用等方面取得持续进展。

1. 低成本生产高辛烷值汽油新工艺

新气体技术合成公司（NGTS）研发的Methaforming一步法新工艺，能够以较低成本将石脑油和甲醇转化成为苯含量较低的高辛烷值汽油调和组分，并且能在脱硫的同时联产氢气。该工艺仅用一套装置，替代了传统石脑油脱硫、催化重整、异构化和脱苯等工艺，使投资和生产成本降低了1/3以上。第一套Methaforming示范装置已在俄罗斯建成投产，采用石脑油和甲醇为原料，汽油调和组分的生产能力为150bbl/d，在产品收率和辛烷值方面，与异构化和连续重整相当，比半再生式重整高得多。该工艺灵活性大，可用于新建装置，也可以用于改造石脑油加氢处理或重整装置，具有良好的应用前景。

2. 新型硫酸法烷基化技术

中国石化石油化工科学研究院联合石家庄炼化分公司和洛阳工程公司等单位合作开发的新型硫酸法烷基化技术SINOALKY，采用新型高效酸烃混合反应与分离技术，具有投资低、酸耗低、产品质量优、装置易维护等特点。该技术的主要创新突破包括：（1）开发了N型多级多段静态混合反应器；（2）创新性地采用烯烃多点进料方式；（3）采用自汽化制冷移除反应热技术；（4）采用高效酸烃聚结器，取消酸碱水洗流程。SINOALKY硫酸法烷基化技术的开发与应用，将对形成具有自主知识产权的全套炼油加工工艺具有重要的支撑作用，也填补了国内硫酸法烷基化国产技术的空白，具有重大的经济效益、社会效益和环境效益。

3. 催化裂化烯烃转化技术

中国石油围绕汽油质量升级开展联合攻关，研发了催化裂化烯烃转化技术（CCOC），开辟了一种新型降烯烃反应模式，成功破解了降烯烃和保持辛烷值这一制约汽油清洁化的科学难题，开辟了一种新型降烯烃反应模式，将烯烃与环烷烃在催化剂的作用下发生氢转移反应，生成高辛烷值的芳烃和异构烷烃，降低汽油烯烃含量。在庆阳石化、兰州石化等企业成功实现了工业应用，油品质量满足国ⅥA和国ⅥB车用汽油标准，实现了中国石油国Ⅵ标准汽油生产成套技术的自主创新。

4. 间接烷基化技术

中国石化石油化工科学研究院自主开发的间接烷基化技术，即C_4烯烃选择性叠合技术解决方案，在石家庄炼化分公司选择性叠合工业示范装置上成功应用，一次投料开车成功并生产出合格叠合油产品。间接烷基化技术是指C_4烯烃叠合生成异辛烯，然后异辛烯加氢得到异辛烷的过程，因此也称为C_4烯烃选择性叠合技术。C_4烯烃中以异丁烯最为活泼，间接烷基化反应主要是异丁烯与异丁烯叠合，少量异丁烯与正丁烯叠合，间接烷基化油比烷基化油辛烷值更高，一般在99左右。

5. 催化柴油加氢转化技术

由中国石化石油化工科学研究院开发、中国石化工程建设有限公司设计、具有中国石化自主知识产权的催化裂化柴油加氢转化技术RLG，在安庆石化成功实现工业应用，为催化柴油的高效转化提供了成功示范。RLG技术充分利用催化裂化柴油芳烃含量高的特点，在中低压、高裂化反应温度、高氢油比的条件下，通过控制芳烃加氢饱和、裂化，将其转化为小分子的芳烃。该技术研发的精制催化剂，能够实现精制段双环以上芳烃部分加氢饱和为单环芳烃，同时脱除有机氮化物；专用裂化催化剂，能够促进烷基侧链的断链、环烷基侧链的异构、开环或断链。RLG技术有效解决了压减柴油、提高汽油产率、创造经济效益等问题。

6. 化工原料型加氢裂化催化剂

中国石油自主研发的化工原料型加氢裂化催化剂（PHC-05），创新性地采用多元酸离子改性和流化态水热超稳化组合技术，开发出具有高分散强 B 酸位和介孔结构的 MSY 分子筛，解决了二次裂化反应过程中有效抑制过度裂化的技术难题，大幅度降低气体小分子等非目的产物，实现高重石脑油选择性和高 C_{5+} 液体收率兼顾性的目标。采用载体多元复配技术，开发出孔径和孔体积梯级分布的催化剂孔道体系，解决了芳烃大分子空间位阻效应和重石脑油等目的产物快速扩散的技术难题，有效抑制重石脑油裂化开环，实现重石脑油高收率和高芳潜兼顾性的目标。该技术不仅可以最大量生产重石脑油，还能兼产优质航空煤油（简称航煤）和低芳烃指数（BMCI 值）的尾油，是炼厂提质增效、转型升级的重要手段，具有原料适应性强、反应活性高、重石脑油选择性好、液体收率高、生产方案灵活等特点，技术达到国际先进水平。

7. GARDES－Ⅱ 和 M－PHG 系列硫化态催化剂

中国石油自主研发的免活化、高活性、低放热、储存安全的硫化态加氢催化剂制备技术，是指在器外使用硫化剂和氢气将氧化态催化剂完全转化为具有加氢活性的金属硫化物后，再装填到反应器中，无须额外的活化步骤，只需要升温进油即可完成开工过程。与传统的器内硫化和载硫型器外预硫化技术相比，该技术具有环境友好、开工时间短、经济效益显著等明显优势。该技术创造性地将催化剂硫化过程与钝化工艺有机耦合，在制备具有高加氢活性硫化态催化剂的同时，创新性地利用硫化反应产物的副反应，在硫化态催化剂表面适度积炭，丝状炭可以部分覆盖加氢活性超高的配位不饱和硫原子，又不会造成催化剂失活，实现了硫化态催化剂加氢活性不降低、开工和催化剂钝化时间大幅度缩短、运输装填过程无安全风险的"三元一体"效果。

8. 低浊点重质润滑油基础油加氢异构催化剂

中国石油自主开发了生产新型低浊点重质润滑油基础油加氢异构催化剂 PHI－01，攻克了高含蜡石油基蜡油加氢异构深度转化这一世界难题。该催化剂基于正构烷烃异构化反应"锁—匙"理论及"孔口限域"作用，创新性地采用了高分散纳米微晶生长技术和晶面择形控制技术，提高了异构深度，实现了高选择性分子筛催化材料的开发。为了克服非限域酸性位产生裂化副反应的弊端，采用金属"固热离子"交换技术，对固体酸外表面非限域活性位点进行选择性"屏蔽"，增强了对分子筛孔口位点的极化作用，降低了非限域空间内的裂化反应概率，从而提高了催化剂抗积炭能力，延长了催化剂使用寿命。

9. 煤间接液化新型费托合成铁基催化剂

中国石油研发的炼厂制氢高活性转化催化剂（PRH－01），具有高活性、高强度、原料适应性强的特点，兼具氢气产量高、能耗低等优点，荷兰埃因霍温理工大学与北京低碳清洁能源研究院的科研人员合作研究，在世界范围首次合成了以稳定纯相 ε－碳化铁为活性相的新型费托合成铁基催化剂，打破了以往认为 ε－碳化铁在 200℃ 以上费托合成中无法稳定存在的观点，其本征 CO_2 选择性为零。一方面为煤间接液化产业大量减少能源消耗和运营成本；另一方面，在传统工艺中 CO_2 产生于费托合成＋水煤气变换两单元，在新技术下则全部产生于水煤气变换单元，这使 CO_2 捕集非常容易，为煤间接液化技术与 CO_2 捕集、利用和储存技术的结合扫平了障碍。

10. 大规模超临界连续分离油浆制备高性能针状焦技术

中国石油大学（北京）和山东益大新材料有限公司联合攻关，开发了超临界连续分离油浆制备高性能针状焦技术，实现了废物利用，解决了长期以来的"卡脖子"问题。该技术的主要创新突破：（1）利用特有的超临界精细分离技术，结合先进的高分辨率质谱表征手段，多层次揭示了催化裂化油浆的复杂性质与化学组成结构；（2）原创性提出催化裂化油浆超临界连续分离"拔头去尾"新工艺；（3）开发出部分逆流大规模超临界连续萃取分离工艺技术。此外，该项目组还牵头制定了油系针状焦国家标准。

11. 微界面传质强化反应—精细分离集成系统

南京大学提出微米尺度气液界面反应系统构想，自主研发了微界面传质强化反应—精细分离集成系统，提出了微界面传质强化反应的理论，同时开发了微界面传质强化反应器构效调控系统（MTIR系统），建立了整套构效调控数学模型，这些模型可依据输入的能量调控气泡直径和气泡个数，从而调控气液界面和传质速率，在反应过程的催化剂、物料配比、操作条件等不变的情况下，实现反应效率成倍提高，能耗、物耗、水耗、污染物排放等大幅度降低的目标。

12. 炼化能量系统优化技术

中国石油自主研发的炼化能量系统优化技术从炼厂加工流程及原料优化、装置内部操作及换热网络优化、装置间热联合及热进料、蒸汽动力及瓦斯系统优化、全厂低温热综合利用等方面开展了企业能量系统优化分析和生产过程优化分析，开发了炼化重点装置、换热网络等模拟模型130余套，识别各类节能增效优化机会340余项，通过模拟计算和优化分析，研究制定原料优化、装置操作优化、换热网络优化、热联合等各类优化方案共130项，并在8家重点推广企业取得显著的阶段成果。炼化能量系统优化技术为切实突破企业当前节能降耗共性瓶颈、推动企业节能增效提供了强有力的技术支撑。

（三）石油化工技术新进展

世界石化工业的全球化是经济全球化发展的必然趋势，传统石化业阵营将发生较大分化。2018年，在新经济和高科技产业迅速发展的影响下，一些传统的石化公司将逐渐退出大宗化工品生产领域，进一步向专用化、特色化和高附加值化方向转变。从工业布局来看，世界石化工业将进一步趋于全球化、大型化、集中化、炼化一体化。石化公司的生产将更加集中，规模更大，核心业务将更强，成本进一步降低，也将更加注重优势核心业务技术创新和全球化及上下游一体化经营。

2018年，全球石化工业既面临着难得的发展机遇，也面临着严峻挑战。在新一轮科技革命浪潮的推动下，全球石化产业发展呈现一系列新的变化和新的动向。

1. 基本化工原料生产技术

原油直接裂解制烯烃省略了常减压蒸馏、催化裂化等主要炼油环节，使得工艺流程大为简化。最具代表性的技术是埃克森美孚的技术、沙特阿美/沙特基础公司合作开发的技术。

2018年9月，埃克森美孚公司在广东惠州建设了一套120×10^4 t/a的原油直接裂解制乙烯项目，计划2023年建成投产。2018年1月，沙特阿美与CB&I、Chevron Lummus Global签署了联合开发协议，通过研发加氢裂化技术将原油直接生产化工产品的转化率提高至70%~80%。当前工业上90%以上的乙二醇生产都是通过石油路线，该过程效率不高、能耗大，而甲醇由煤、天然气、生物质乃至CO_2经合成气或直接制备，廉价易得，因此甲醇直接制备乙二醇意义重大。厦门大学与中国科学院大连化学物理研究所（简称中科院大连化物所）合作，在甲醇C—C偶联直接制乙二醇的研究上取得重大突破。

2. 催化剂制备技术

研究和开发简单、廉价和适用的NO_x控制新技术，是近年来大气污染控制领域的一个热点课题。其中，日本Chugoku电力公司与东京都立大学合作，开发的用于脱除炼厂和发电厂烟气中NO_x的氧化钒（V_2O_5）催化剂具有很大优势。分子筛是重要的催化材料，新结构分子筛的创制及工业应用往往带来石化技术的跨越式发展，由中国石化上海石油化工研究院开发的全新结构的分子筛材料SCM-14（SINOPEC Composite Material 14），获得国际分子筛协会（IZA）授予的结构代码SOR，标志着中国石化成为中国首个获得分子筛结构代码的企业，实现了国内工业企业在新结构分子筛合成领域零的突破，意义重大。

3. 绿色化工技术

当今世界，绿色发展、低碳发展已经成为国际公司发展潮流，也是各国政府加快转变发展方式、打造战略性新兴产业的重要举措。当前，设计高效催化剂来降低过电势和提高反应选择性是CO_2电催化还原研究中极具挑战性的热点课题，中科院大连化物所在高温CO_2电催化还原研究中取得的进展提供了调控CO_2电催化还原性能的新途径，丰富和拓展了纳米限域催化概念，有利于构建可持续发展的碳资源循环利用网络。

技术发展报告

一、勘探地质理论技术发展报告

2018年,国际原油价格趋于稳定,在55~70美元/bbl 之间波动,油气勘探开发上游投资增长率增幅重上两位数,达11%,深水大型油气勘探项目陆续通过审批;全球石油探明储量略增0.2%,天然气探明储量增幅达1.7%;天然气将继续引领化石能源的发展;超级盆地研究模式成为各大国际会议的讨论热点;大数据、智能化等跨界技术竞相融入地质勘探领域。

(一) 油气勘探新动向

1. 全球油气勘探开发投资大幅度增长

2018年,国际原油价格稳定在70美元/bbl左右。全球油气上游投资随之回暖,2018年全球油气勘探开发投资额约为4090亿美元,比2017年的3680亿美元增加了10%(表1、图1)。投资总额的增长来自陆地油气项目,海上油气项目投资虽然已经连续4年减少,但是,2018年一些海上大型油气项目申请陆续通过审批,预计未来投资额将大幅度增加。

表1 全球油气资源勘探开发投资

资源类型		投资(10亿美元)									
		2009年	2010年	2011年	2012年	2013年	2014年	2015年	2016年	2017年	2018年
陆地	小计	298	356	437	487	498	509	338	232	262	304
	常规	255	276	308	331	328	327	241	179	192	216
	非常规	43	80	129	156	170	182	97	53	70	88
海洋		135	127	148	165	184	187	164	119	106	105
合计		433	483	585	652	682	696	502	351	368	409

资料来源:IHS Markit,2019。

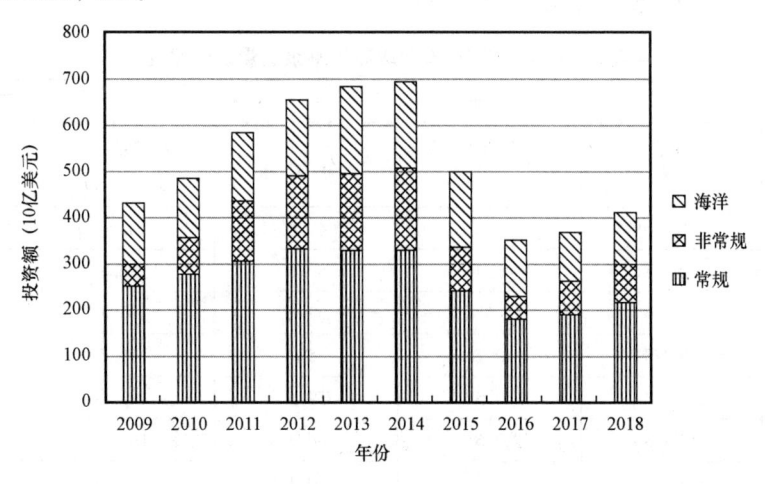

图1 2009—2018年全球上游投资分布

各大区对油气勘探的投资力度不尽相同（表2）。北美地区以1500亿美元的投资额，保持在区首位，增幅为前一年的24.0%；中东、非洲、亚太、俄罗斯及里海地区的投资均有回升，分别为12.1%、9.7%、6.9%和3.2%；拉丁美洲投资稳定；欧洲投资略有缩减。

表2 各地区勘探开发投资

区域	投资（10亿美元）										
	2008年	2009年	2010年	2011年	2012年	2013年	2014年	2015年	2016年	2017年	2018年
非洲	56	45	40	45	51	53	58	46	34	31	34
亚太	115	108	109	123	146	147	134	114	90	87	93
欧洲	27	28	27	30	33	36	37	34	26	27	26
中东	30	28	27	29	33	34	37	34	32	33	37
北美	217	142	197	258	280	306	326	188	98	121	150
俄罗斯和里海地区	34	30	31	38	42	42	41	35	32	31	32
拉丁美洲	56	50	53	62	67	65	63	50	38	37	37
总额	535	431	484	585	652	683	696	501	350	367	409

资料来源：IHS Markit, 2019。

2. 全球油气剩余探明储量小幅度增长

2018年底，美国《油气杂志》发布"全球油气储量报告"。此次报告首次将轻烃（NGL）纳入"石油"范畴，部分国家的天然气储量改为干气储量，因而与2017年之前的数据相比变化较大。

2018年，全球石油和天然气剩余探明储量较2017年有所增长，分别为0.2%和1.7%，达到$2291 \times 10^8 t$和$201.6 \times 10^{12} m^3$（表3）。欧佩克石油储量降低0.4%，达到$1664 \times 10^8 t$，在全球石油储量中占比稳定，为72.6%；天然气储量为$96 \times 10^{12} m^3$，增幅0.1%，占全球天然气储量的47.6%。中国的石油储量稳定，与2017年相同，都为$35.5 \times 10^8 t$，增幅1.2%；天然气储量为$6.0 \times 10^{12} m^3$，增幅2.1%。

表3 2008—2018年全球油气剩余储量及储采比

年份	石油			天然气	
	储量（$10^8 t$）	同比增长（%）	储采比	储量（$10^{12} m^3$）	同比增长（%）
2018	2291.0	0.2	49.0	201.6	1.7
2017	2262.8	0.4	57.6	196.8	0.7
2016	2254.6	−0.6	57.6	195.5	−0.6
2015	2268.8	0.1	58	196.7	0.4
2014	2268.4	0.5	59.5	195.8	−0.3
2013	2256.8	0.6	60.2	196.5	2.1
2012	2243.6	7.5	60.1	192.4	0.7

续表

年份	石油 储量 (10^8t)	石油 同比增长（%）	石油 储采比	天然气 储量 (10^{12}m^3)	天然气 同比增长（%）
2011	2086.6	3.6	56.7	191.1	1.5
2010	2013.2	8.5	55.4	188.2	0.6
2009	1855.0	0.9	52.3	187.2	5.7
2008	1838.6	0.8	50.5	177.1	1.1

除美国外，全球各资源国探明石油和天然气储量排名稳定（表4、表5）。

表4 2018年世界主要国家或地区石油剩余探明储量及储采比

序号	国家或地区	储量（10^8t）	增幅（%）	储采比
1	委内瑞拉	414.8	0.2	559.4
2	沙特阿拉伯	364.7	0	60.0
3	加拿大	229.3	-1.8	90.1
4	伊朗	213.2	-1.0	90.7
5	伊拉克	201.7	-1.0	89.3
6	科威特	139.0	0	96.2
7	阿联酋	134	0	72.2
8	俄罗斯	109.6	0	19.0
9	美国	83.8	22.6	11.0
10	利比亚	66.3	0	138.8
11	尼日利亚	49.6	-3.4	51.0
12	哈萨克斯坦	41.1	0	41.0
13	中国	35.5	1.2	18.8
14	卡塔尔	34.6	0	38.9
15	巴西	17.6	1.6	13.0
1	中东小计	1102.2	-0.4	71.5
2	西半球小计	773.8	1.5	53.4
3	非洲小计	169.7	-2.1	42
4	东欧及原苏联小计	164.4	0	22.0
5	亚太地区小计	63.4	0.1	17.0
6	西欧小计	17.5	6.9	10.8
	欧佩克总计	1664.0	-0.4	86.3
	世界总计	2291.0	0.2	49.0

资料来源：美国《油气杂志》，2018年12月。

表5 2018年世界主要国家或地区天然气剩余探明储量

序号	国家或地区	储量（$10^{12} m^3$）	增幅（%）
1	俄罗斯	47.8	0
2	伊朗	33.8	0.3
3	卡塔尔	23.8	-0.9
4	美国	12.4	36.1
5	沙特阿拉伯	8.7	1.1
6	土库曼斯坦	7.5	0
7	阿联酋	6.1	0
8	中国	6.0	2.1
9	委内瑞拉	5.7	-0.6
10	尼日利亚	5.6	2.8
11	阿尔及利亚	4.5	0
12	伊拉克	3.7	-2.0
13	澳大利亚	3.2	0
14	印度尼西亚	2.8	-0.8
15	莫桑比克	2.8	0
1	中东小计	79.7	0
2	东欧及原苏联小计	61.9	0
3	西半球小计	22.4	16.9
4	非洲小计	17.5	1.5
5	亚太地区小计	17.3	-0.5
6	西欧小计	2.7	-5.0
	欧佩克总计	96.0	0.1
	世界总计	201.6	1.7

资料来源：美国《油气杂志》，2018年12月。

（1）石油。在排名前15名的国家里，美国石油探明储量增幅最大，从2017年的排名第11位升至第9位，储量增加 $35.3 \times 10^8 t$，增幅达22.6%。仅有委内瑞拉同比增长了0.2%，中国增长1.2%，巴西增长1.6%，其余资源国的石油探明储量不变或略有减少。从区域分布上来看，西欧地区石油储量增长6.9%，主要来源于挪威（10.8%）和意大利（9.6%）的石油储量增加。此外，西半球和亚太地区均有增长，涨幅分别为1.5%和0.1%。

（2）天然气。在排名前15名的国家里，美国表现最为突出，增幅达36.1%，尼日利亚增幅2.8%，中国增幅2.1%，沙特阿拉伯增幅1.1%，伊朗增幅0.3%；伊拉克降幅明显，为2%。从区域分布上来看，美洲天然气储量大增16.9%；得益于尼日利亚（2.8%）和安哥拉（37.1%）的天然气储量增长，非洲天然气储量增长1.5%；西欧地区天然气储量降低5%，主要受挪威（-3%）和荷兰（-13.3%）储量减少的影响；亚太地区小幅度下降，为0.5%；中东和东欧及原苏联地区油气储量变化不大。

3. 天然气需求增长强劲

天然气是污染最小的化石燃料，市场增长空间大，大型油气公司加强了天然气领域的投资。例如，壳牌公司的天然气资产在其总资产的占比已经突破 50%，预计未来将提高至 75%。

亚洲将引领全球天然气需求的增长。中国由于"煤改气"在工业、民用、商业领域及交通领域的推进，天然气需求强劲增长。印度城市管网不断扩张，在油价回升、政府提升气电的基础上，天然气需求增长空间大。印度尼西亚、马来西亚、巴基斯坦和孟加拉国等新兴市场"煤改气"意愿增强，但其国内天然气产量降低，所以进口需求强劲。

4. 海域仍是全球油气新发现的主要战场

Rystad 能源咨询公司发布研究报告显示，2018 年全球油气的发现情况达到了自 2015 年以来的最好水平，总发现量达到 94×10^8 bbl 油当量。值得注意的是，2018 年全球新发现的十大油气田中，仅有一个来自陆地，其余均来自海上（表6）。

表6 2018年世界十大油气田发现

国家	油气田名称	油气类型	发现公司	储层类型	概算储量（10^8 bbl 油当量）
俄罗斯	North Obskoye	气	诺瓦泰克	浅水	9.6
塞浦路斯	Calypso	气	埃尼石油	深水	6.72
阿曼	Mabrouk NorthEast	气	阿曼石油发展	陆地	6.71
美国	Ballymore	油	雪佛龙	深水	5.46
圭亚那	Longtail	油	埃克森美孚	深水	5.3
圭亚那	Ranger	油	埃克森美孚	深水	4.7
圭亚那	Pacora	油	埃克森美孚	深水	4.2
圭亚那	Hmmerhead	油	埃克森美孚	深水	3.8
澳大利亚	Dorado	油	Quadrant 能源，Carnarvon 石油	深水	2.65
圭亚那	Pluma	油	埃克森美孚	深水	2.6

5. 大型勘探将越来越集中于少数石油公司

2019 年，估计全球勘探平均投资回报率将上升至两位数，少数勘探水平高且风险承受能力强的公司将承揽多数大型勘探项目，包括国际大石油公司和少数勘探意愿强的独立石油公司及国家石油公司，其他多数公司受过去两年行业低迷的影响，将继续缩减或暂停勘探业务。国际大石油公司通过调整资产组合，将优先安排影响力大、价值高的区块进行勘探，预计这些勘探项目的新增储量对未来 10 年的产量贡献率为 20%～65%；少数专注于勘探的独立石油公司，如图洛、阿帕奇、科斯莫可能源、墨菲石油、雷普索尔等公司一直对勘探业务保持浓厚的兴趣；国家石油公司中，马来西亚国家石油公司和中国海油将致力于海外勘探业务，以弥补国内产量下降。巴西国家石油公司、墨西哥国家石油公司、印度国家石油公司和印度尼西亚国家石油公司将发挥主导优势，专注于国内勘探。

（二）勘探地质理论技术新进展

1. 超级盆地

随着全球油气勘探开发逐步进入成熟期，油气工业正在重新审视传统的勘探理念，新的勘探开发模式在油气行业中崭露头角，超级盆地（Super Basin）概念的提出，对挖掘油气勘探开发潜力、实现储量有序接替、产量有效增长起到了有力的推动作用。

超级盆地是指含油气盆地累计产量和可采储量都超过 50×10^8 bbl 油当量，盆地中还含有多套烃源岩和含油气系统，已具有完善的基础设施和工程服务的盆地。总体看，超级盆地累计油气产量 10328×10^8 bbl 油当量，剩余可采储量为 19753×10^8 bbl 油当量，是累计产量的近2倍（图2）。在超级盆地模式分析中，把含油气盆地的勘探开发分为勘探期、上升期、平台期和下降期4个阶段。超级盆地模式就是在盆地勘探开发进入平台期或下降期时，转变勘探思路，重新认识盆地的地质特征、储层类型、储量基础等地质因素；关注油气价格、人力资源、工程服务市场、技术创新、基础设施建设等经济因素；特别是重视政府态度、准入制度、法律法规、环保要求等地上风险因素，可以使盆地油气产量不降反升，或保持平稳。

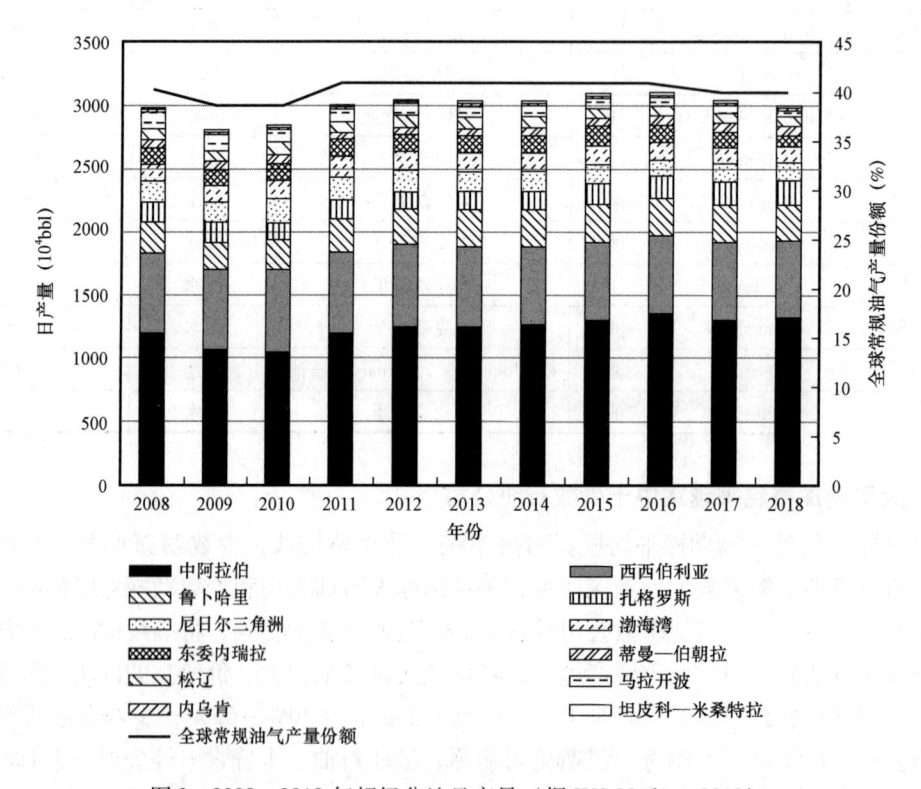

图2 2008—2018年超级盆地日产量（据 IHS Markit，2018）

美国二叠盆地是超级盆地模式（图3）的成功案例，在其资源状况、经济因素和地上因素的共同作用下，实现了产量增长和"焕发青春"。不同公司采用各自优势技术，优选"甜点",如页岩"甜点"地质综合识别技术,基于叠前方位地震数据和测井数据建立综合评价流程,计算泊松比和杨氏模量等关键参数,估算岩石力学性质,识别有利区;成功概率(COS)图解法,基于含油气系统模拟技术、沉积史和构造演化史分析及地震反演技术,生成储层质量、充注条件、构造强度等重要参数的量化指标图,叠合各图件,即可获取优选区;灵活运用人工神经网络法,将已知井的井位坐标、地震、测井、储层等油田数据用于训练集,根据工作流程生成预测模型;GeoSphere 油藏随钻测绘技术,基于深探测定向电磁测量,以高分辨率清晰揭示地层和流体界面,在井眼四周较大范围内探测油藏"甜点"。目前,已评价了全球最有可能成为超级盆地的 18 个大油气田,中国的渤海湾盆地和松辽盆地分别位列第 10 位和第 11 位。

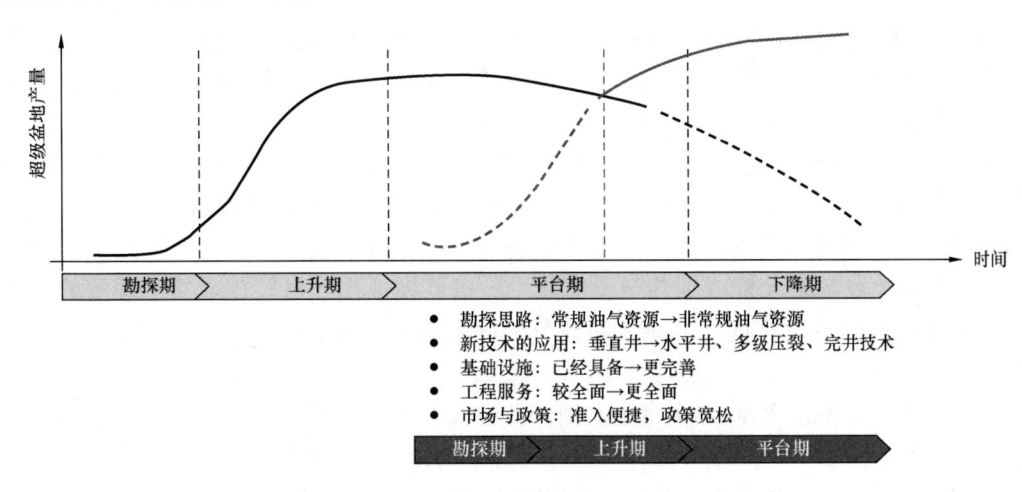

图 3　超级盆地模式产量示意图(据 IHS Markit,2018)

2. 层序地层模拟精准预测储层品质技术

在缺乏地层数据资料的情况下,很难评估复杂沉积环境中油气的产量。雪佛龙公司通过计算机地层学项目,建立了动态地貌沉积模型,用于预测不同沉积环境下圈闭的三维环境。通过实例研究,对不同海平面变化速率和不同砂泥比注入的河流三角洲沉积体系做了详细分析。

通过砂岩厚度图和四维惠勒图,可分析沉积模式中海平面变化引起的地层层序的变化;潜流模拟可预测层序变化对油气产量的影响。在海平面稳定的情况下,砂岩沉积随支流分支的变化而变化。海退时,河道和河口坝沉积相向盆地中心方向延展,快速沉积;海侵时,河道末端及支流快速被充填,沉积砂体分布广泛,覆于三角洲之上。

小型河口坝和薄层斜面沉积互层,形成大面积的非均质层。在连续沉降过程中,连续面受走向应力影响小。储层被垂向分割呈叠合状分布,在远端区与近陆缘地区形成圈闭。

3. 结合小波和成分数据分析地层的新方法

近期,得克萨斯农工大学针对得克萨斯州西部和南部鹰潭组页岩研发了一种新技术——结合小波和成分数据法(CDA-WA)分析伽马测井和荧光分析数据。该方法可以根据岩性敏感指标客观评价岩石的不连续性和沉积的周期旋回性。同时,可克服地质资料分析过程中地质数据复杂和地质年代不连续、不稳定的两大问题，以确保分析结果更加准确。其中，CDA 法包含二维等距对数比转换（ILT），WA 法包含哈尔和莫莱特小波分析。对哈尔小波进行优化，可检测地层层序边界可能出现的突变，对莫莱特小波优化后可检测米兰科维奇旋回中正弦的旋回性，即更加有利于研究地层的不连续性和周期性。

案例研究结果表明，哈尔小波是利用露头和岩心资料确定地层层序边界的有效工具。莫莱特小波可有效识别 20ft❶ 厚的地层旋回。结合伽马测井资料和光谱分析等，可大幅度提高地层层序的预测准确性。虽然该方法是针对鹰潭组页岩研发的，但其适用性极其广泛，其他常规油气藏和非常规油气藏同样适用。

4. 利用 DNA 寻找"甜点"技术

通过 DNA 分析及模拟技术，不同种类的表面活性微生物可作为提供油气生产的新型勘探工具。采用地表下 1ft 左右的土壤作为样本最终分析出"甜点"区块，这与其他以钻井岩屑为样本分析非常规油气产量的 DNA 分析技术大不相同。

该公司的技术源于目前医学研究领域的一项技术突破——使用唾液分析检测肿瘤细胞，而非传统方法活组织切片检查。通过研究，专家认为同样的机理，可以利用微生物对气体分子微渗漏的反应预测油气藏位置。在气体渗透过程中，由于氧气增多，好氧微生物大量繁殖，而厌氧微生物数量大量减少甚至全部死亡。机器模拟模型可转化成易于理解的预测模型。由于天然裂缝网发育良好，地表和地下的联系非常紧密，因而可以预测地下"甜点"位置。

通常一份样品中包含 30 万个微生物种，其中大部分是最新发现的种类，但是 Biodentify 公司指出，其中只有 50~200 个品种可以作为标志物指示地下状况。

通过数百个样品数据，生成图件，可以有效提高预测成功率，降低风险。该公司表示，预测的准确性可以达到 70%~90%（图 4），方框内为预测的高产区，与实际生产历史吻合，虽然右下角的边框出现误差，但是本次验证实验的准确性仍达到 72%。

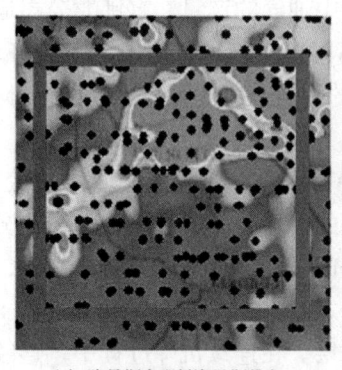

(a) 路易斯安那州海恩斯维尔页岩生产井分布图　　(b) 土壤样品取样点分布图　　(c) DNA 分析结果图

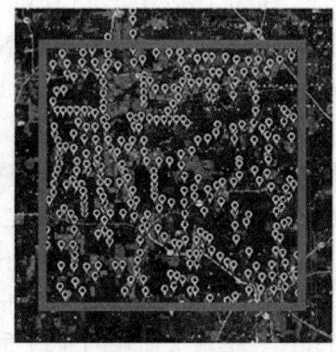

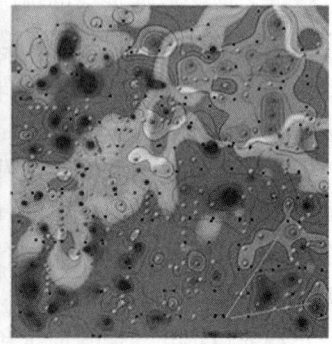

图 4　随机验证实验图

---

❶ 1ft = 0.3048m。

虽然业绩有限，但是公司对其研究成果精确性充满自信，因为实验为盲测验证，选择海恩斯维尔在产的页岩生产井数据，预测的准确性达到72%。如果在模型中增加实际生产数据，则预测的准确性将提升至86%。根据模型预测了31个"甜点"区，目前已对这些区域进行钻井，钻获27口高产井。

公司对荷兰近海水下50m的样本做了试点研究。研究区主要发育盐丘，在进行三维勘探后完钻的井均为干井。目前，正在使用新型DNA分析技术对该地区"甜点"分布进行预测。

目前，利用该技术对二叠盆地、巴肯页岩和马塞勒斯页岩进行了有利区预测。

5. 大数据分析技术

对石油与天然气行业而言，出现大量的数据并非新闻，尤其是地震勘探领域，目前，地震勘探工作已成功地应对了快速增长的数据量的需求。例如，地震设备制造商Sercel公司的研究结果表明，地震采集作业可用的地震道数量每10年将稳步增加一个数量级。

以英国北海地区的350口井作为案例进行验证，相关数据均由CGG公司提供。采用Teradata Aster平台进行数据加载，输入的数据包括钻井参数、测井数据、地层分层信息及井位/井斜信息，涉及约20000份文件数据。图5为钻压（WOB）与扭矩交会图，图6中显示了与钻压增大相关的一组异常坏点数据。图6是图5中异常数据井的测井图。分析发现，其

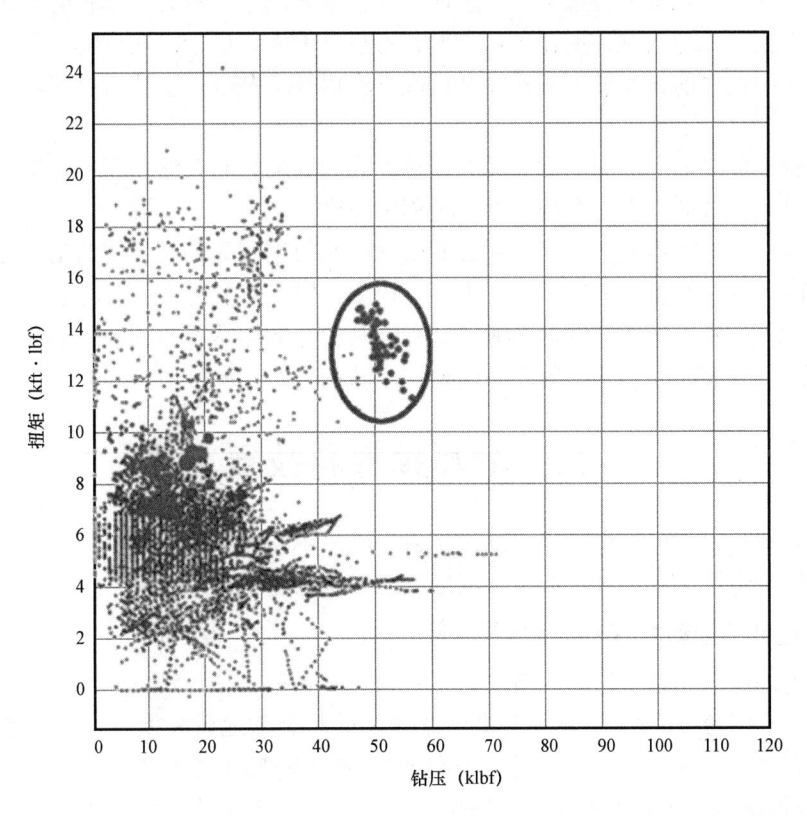

图5 钻压（WOB）与扭矩关系图

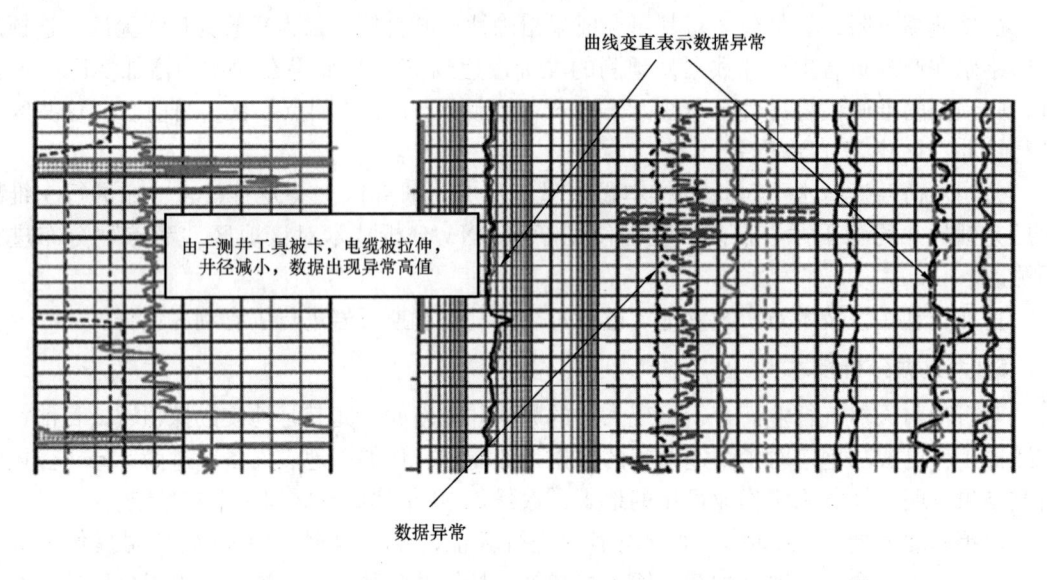

图 6　异常数据井测井曲线

对应于一口单井。图 5 和图 6 表明该井存在问题，随后对这口井的各种报告和图件进行了核查，最终在测井图上发现了答案。测井图显示井径显著减小。因为井眼状况导致测井工具被卡，设备处于关闭状态。测井报告显示电缆张力显著增大，处于潜在危险状态。因此，在下套管消除潜在问题之前，实施了额外的刮拭起下钻以修护井眼。上述所有作业过程均记录在钻井报告中。

此外，测井曲线本身也受卡钻工具的影响，表现为尖峰和直线。需要指出的是，先前报告中均未记录此种效应，而是在后续解释过程中发现的。

采用大数据分析揭示上述异常现象的难易程度和效率明显高于传统的基于钻井报告及其他文档详查的方法。在多井情况下，此类工作极为耗时，且容易产生各种误差。

上述实例仅代表本次研究的众多成果之一。其他实例显示了相同层组在同一区域基础上的变化。通过实验表明，钻井参数在不同地方反映的井眼状况优劣不同。

（三）地质勘探科技展望

科研模式和技术的创新推动油气勘探效率、精度不断突破，大数据、人工智能等技术组合助力油气勘探持续发展，各行业技术深度融合为勘探提供新动能。

1. 模式创新将推动老油区实现储量接替

未来，老油区依然是全球油气活动的主要领域。目前，全球油气平均采收率不足 40%，地下仍保留了 60% 多的油气。2018 年被广泛提及的超级盆地研究模式是推动老油区勘探开发的典型。超级盆地都属于成熟盆地，发育常规与非常规两类资源，要让成熟盆地"焕发青春"，不仅取决于地下资源的状况、勘探思路的转变、市场的变化、技术创新，还取决于各种地上因素。未来，油气勘探不仅需要兼顾前沿和新兴领域，同时也更要回归现有的开发风险低的已知资源，实现储量接替和产量增长。

2. 智能化技术组合将助力油气勘探效率

互联网、大数据、人工智能、物联网等新技术将不断导入传统油气勘探开发技术，逐步完成对现有勘探开发技术的重塑，创新形成的大数据"甜点"预测、智能化井工厂钻井、超长水平井、无限级压裂、驱油压裂一体化等技术将进一步提高"甜点"预测精度、单井产量和采收率，实现对油气持续发展的有效支撑。

3. 跨界创新成为油气技术发展新动能

全球新一轮科技革命和产业变革方兴未艾，科技创新正加速推进，并深度融合、广泛渗透到各行各业，成为重塑世界格局、创造人类未来的主导力量。新材料、区块链、虚拟现实等正在和油气行业深度融合，催生了新技术、新模式、新业态。医药领域、机械自动化领域等高新技术跨界融合成为油气技术发展新动能。在"新油气时代"，将要崛起的不是油价，而是新理论和新技术。

参 考 文 献

[1] Ouenes A. Sweet spot identification and SRV estimation by correlation of microseismic data and the shale capacity concept – Application to the Haynesville [C]. Denver, CO: AAPG Rocky Mountain Section Meeting, 2014.

二、油气田开发技术发展报告

（一）油气田开发新动向

1. 技术与效率是美国油气持续增加"新常态"的主因

近期，有多家媒体报道，美国的油气产量持续增加，例如，The Daily Caller 报道"北达科他州的产量与整个委内瑞拉的产量持平"，Oilprice.com 报道"Haynesville 页岩气产量开始反弹"，路透社报道"10 月份美国页岩油产量将增至 $760 \times 10^4 \text{bbl/d}$"，World Oil 报道"美国已取代俄罗斯、沙特阿拉伯成为世界上最大的原油生产国"等，仅 2018 年 6 月得克萨斯州的石油产量（$315 \times 10^4 \text{bbl/d}$）就已超过除沙特阿拉伯和伊拉克以外的欧佩克国家。令人不可思议的是，自 2016 年美国油气产量快速增长以来，美国活跃钻机的数量却比 5 年前的数量低了 40%。是什么因素促使钻机数量减少而产量不降反升呢？

事实表明，美国单井采收程度和采收效率稳步增长是由技术进步和效率提升所造成的。以 Haynesville 地区为例，据 DrillingInfo Daily Rig Count 数据，在 Haynesville 地区活跃的钻机数量在过去一年中基本保持不变，然而，美国能源信息署（EIA）数据显示，Haynesville 的天然气产量从 $4.2 \times 10^8 \text{ft}^3/\text{d}$ 增加到约 $6.5 \times 10^8 \text{ft}^3/\text{d}$，即一年增加了 50%。对于一个自 2013 年中开始，几乎休眠了 3 年的区块来说，这是不可思议的。促使这个奇迹发生的关键因素有如下两点：

（1）显著提升的效率大大缩短了钻井、压裂和完井的周期。一些生产商的评估报告表明，过去需要 25~30d 钻完的井，现在只需要 10~12d 就可完成。因此，每台活跃钻机能够钻出比以前更多的井。

（2）钻井、压裂和完井技术的快速进步，显著提升了单井产量。这些进步包括能钻更长水平段和帮助钻井人员精确定位"甜点"的钻井技术，以及可以释放更多气体和液体流入井筒使储层破碎更为充分的压裂技术等。

最终的结果是，操作人员能够在更短的时间内钻更多的井，并从每口井中获得更多的油气。另外，完井效率的提升还可促使单井更快投产。这就是 Haynesville 地区在不增加钻机数量的情况下，产量同比增长 50% 的原因。

虽然有些预测表明，未来几年将达到"石油峰值"，但事实是页岩革命才刚刚开始，效率和技术的提升并未接近尾声。EIA 数据清楚地表明，美国的石油和天然气产量将继续增加，这是美国油气行业的"新常态"。

2. 天然气行业已经迎来复苏并将持续繁荣

2018 年，第 30 届国际天然气技术大会（Gastech）在西班牙巴塞罗那举行。大会始创于 1972 年，是全球最具影响力的天然气行业会议之一。本届大会会议内容涵盖天然气及液化天然气（LNG）上、中、下游全产业链，主要议程包含 12 场部长、全球领袖 & CEO 论坛，60 场技术及战略分会。大会共邀请了 350 多位能源行业领军代表做发言人，共有 250 多个战略和技术报告,参会代表超过 3500 人。Gastech 由埃克森美孚、雪佛龙、康菲等 21 家国际能源行业知名企业和机构发起,每 1~2 年轮流在欧洲、北美、亚太地区举行。本届大会上,与会专家主要形成了以下观点:

(1) 天然气战略定位是新能源共生共荣的最好伙伴。

本届大会的多场论坛(Are Gas & LNG Projects in Competition with Renewables for Investment? The Gas – Renewables Nexus:Delivering Cleaner Transport and Power for the Future)讨论了天然气和新能源之间的关系,总体判断依旧延续了国际天然气技术大会(WGC)的观点,即天然气不只是过去认为通向低碳未来的桥梁或过渡性能源,未来还将与可再生能源长期共生共荣。

Enagás 公司首席执行官认为可再生能源和天然气将迎来重要发展机遇,为应对气候变化,尤其是针对欧洲国家严格的环保要求,天然气公司在重型运输和发电行业将发挥更重要作用。Gazprom 出口公司首席执行官认为工业燃料在过去由煤炭转变为石油,而目前又转变为天然气和可再生能源,天然气和可再生能源未来将协同发挥作用。Reganosa 公司开发总监认为未来 30 年通过采取天然气和新能源协同补给的策略,每年可为欧洲节约 1400 亿欧元。

Repsol 公司总裁认为,天然气在陆上交通、船运、发电以及电力无法企及的铁路运输等领域相较于新能源都具备优势。Black & Veatch 主席兼首席执行官认为,尽管可再生能源重塑了电力工业,但大部分国家和地区根据自身情况仍会沿用现有的一次能源,天然气在电力工业中的需求会进一步增加,新能源的发展尚受限于成本、储能技术和电气化。Woodside 能源公司总裁甚至表示若要有效使用可再生能源,就必须用好天然气。埃克森美孚公司则在其展望报告中直截了当地指出:"当自然之力无能为力时,天然气是风能、太阳能等可再生能源的最好伙伴"。

(2) 天然气被定义为终极的理想能源,行业已经迎来复苏并将持续繁荣。

本届大会参与者众多,不仅来自天然气和 LNG 全产业链相关公司、政府机构,还吸引了大量来自投资银行、咨询公司等行业的从业人员。大会议题也越来越广泛,除技术外还涉及天然气战略、政策、商业模式等诸多内容,昭示着行业目前已经逐步迎来复苏。

多家公司、机构的能源展望显示,天然气作为一种清洁、高效的低碳能源,其未来的市场需求仍将保持增长态势。根据埃克森美孚公司预测,2040 年全球天然气的需求量将比 2016 年增加 40%,LNG 出口量将增加 130%。届时,天然气在一次能源消费占比将达到 26%,并与石油、煤炭、新能源形成"四分天下"的能源供应格局。截至目前,天然气的采出程度仅有 15%,剩余的可采储量与资源量可以满足未来全球 200 多年的消费需求。

而从应用领域来看,根据国际能源署(IEA)预测,天然气在工业领域的应用将进一步增加。截至 2023 年,其将占据天然气消费增量总量的 40% 以上,主要用于化工和化肥原料气。相比 2011—2017 年的数据,用于发电的消费增量比例有着较大幅度的减少,这意味着天然气将更多地作为原料而非燃料运用到社会发展中,很大程度上提高了天然气应用的产业附加值,将更加有利于天然气行业的发展。

诸多与会高管也都表达了对天然气未来前景的看好。卡塔尔石油公司首席执行官强调天然气可满足全球能源需求以及环保减排要求,并将其定义为一种终极的理想能源;中国石油勘探开发研究院邹才能副院长认为天然气会取代煤和石油成为最主要的能源形式;Repsol 公司首席执行官认为，石油目前仍然是世界上的主要能源，天然气虽然还不能与之匹敌，但天然气因其清洁和可持续性的优点，是未来的理想能源。

（3）中国市场成为全球关注焦点。

受中国宏观经济向好、环保政策实施力度加大、供给侧结构性改革、煤改气政策大力推进等因素叠加影响，2017 年中国天然气消费量达到 $2352\times10^8\mathrm{m}^3$，同比增长 17%，天然气消费增速重回两位数，需求增加量占世界需求增加量的 30%。天然气进口量 $1476\times10^8\mathrm{m}^3$，其中 LNG 进口 $499\times10^8\mathrm{m}^3$，同比增长 39%。据 IEA 预测，预计截至 2023 年，中国天然气消费增量将超过 $1200\times10^8\mathrm{m}^3$，占据全球增量的近 40%，中国无疑已经成为拉动世界天然气需求增长的主要推动力以及全球 LNG 贸易的高端市场。

（二）油气田开发技术新进展

1. 提高采收率技术

1）CO_2 提高采收率技术

中东和北非地区的国家石油公司正广泛采用 CO_2 提高采收率技术，阿布扎比国家石油公司（ADNOC）在这一领域处于领先地位，并计划将继续扩大其 CO_2 捕集、利用与封存（CCUS）技术的使用，未来 10 年内用于提高原油采收率的 CO_2 量将增长 6 倍。每天安全封存在地下的 CO_2 量相当于超过 100 万辆汽车的 CO_2 排放量。

从 2016 年开始，ADNOC 向 Rumaitha 油田和 Bab 油田注入 CO_2，以提高石油产量并取代油田中使用的氢气。作为该项目的一部分，ADNOC 与阿布扎比 Mubadala 投资公司旗下的 Masdar 可再生能源公司在中东和北非联手推出了第一个商业规模的 CCUS 工厂 Al Reyadah。Al Reyadah 现在由 ADNOC 全资拥有，并被纳入 ADNOC 陆上项目。Al Reyadah 正在探索将工业设施、发电厂和炼油厂排放的 CO_2 用于阿联酋（UAE）陆上油田的提高采收率计划。公司未来计划可能会将约 $1330\times10^4\mathrm{t}$ CO_2 用于石油和天然气生产，目前已将钢铁工厂捕获的 $80\times10^4\mathrm{t}$ CO_2 在 Mussafah 的工厂进行压缩和脱水，之后将被运输到 ADNOC 陆上 Habshan 油田注入。

作为提高采收率技术多元化的驱动力之一，ADNOC 与挪威卑尔根大学综合石油研究中心（CIPR）签署了一项协议，对提高采收率技术进行应用研究，以延长 ADNOC 油藏的使用寿命。该协议是确保 ADNOC 油藏长期、可持续以及有效生产的战略方针的一部分，并希望在油田生命周期结束时能开采出 70% 的地质储量。到目前为止，ADNOC 通过各种提高采收率方法仅生产其地质储量的约 7%，这也表明了该油田的潜力。除了 Rumaitha 油田和 Bab 油田的 CO_2 驱外，ADNOC 其他大部分陆地油田提高采收率生产大都来自富气混相驱，其长期的提高采收率计划是增加基于 CO_2 驱的提高采收率项目及其他提高采收率方案，如新型混合化学驱等。

2）天然气重力辅助混相驱技术

老油田水驱后三次采油大幅度提高采收率是实现中国石油天然气集团有限公司原油稳产 $1\times10^8\mathrm{t}$ 以上的"压舱石"。针对塔里木盆地砂岩油藏埋藏深、地层压力高、地层温度高、地层水矿化度高（简称"三高"油藏）、化学驱提高采收率不适应等难题，创新形成"三高"油藏注天然气重力辅助混相驱提高采收率技术。

主要技术创新：（1）形成高温高压油藏注气物理模拟评价技术，揭示了水驱后剩余油微观赋存特征及注天然气蒸发混相驱的微观驱油机理；（2）精细刻画隔夹层空间展布，建立高精度三维地质模型和千万级网格注气组分数值模拟模型，奠定了注气机理模拟、注采井网部署和注采参数优化的基础；（3）结合塔里木砂岩油藏构造、储层特征，利用天然气重力超覆作用，创新提出顶部注气重力辅助混相驱开发方式，实现了构造高部位注气重力稳定驱替延缓气窜提高注气宏观波及体积和注气混相驱提高微观驱油效率的有机统一，奠定了大幅度提高油藏采收率的基础；（4）形成注采井完整性评价技术，指导高压注气井完井和采油井平稳生产，避免发生非目的层气窜，保证油藏注气全生命周期安全；（5）形成了以地面50MPa压力、单台$20×10^4m^3$大排量注气压缩机为核心的注气工艺技术，推动了国产大排量、高压注气压缩机研发、试验和产业升级，实现了国产50MPa高压注气压缩机零的突破。

塔里木东河1石炭系油藏注天然气重力辅助混相驱现场试验效果显著，日注气$40×10^4m^3$，累计注气$2.6×10^8m^3$，累计增油$25×10^4t$，自然递减率由14%降低到2.6%，综合含水率由71%降低到52%，预测注气采收率超过70%，比水驱采收率提高30个百分点。该技术目前已经在塔中、哈得逊等油田应用，必将对实现塔里木$3000×10^4t$大油气田和中国石油老油田提高采收率发挥重大作用。

3）注水开发技术

复杂碳酸盐岩油藏已成为国际油气合作的重点领域，实现高效注水开发仍然是世界级难题。针对裂缝孔隙型碳酸盐岩弱挥发性油藏在注水开发过程中地层压力保持水平低、原油脱气严重、压力保持与含水上升矛盾突出等稳产关键问题，开展科技攻关形成低压弱挥发性复杂碳酸盐岩油藏注水开发技术，实现了哈萨克斯坦碳酸盐岩油藏规模效益开发。

主要创新成果包括：（1）建立不同类型储层产能应力敏感模式，创新弱挥发性原油相态预测模型，提出不同裂缝发育区合理采油速度优化方法，减缓裂缝闭合造成产能下降，实现碳酸盐岩油藏一次采油采出程度达到25%；（2）建立双重孔隙介质油藏注水开发技术政策图版，揭示注水时机、注采比、井距和裂缝密度是影响注水开发效果的关键因素，提出"分区调配、温和注入、缓慢回升"的压力恢复注水技术政策，实现地层压力水平提高8.3%，气油比显著下降；（3）提出井网转换、油井轮采、周期注水相结合的注水优化方法，建立双重介质碳酸盐岩油田周期性动态调整模式，有效缓解碳酸盐岩油藏各向异性强、注水突进严重的矛盾。高含水井组含水率下降6%，单井增油4.4t/d，油田年自然递减率下降至5%以内。

该成果获发明专利授权5项，发表论文24篇（SCI 12篇），技术成果应用于哈萨克斯坦碳酸盐岩油藏开发，有力地支撑了阿克纠宾项目油气产量持续稳产$1000×10^4t$，取得了显著的经济效益，提升了中国石油在海外复杂油气开发领域的国际竞争力，对中东、巴西等合作项目大型碳酸盐岩油藏实现高效开发具有指导意义。

4）机械找堵水技术

水平井是低—超低渗透油藏有效开发的重要手段，应用规模逐渐扩大，长庆油田现有水平井2442口，但由于微裂缝发育，天然缝与人工缝共存，水平井见水严重，现有163口水淹停井，含水率大于80%的井有573口，严重制约储量动用和水平井生产，找到出水位置有效封堵是主要治理手段。针对常规生产测井技术用于水平井找水存在流量下限高（大于 $30\text{m}^3/\text{d}$）、三相流含水率测不准、仪器输送困难、费用高等问题，创新提出了"井下封隔，分段生产"技术思路，自主研究形成了低—超低渗透油藏水平井分段找堵水技术，获授权美国发明专利 1 项、中国发明专利 20 项。

主要技术创新：（1）发明了水平井分段生产找水方法，测试流量下限拓宽至 $0.3\text{m}^3/\text{d}$，破解了低—超低渗透油藏水平井找水测试难题；（2）发明了多段出水水平井机械堵水方法，自主研究形成了 4 种管柱，有效期达到常规方法的 3 倍，破解了水平井井筒内机械封堵难题；（3）发明了含水率测试电动取样器等水平井分段机械找堵水关键工具；（4）研制了水平井分段生产找水管柱及关键工具，采用油管输送仪器，实现了全井段测试，单井测试成本由 80 万元下降到 10 万元。

现场应用 115 口井，累计增油 $5.79\times10^4\text{t}$，降水 $19.9\times10^4\text{m}^3$，创造直接经济效益 1.76 亿元。其中，30 口水淹井恢复产能，挽回 $360\times10^4\text{t}$ 控制储量损失。低—超低渗透油藏水平井分段找堵水技术转变了常规水平井找水方式，也可用于分段产能评价，对长庆油田二次加快发展战略新规划及实现水平井高效稳产具有重大战略意义，对同类水平井治理也具有指导和借鉴意义。

5）二元复合驱技术

中国陆上油田已整体进入"双高"开发阶段，此类油藏能否稳产直接影响国内原油年产 $2\times10^8\text{t}$ 的安全红线。无碱二元复合驱技术具有"高效、低成本、绿色"的特点，是继大庆油田三元驱后新一代大幅度提高采收率战略接替技术，是低油价下实现"双高"油田效益开发的现实途径。

主要创新包括：（1）建立了分子模拟微观定量研究方法，创新发展了驱油表面活性剂超低界面张力机理，突破了无碱条件下低酸值原油难以形成超低界面张力的传统理论束缚；（2）自主研制出芳基甜菜碱系列产品，0.025%～0.3%浓度范围内，与石蜡基、中间基和环烷基原油均可达到超低界面张力，具有较强的耐温和耐高矿化度能力，大庆二/三类油层和新疆砾岩油藏岩心实验提高采收率23%以上，综合性能达到国际领先水平；（3）建成了具有自主知识产权、$7\times10^4\text{t}/\text{a}$ 的表面活性剂生产装置，具有"工艺模块化、生产广谱化、产品系列化"特点，技术与产品国际领先；（4）建立了高效二元配注工艺等技术，与三元驱比，地面投资降 1/4，药剂成本降 1/3，吨油操作成本与水驱基本持平，对储层无伤害，采出污水处理简化，实现了绿色环保运行。

二元驱技术在辽河、新疆等油田工业化应用取得了突破性进展，采收率提高 18% 以上，使"双高"老油田焕发了青春。该技术可满足大庆油田砂岩、新疆油田砾岩及高温高盐等油藏应用要求，具有广阔应用前景。到"十四五"期间，二元驱产量将突破 $200\times10^4\text{t}$，中国将成为世界上二元驱规模最大的国家。

6）聚合物驱技术

"十一五"末，随着大庆油田聚合物驱规模的不断扩大，开采对象由高渗透油层转向中渗透油层，原有聚合物驱技术无法满足开发需要，出现了诸如注入参数与储层物性匹配理论不适应、数值模拟软件精度和速度不能满足要求、相同聚合物用量条件下提高采收率幅度低，经济效益差等问题。因此，"十二五"以来，大庆油田组织专业化研发团队，开展了聚合物驱精细高效开发配套技术研究与应用。

主要创新包括：(1) 首创了聚合物注入参数与储层物性多因素匹配理论。(2) 针对原数值模拟软件精度和速度不能满足需要的问题，创新发展了国际领先的数值模拟软件。应用最小二乘法顺序回归，改进了黏弹性驱油机理数学模型。首次建立了分注、不同分子量混注和交替注入驱油机理数学模型，实现了并行计算和前后处理数据流程一体化。(3) 针对注采剖面不均衡和见效差异大的问题，创新发展了聚合物驱快速精准跟踪调控技术，建立了聚合物驱特征曲线提高采收率值预测方法，建立了开发效果与经济效益相结合的动态分类评价方法。(4) 针对清配污稀聚合物体系黏损大的问题，创新发展了聚合物驱配注系统降黏损配套技术，研发了聚合物混配稀释性能流变学计算软件，研制了低剪切流量调节器、高效组合式静态混合器，创新发展了动态分组分压注入工艺，形成了以控制聚合物溶液黏损为核心的系统配套技术。

技术创新在大庆油田中渗透油层 28 个工业化区块应用，地质储量为 $3.3 \times 10^8 t$，提高采收率由"十一五"末的 10.1 个百分点提高到 14.5 个百分点，多提高采收率 4.4 个百分点，吨聚合物增油由 37t 提高到 55t，达到了高渗透油层聚合物驱水平。同时，具备以技术换资源开拓国际市场的能力，具有巨大的技术经济效益和广阔的应用前景。

7）调驱技术

低—特低渗透油藏是中国石油增储上产的主战场，采用注水开发面临含水上升快、原油产量递减大和采收率低等技术难题。中国石油通过油藏深部调驱理论创新和工艺实践应用，攻关研究形成了聚合物微球深部调驱技术，提高了低—特低渗透砂岩油藏开发效果，拓展了公司稳产上产的基础。

主要的科技创新包括：(1) 首次提出了低—特低渗透砂岩油藏深部调驱理论，明确了通过聚合物微球实现油藏深部运移聚集封堵高渗优势通道、扩大水驱波及体积是原油稳产增产的方向；(2) 通过材料分子结构设计，引入控制吸水速度的有机引发剂和耐温抗盐单体 AMPS，采用三元共聚法合成了具有深穿透（最小 50nm）、耐盐（最高 90g/L）、抗高温（90℃）、缓膨（2~3 倍）的系列纳米级聚合物微球关键产品；(3) 依托产品体系良好的分散性，形成了"小粒径、低浓度、长周期"的区块整体在线注入调驱工艺技术模式，有利于规模化应用。近两年，聚合物微球深部调驱技术在长庆油田主力油藏累计应用近 4000 井次，覆盖储量近 $15 \times 10^8 t$，实施区域标定自然递减率由 5.3% 下降至 2.8%，含水上升率由 2.3% 下降至 0.8%，可增加可采储量 $700 \times 10^4 t$，预计提高采收率 5%~10%。

理论创新和工艺技术的应用，助推了中国石油稳产增产技术的提升，该技术可推广于中国石油其他同类低渗透油田区块，对低渗透油田稳产意义重大。

2. 压裂技术

1）推进剂无水压裂技术

RocketFrac 公司是加拿大一家油服公司，将航天科技中的固体火箭推进剂跨界引入油气压裂中，研发出 PSI – Clone™ 推进剂无水压裂技术，不需要使用任何压裂液和支撑剂，节约水资源，环保效益显著，减少作业人员数量和作业时间。配套的新设备可以重复使用，并能密封井筒，承受推进剂燃烧产生的巨大压力。该项新技术目前已成功应用于 1000 多口直井，增产幅度高达 225%。目前，RocketFrac 公司和 Orbital ATK（国际知名的航空航天和国防制造商）正在合作研发第二代 PSI – KICK™ 推进剂技术及其配套工具，2020 年前后将在卡尔加里完成设计、构建和测试，这项技术一旦成功推广，将会给传统

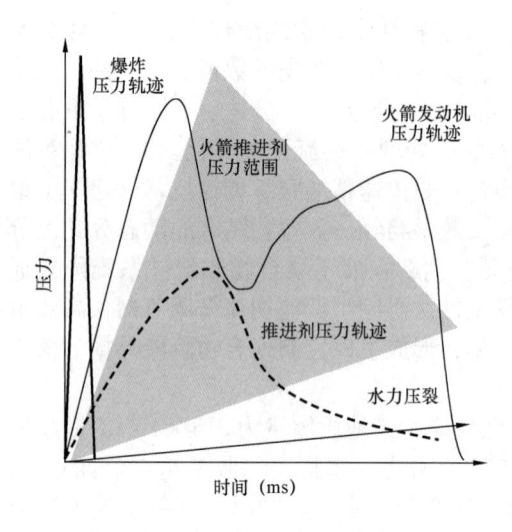

水力压裂技术带来革命性影响。

(1) 技术创新点。

① 压裂过程可以控制。

火箭推进剂压裂可以控制适合每个地层和油气井的最佳压力和时间，在 0.1~0.5s 内可以产生 30000psi❶ 的高压，释放大量高压气体压开地层，改善裂缝的形成和生长（图1）。

② 产生多条径向裂缝，大幅度提升井筒与储层的接触面积。

火箭推进剂爆燃产生巨大压力，形成含 4~8 条径向裂缝的椭圆形压裂带，产生多个应力波，有效避免"压力笼"的出现。该技术产生的有效裂缝面积更大，平均裂缝半长是常规水力压裂的 2 倍（图2）。

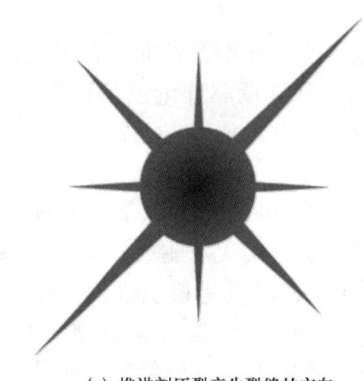

图 1 推进剂压裂压力和时间关系示意图

(a) 推进剂压裂产生裂缝的方向　　(b) 水力压裂产生裂缝的方向

图 2 推进剂压裂形成的径向裂缝

③ "自支撑"机制。

推进剂压裂产生的裂缝通过应力波扩散，从岩石边界反弹并将裂缝与目标层隔离，岩石破碎之后"自支撑"，不需要支撑剂。试验结果表明，推进剂压裂对岩石破裂有岩石分解、断裂侵蚀和剪切错位3种作用，可防止渗流通道在压裂后再次关闭。

④ 实现压裂层段有效隔离。

推进剂压裂工具不仅可实现最佳压力分布，还可将目标区域单独隔离出来，防止高压气体沿井筒逸散，以便能更好地穿透储层，延长裂缝。该工具不仅可以承受推进剂产生的压力，也便于从井中取出，可以重复利用（图3）。

(2) 技术优势。

推进剂压裂具有如下 5 项技术优势：

① 可以按照地层物性定制最合适的推进剂配方，适应不同岩性和压力范围；压裂更高

---

❶ 1psi＝6894.757Pa。

图 3　压裂现场图

效，不像水力压裂那样受到泵注水量的物理条件限制，只在岩层的薄弱区域形成裂缝。

② 整个压裂过程不需要水和支撑剂，工作现场占地面积较小，减少了交通影响和噪声污染。

③ 无有害物质释放到空中、地下、土壤中和地下水中，不污染环境，没有地震风险，无须废液回收、处理和再循环。

④ 压裂工具可多次重复使用，适应频繁的压裂作业，设备可以串联使用，一次下井可以对多个油气层同时压裂，提高单井产量。

⑤ 具有很强的适用性。既适用于新井，也可用于老井重复压裂；既可在陆上、海上使用，也可在缺水和复杂地形的环境使用。

2）压裂泵技术

AFGlobal 公司推出了新型 DuraStim 6000hp 压裂泵，不仅功率大幅度提高，稳定性和效率也随之显著增强（图4）。DuraStim 历经 5 年的严格设计与制造，并进行了大量内部测试，已经在 Permian 盆地成功完成现场评估，证明其在实际泵送作业中的适用性。

图 4　AFGlobal 公司 DuraStim 6000hp 压裂泵

DuraStim 压裂泵是由 AFGlobal 公司的压力泵技术团队设计，功率为 6000hp，相当于传统压裂设备有效功率的 3 倍，而且作业时的循环频率仅为传统设备的 10%。与传统压裂技术以及其他基于电力、涡轮的油气开采系统相比，AFGlobal 公司的压裂泵专利技术具有诸多优点，包括减少了 65% 以上的车队占地面积与劳动量、大幅度延长设备使用寿命、降低维护成本等。

DuraStim 6000hp 水力压裂泵在泵设计与性能方面发生了深远的变化：显著降低了拥有成本，大大提高了作业效率，创造出许多新的安全与环保优势，通过一系列专利与创新，重新定义了压裂泵。DuraStim 压裂泵是一个完全自动化、电气化、长冲程（48in[①]）泵，具有频率低（每分钟约 20 次循环）的特点，避免了传统柱塞泵由于高循环频次造成的液力端损坏；在相同占地面积内可提供超过传统泵装置两倍的功率；电动机原动机消除了柴油机排放标准的负担，并大大降低了噪声污染。

当与电力驱动或涡轮驱动相结合时，也将显著降低燃料消耗与废气排放。最初，AFGlobal 公司将提供电动直驱系统，在 2019 年末为客户提供涡轮直驱系统，在 2020 年初提供 3000hp 的柴油系统。该系统还将提供支持云计算的控制系统，以优化信息分布与预测性维护，从而提高作业效率。

3）完全溶解压裂桥塞

在北美的非常规油气开发过程中，桥塞分段射孔压裂依然是应用最为广泛的压裂技术。传统的桥塞分段射孔压裂技术在完成压裂后通常需要下入连续油管对桥塞进行钻铣，这一方面增加了工作量，另一方面钻铣后形成的碎屑会对后续的油井生产造成影响。贝克休斯公司推出的 SPECTRE 完全溶解压裂桥塞（图 5）可以较好地解决这一问题。

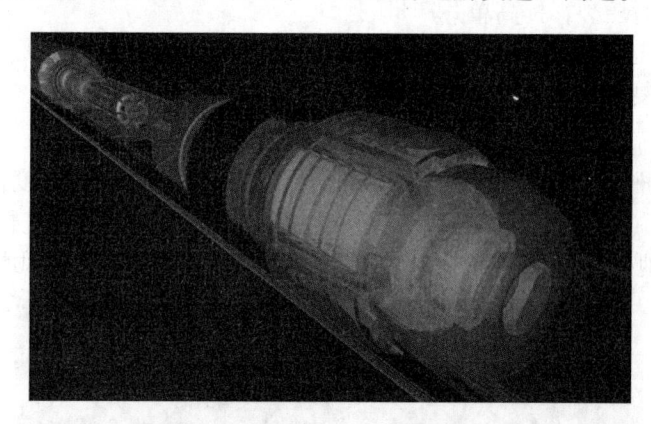

图 5 SPECTRE 完全溶解压裂桥塞

SPECTRE 压裂桥塞具有以下特点：（1）所用的材料与该公司此前推出的 IN – Tallic™ 可溶压裂球材料相同，既有较高的抗压强度，又可以在压裂完成后完全溶解，IN – Tallic™ 压裂球也已经在 8000 多级压裂中得到了成功应用。压裂桥塞仅和产出流体发生反应，避免了其过早溶解失效。（2）利用 SPECTRE 压裂桥塞完成压裂作业后，桥塞在遇到产出流体后可以整体完全溶解，无须下入连续管对其进行钻铣，既减少了作业时间、成本及 HSE 风险，又可以使桥塞下入更大的深度，从而增大了产层接触面积。（3）桥塞溶解充分，没有金属

[①] 1in = 25.4mm。

残渣，溶解后可形成全通径井眼，为油气提供便捷的流动通道。

SPECTRE压裂桥塞在现场取得了较好的应用效果，在Woodford一口页岩气井中，由于水平段井深大于6000m，无法使用连续油管进行作业。作业者在6123~6773m井段使用了SPECTRE压裂桥塞，其余上部井段使用了34个复合桥塞进行完井。作业结果表明，SPECTRE压裂桥塞溶解后无任何残留物排出，水平段远端的压裂段使产能波及程度提高了30%。同时，由于无须压裂后对桥塞进行钻铣，节约了8h的完井时间。

4）V0级可回收井封隔系统

威德福公司近期宣布其ISO Extreme可回收井封隔系统开始投入商业化应用，该产品符合ISO 14310 V0气密性标准要求。

该设备适用范围较广，可承受高达10000psi的压差，工作温度范围40~325℉[1]，这些特性降低了其在极端环境下出现泄漏的风险。该封隔系统可兼容直径3.5~7in的油管，可广泛应用于电线、钢丝、油管和连续油管作业当中，极大地提高了作业的灵活性。

与其他用于高温高压环境下的设备不同，该设备不需要借助于螺纹接套技术，而是利用井内平衡压力作用实现设备回收。该特征有效避免了密封塞下方压力泄漏。另外，该密封塞直径较小，即使在复杂环境下，也能通过井筒实现轻松安装和拆卸。

3. 人工举升技术

1）智能人工举升技术

智能人工举升技术通过变速控制器（VSD）控制人工举升系统的电动机，在VSD中内置了专用于油气开采的高级程序，使人工举升系统的控制达到了前所未有的水平。根据VSD和传感器的实时操作数据，智能人工举升系统能够及时、主动地做出生产优化决策，将在推进数字油田发展中发挥重要作用。ABB公司近日推出了智能人工举升系统，可以进行远程监控，更快速、更精确地解决油田发生的运行问题（图6）。

图6　ABB公司智能人工举升监控技术

---

[1] $℉ = \dfrac{9}{5}℃ + 32$。

ABB 公司产品市场管理经理 Ari Huttunen 介绍说："VSD 早就成为一种数字技术，但直至现在才大规模用于智能人工举升系统，应用获得的实时数据，极大地提高了人工举升效率。这是一个功能强大的新工具，数字化技术不仅提高了产能，还降低了泵的动力成本和故障概率，创造了一个真正的双赢机会。将人工举升系统与数字通信网络连接，配合 VSD、传感器实时数据的合理应用，能够显著提升产能，减少停井时间。"

为了验证该技术的经济收益，ABB 公司在 9 口杆式泵井中进行了测试。结果表明，新技术可实现增产 50%，降低能耗 30%，同时将维护和故障引起的停机时间减少了 70%。当然，这些结果并不适用于每口油井，但这些数据表明，只需很少的努力和投资就可以实现高效新技术的应用。

ABB 公司在阿曼 Sultanate 油田的井中大面积安装了智能人工举升控制系统，并实施了软件开发计划，目的是实现人工举升系统的远程控制。该油田有超过 1500 口井安装了 VSD–PCP 系统，之前该油田在电动潜油泵使用中遇到了诸多挑战，包括停泵、出砂、抽油杆转速失常、动力故障和数据监测采集（SCADA）连接中断等。经过油田运行发现，安装新系统是一种非常有效的增产方法，只需施加很少的人为干预，就能降低 HSE 风险，同时减少开机时间，产能也随之提高。

2）Subsea 2.0 产品平台

海底项目的交付方式需要在设计、管理和执行方式等方面进行持续不断地改进，英国 TechnipFMC 公司组建了一个专家团队，来重新思考海底生产如何更有效率。在 2018 年海洋技术会议上，TechnipFMC 公司正式推出了具有革命性的产品平台——Subsea 2.0™，包含 6 种核心的经过现场验证的技术或新技术：紧凑型采油树、紧凑型管汇、灵活跳线、分配器、控制器和集成连接器（图 7）。用于综合油田和绿色油田，可根据客户需求进行配置并进行优化，以提高油田生产寿命。

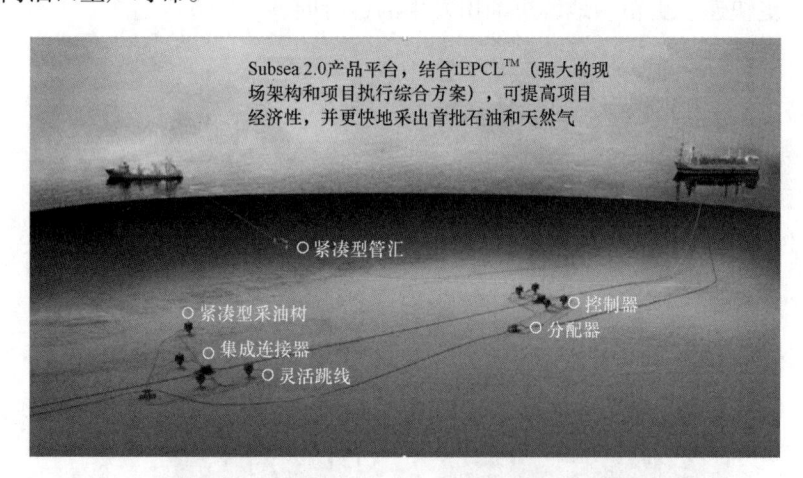

图 7　Subsea 2.0 产品平台

Subsea 2.0 产品平台可以和公司原有的 iEPCI（工程、采购、施工和安装）综合平台无缝结合，整合"专家"团队。iEPCI™ 是一套强大的现场架构和项目执行集成方法，可将海底项目从概念转变为项目交付，能够整合前期设计和现场生产情况，简化项目执行流程，从而通过完整的现场开发流程改造海底项目。

二者结合可以发挥独有的优势:(1)降低概念和产品设计的复杂性;(2)缩短项目从工程到安装的硬件交付时间和项目的总执行时间,更快速地采出第一批石油和天然气;(3)优化产品性能,大幅度降低安装成本和总体拥有成本;(4)在现场使用期间提高产品的可靠性、灵活性和可用性。

让项目变得:(1)产品和现场设计更简单,产品变得更小更轻,具有较少的部件,但具有相同或更强大的功能,质量和尺寸减小50%(图8);(2)项目执行更精简,使用标准化或模块化产品,可实现更高的制造自动化,减少需要的工程时间,显著缩短交付周期70%~90%,减少人工活动需求(图9);(3)操作更智慧,在安装和功能上优化产品的性能,大幅度降低成本,最低化总拥有成本(图10)。

图8 产品设计更简单　　　　图9 项目执行更精简　　　　图10 操作更智慧

3)水下立式采油树

Aker Solutions 公司正不断扩大其立式采油树的产品线,推出了新型水下立式采油树,并大力投资数字技术。Aker Solutions 公司与欧洲石油勘探和生产企业中产量最高的公司——Aker BP 公司签订了合作合同,计划在其挪威 AErfugl 凝析油气田首次部署新型水下生产系统——立式海底采油树系统(图11)。AErfugl 的前身为 Snadd 油田,位于挪威海 Sandnessjøen 海域约210km处,开发的总投资估计在10亿美元左右,是 Aker BP 公司的重点开发项目。随后,该立式采油树将陆续在挪威国家石油公司的 Johan Castberg 油田、Troll 油田和 Askeladd 油田进行部署。

Aker Solutions 公司着手研发立式采油树,主要是为了满足行业需求,缩短钻井时间,降低油田开发成本,重点关注作业的安全性与经济效益。公司的大型工程项目经理 Sigurd Loftheim Dale 介绍说:"我们的技术降低了产品成本,减轻了搬运重量,显著减少了钻机作业,具有更安全的可维护性,从而降低了整个油田生命周期的成本。最初研发立式采油树是为了挪威国家石油公司 Johan Castberg 油田的重要合同,该公司计划从卧式采油树向立式采油树的方向发展,在应用了立式采油树后,该油田从亏损边缘转为盈利。我们通过概念研究、预反馈与反馈来帮助挪威国家石油公司,最终将该项目的开发成本减半。"

如同 Johan Castberg 油田,最近签下的 Askeladd 项目也在遥远的北方。Dale 认为,"北极地区面临的主要挑战是夏季安装时间较短,且距离岸边较远。我们的主要贡献在于简化并

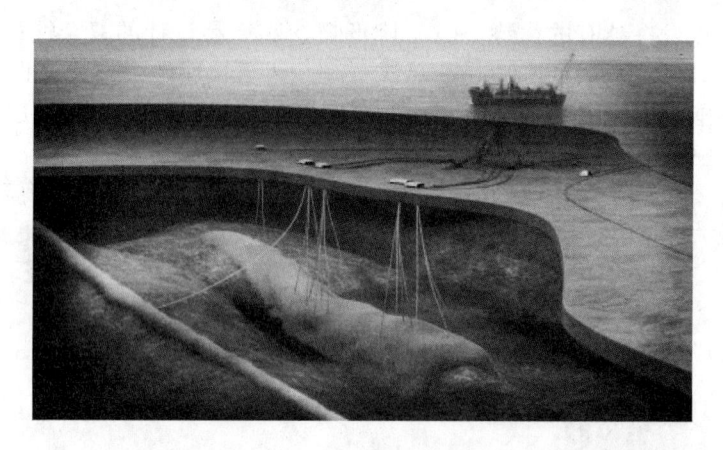

图 11　Aker Solutions 公司将在 AErfugl 油田安装的新型水下生产系统

优化批量安装作业，在减少物流的同时，进行更多的安装工作。"Aker Solutions 公司还获得了 Troll 油田的合同，该油田占有挪威约 40% 的海上天然气储量。

Aker Solutions 公司同时研发的技术还有数字化工具——Vectus 6.0 水下电子模块。该模块旨在提高水下油气设备安装的效率，并降低作业风险。水下业务将成为公司数字化变革的一个领域，可以远程配置设备，监测并诊断设备的作业状态。先进的传感、机器学习以及人工智能技术，在海底环境中都具有重大潜力，它们将会成为开发不同商业模式的关键因素。

4. 生产优化技术

1）生产优化平台系统

近期，威德福公司推出了 ForeSite 生产优化平台系统，用于帮助石油公司更好地对资产数据进行深度分析，进而及时做出决策，达到产品优化的目的。

ForeSite 平台依托威德福公司丰富的生产经营并结合云计算、物联网等新兴技术，可以实现全生产系统中各个单元的安全高效连接，从而有助于提高产量，并降低生产成本。ForeSite 平台可以广泛地收集油田数据并进行整合，通过将物理模型和先进的数据分析技术相结合，可以有效地增加储层、油井以及地面设备的服役时间，提高工作效率，最终改善延长资产生命周期，提高油田整体效益。

ForeSite 平台具备以下功能：

（1）设备故障预测。通过完备的日常检查，可以有效延长平均故障间隔时间。平台利用预测分析工具，对油田工作现状进行追踪记录，作业者在计算机端可以轻易地看到历史故障及预测故障热点图，从而有效预测设备故障。

（2）通过预测分析降低成本。通过提前检测修复问题，可以防止发生更大的故障。平台通过预测故障，可以帮助作业者提前安排维修人员，减少因为故障而导致的停产时间，以及由此而发生的生产损失。

（3）选取维护方案。平台基于实时数据以及历史数据，通过数据获取、建模、流体性质、PVT 分析以及流体动力学理论，可以有效地帮助作业者分析解决问题，并为油井全生命周期设计最佳的维护方案。

（4）有效增加产量。ForeSite 平台开放式的结构使其具有极佳的扩展性，通过结合多种分析工具，可以实现从单井到全油田数据的高效分析，从而最大化地提高油田产量以及资产收益率。

2）数字化解决方案

科技巨头 ABB 公司宣布推出世界上最快的上游启动技术——Ability™ 数字化解决方案，成功应用于挪威海上 Aasta Hansteen 气田，在 2018 年 12 月 16 日投产。

Aasta Hansteen 气田位于挪威 Bodø 以西 320km 处，主要由 Equinor 公司运营，水深 1270m，这是业内首次尝试在挪威大陆架深处作业，没能按照计划的时间投产。Aasta Hansteen 气田 SPAR 平台是世界上最大的 SPAR 平台，重约 70000t（图 12）。它也是世界上第一座具有储油功能的 SPAR 平台和世界上第一座作业于北海海域的 SPAR 平台。ABB 公司使用专有的 Ability™ 解决方案使该气田快速投产。

图 12　Aasta Hansteen 油田 SPAR 平台

ABB 公司油气和化工业务总经理 Per Erik Holsten 说："我们的团队完成了启动步骤，认清并确定了需要改进的缺陷，然后使用 ABB Ability System 800xA 模拟器对气田进行虚拟启动，改进气田启动程序。通过实现大部分流程的自动化，将一系列复杂的人工干预作业减少到 20 项，这意味着我们已经掌握了世界上首个帮助气田快速投产的技术。"该技术可最大限度地降低风险，减少意外和昂贵的设备停机时间，同时提高安全性和生产效率，并实现节能。

在 Aasta Hansteen 气田中，在项目各个阶段，ABB 公司帮助开发商至少消除了 1000 多次耗时的人工干预作业，简化了作业过程，包括从测试控制回路到旋转设备上运行模拟，使其成为一系列的按钮，就像启动汽车那么简单。预计该技术节省了大约 40d 的作业时间以及近 2700 个工时，在调试过程中，ABB Ability System 800xA 模拟器在启动程序之前识别和改进了 57 个项目。

5. 水处理技术

据统计，油气行业每年由于油气生产产生的废水高达 700×10^8 bbl，而随着油田开采难度的不断加大，作业者不得不采取化学驱等手段提高采收率，这不仅增加了废水量，而且使得传统污水处理方法的效率降低了 50%。同时，监管部门对于水处理提出了更高的环保要求，给作业者带来了更大的挑战。

ProSep 公司的废水处理系统 Osorb Media Systems（OMS）可以有效去除污水中的苯、甲苯、乙苯、二甲苯等污染物，为面临化学驱污水处理困扰的作业者提供了独特的解决方案。OMS 使用了一种强有力的吸附技术——Osorb，可以一次性地去除产出水中溶解和分散的碳氢化合物。同时，与传统方法需要经常更换吸附介质不同，该技术所使用的吸附介质可以一次使用多年。过去，油气行业在使用传统方法进行污水处理时付出了巨大的经济代价且处理效果有限，OMS 一方面可以极大地降低处理成本（低至 0.07 美元/bbl），另一方面可以有效地将游离的油滴和溶解的烃类去除。

OMS 的吸附介质具有独特的物理结构，它是一种高孔隙度、疏水亲有机物的微粒。该技术的独特性在于被吸附的污染物可以通过多种不同的还原反应得以恢复，因此吸附介质可以对有机物进行可逆性吸附。此外，吸附介质的使用期限长达 20 年。

OMS 在应用过程中取得了较好的效果，如图 13 所示，在 28 轮次的测试过程中，甲苯的吸附率高达 99%，同时也印证了吸附介质可以使用长达 20 年。此外，该技术于 2016 年和 2017 年分两阶段对水包油型乳化液的处理进行了现场试验，结果表明，每一轮次的去除效率都大于 90%。

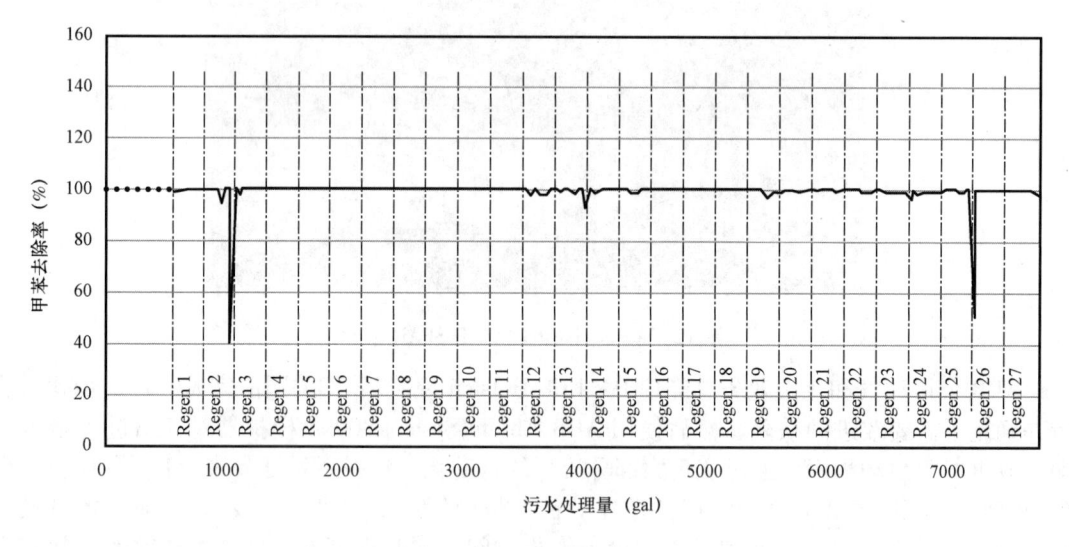

图 13　甲苯处理效果

6. 油气工业的虚拟现实技术

虚拟现实技术（VR）是利用计算机模拟产生一个三维空间的虚拟世界，提供用户关于视觉、听觉、触觉等感官的模拟，让用户如同身临其境一般，可以及时、没有限制地观察三维空间内的事物。虚拟现实技术的应用前景非常广阔，最早应用于军事领域，后来扩展到商业、医疗、工程设计、娱乐、教育、通信以及油气等诸多领域。

1）VR 油气培训安全有效

在将员工和工程师派遣至复杂或有危险的工作环境之前，需对他们进行培训。但实地培训成本往往非常高昂，而且很难获得令人满意的培训效果。

埃克森美孚公司卡塔尔研究中心和 EON 现实公司合作开发了一套沉浸式三维培训平台。此平台可有效提升培训效率，帮助设备操作者和工程师在模拟的工厂或设备环境中，获得有价值的、亲自动手的操作经验。此平台可模拟真实世界中受训者可能经历的一切情景，如模拟日常运行情景、紧急响应情景、反常运行情景、混乱情景、临界进程情景，以及发生小概率高风险事件的情景。此平台通过重复这些模拟，帮助受训人员对各种情景应对自如。

EON 现实公司和 ITE 公司合作开发了一些应用，如海上和近海技术（图14）、航空技术等，目标是利用虚拟现实技术改变学习方式，提高学员的参与程度，促使更快地理解概念，激发研究热情以及培养团队精神。以海上和近海技术为例，学员在虚拟钻井平台上工作，不仅可以熟悉复杂的平台环境、各种设备的使用方式，也可利用虚拟平台培训在不同天气条件下执行重要操作的能力。

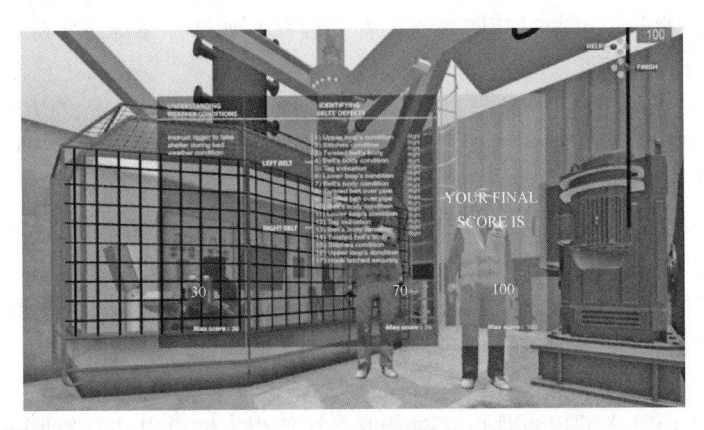

图 14　海上和近海技术虚拟现实培训

目前，用于培训的 VR 项目已获取了丰厚的投资回报。受训人员在虚拟环境中接受特殊情况的风险培训，有助于他们应对真实环境中的突发状况。特别是培训目的地在海外时，虚拟现实项目的投资回报率特别可观。

2）VR 油气开发生动直观

传统的可视化技术使用显示器展示油藏性质，受制于硬件与软件技术，对于规模较大的油藏，油藏工程师可观察的信息有限，需在剖面图的情况下查看油藏内部信息。卡尔加里大学研发的沉浸式 CAVE 虚拟现实系统（图15），利用 VTK 引擎实现了并行可视化，可展示几亿网格的油藏，并将结果展示在 CAVE 设备中。用户通过传感器以及头戴式追逐设备调整网格的角度和位置，缩放网格，过滤网格单元以及查看油藏性质。油藏工程师可进入虚拟油藏空间，研究特定区域，甚至某个特定网格单元的性质。

图 15　沉浸式 CAVE 虚拟现实系统

另外，无人机勘探获取的信息可直接反馈至沉浸式CAVE虚拟现实系统生成虚拟空间。油藏工程师可在虚拟空间构建油藏模型和设计钻井井位，整个油气田开发过程生动直观。

3）VR油气前景广阔

虚拟现实技术仍在快速发展中。展望未来，虚拟现实技术在油气工业的应用将更加广泛，将给油气工业的人员培训、产品设计、方案设计、现场作业、过程控制等领域带来深刻的变革。

以海上钻井平台为例，未来的钻井人员将先穿戴上他们的VR设备，再开始一天的工作。登录并连接访问后，他们可以访问关于自己职责的关键活动，可查询天气报告和安全简报，可录制音频或视频，可通过超链接查询补充数据，如钻井设计与实际情况的对比、随钻测井数据、设备维护等问题。

通过VR设备，他们还可获取与自己相关的维护计划和运营职责，以及由计划调度中枢工具生成的用于优化工作效率的任务时间表。该任务时间表充分考虑了计划钻探活动及其他维护活动之间的统筹协调。

同时，维护人员将收到与其工作相关的信息。通过分配任务，工具和零件需求将被分配到各自的仓库，程序和图纸、历史信息将被加载，以便于维护人员参考。完成各程序步骤后，所有的数据都会被记录在维护系统中，包括时间、技术人员、步骤验证、完成时间、关键操作照片、安装和拆卸部件的序列号以及更换部件的质量等。一旦收集了这些数据，计划中枢就可对程序、培训以及替换标准进行改进。

未来，平台上所有人的位置都可实时获取。这使得人们可以随时随地在虚拟空间标记风险，包括普通风险和暂时风险，如起重作业的风险区域可以在计划路径下显示为黄色圆柱，当负载运输到目的地时，风险区域立即更新为红色。这将简化区域隔离，并提供明确的记录。随着环境的变化，工作人员将获得实时更新，最大限度地缩短风险发生后的反应时间。

（三）油气田开发技术展望

2018年，国内外油气田开采领域出现了许多新的技术，具有很好的技术发展前景，有效地推动了全球油气田开发行业的发展。未来的油气发展仍将围绕老油田挖潜和压裂改造等主体技术，非常规油气资源开发技术变得越来越重要。

1. 提高采收率技术是获得产量的主要途径

随着常规原油产量的下降，需要通过其他途径获得原油以满足能源需求。采收率是衡量油田开发水平高低的一个重要指标，提高采收率是油气田开发永恒的主题，随着油气田开采年限的增加，常规原油产量不断下降，提高油气采收率技术一直是各国获得更多原油产量的主要途径。微生物的活动会提高原油的流动性，进而提高水驱后油藏的产量，成本低、见效快，能够起到增加产量、提高采收率和延长油田经济寿命的作用，为接近经济极限的水驱成熟油田提供了开采这些剩余油的经济有效的办法。

2. 绿色低成本是压裂技术的新趋势

在传统的压裂作业中存在很多令人困扰的问题：压裂泵及其阀门阀座很容易发生故障，支撑剂未到达预定位置就发生沉降，消耗大量淡水资源，产生大量的废水等。针对这些问题，油气行业内各大公司进行了大量的研发和应用，绿色低成本成为压裂技术的新趋势。新的压裂系统可使桶油成本大幅度降低，增加压裂泵的使用寿命，有效降低石油公司的资本支出。压裂水循环利用技术极大地减少了淡水用量，降低了压裂作业的成本，有效降低了环境污染。

3. 新能源用于油气开发前景广阔

传统的重油开采经常需要燃烧大量的天然气来生产高温水蒸气，注入油层提高采收率，这样做会消耗大量的天然气资源，同时产生严重碳排放，污染环境。在重油蒸汽驱中，高达60%的成本来自购买用于生产蒸汽的天然气。利用太阳能进行重油开采无疑是一件节能、降本、环保的良策，给稠油提高采收率带来了新的发展方向。将新能源运用于油田开采中，可以优化油田开采策略，大大提高资产价值。

参 考 文 献

[1] IHS Markit. Global Deepwater growth hinges on pick – up in project sanctioning ［R］. Strategic Horizons，2017.

[2] Trent Jacobs. Reservoir – on – a – Chip technology opens a new window into oilfield chemistry ［OL］. https：//www. spe. org/en/jpt/jpt – article – detail/？ art = 4900.

[3] Editor of World oil. What's new in production – Frac propulsion ［OL］. http：//www. rocketfracservices. com/2019/06/15/whats – new – in – production – frac – propulsion/.

[4] Larry Albert. A new concept for perforating that integrates propellant and shaped charges ［OL］. https：//perforators. org/wp – content/uploads/2018/08/5_ 1 – 2018 – NAPS – 01 – A – New – Concept – For – Perforating – That – Integrates – Propellant – And – Shaped – Charges. pdf.

三、地球物理技术发展报告

尽管全球油服市场逐渐复苏，但地球物理行业复苏缓慢。为适应持续低迷市场，物探公司纷纷调整战略，进行业务重组，地球物理市场垄断竞争与完全竞争并存，行业进入数字化转型新时期，云端数据管理、人工智能数据处理解释成为行业研究热点。地球物理技术不断创新发展，海底节点采集、分布式声波传感光纤监测、最小二乘偏移成像及基于人工智能的数据解释等技术发展迅速，这些技术的不断进步满足了行业降本增效的技术需求，也是今后地球物理技术发展的重要方向。

（一）地球物理行业新动向

全球物探行业受到低油价的巨大冲击，现处于缓慢复苏阶段，产能严重过剩，主要物探公司收入虽有增加，但亏损仍在扩大。全球物探行业市场竞争呈不均衡状态，市场垄断竞争和全面竞争混合存在。国际主要物探公司纷纷调整战略，应对市场挑战。

1. 地球物理市场复苏仍旧面临巨大挑战

自2014年开始，地球物理装备与服务市场规模持续下降，2015年和2016年市场规模分别降至112亿美元和73亿美元，降幅分别为32%和35%。2017年，全球油服市场逐渐回暖，但物探市场仍不容乐观，市场规模进一步降至68亿美元，降幅有所减小，约为7%；2018年市场逐渐复苏，市场规模增长5%，达到近72亿美元（图1）。从统计的上市公司来看，WGC、CGG和PGS 3家公司的市场规模仍旧占据国际市场的前3位。近年来中国的物探行业发展迅速，引起国外广泛关注，中国石油集团东方地球物理勘探有限责任公司（BGP）陆上业务居全球首位，中海油服（COSL）的物探业务发展规模在上市公司排名中也跻身前十。

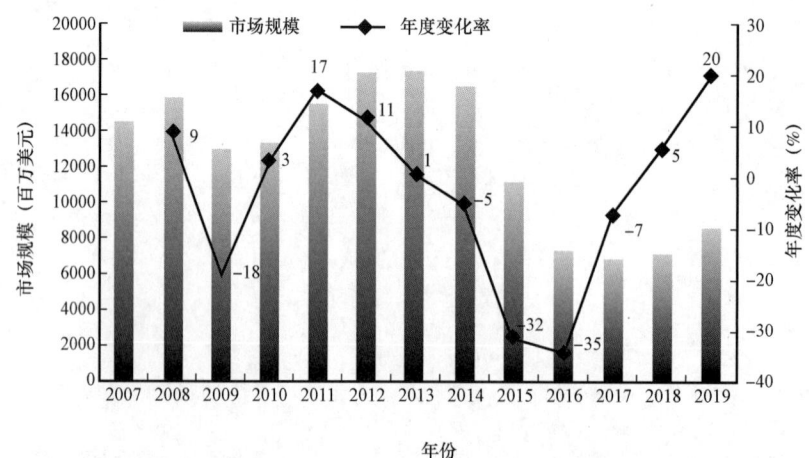

图1 全球物探市场规模变化

数据来源：Spears & Association 2019年4月《油田服务市场报告》

行业产能严重过剩，海上采集业务持续低迷。根据 Polarcus 公司的统计，全球海上采集生产船只自 2015 年大幅度减少，从最高峰的 42 艘船减少到 2017 年的 24 艘。2018 年第一季度施工船 22 艘，比 2017 年第一季度的 28 艘减少 6 艘。各物探公司均采用船只闲置、外部租赁船只、大力投入多用户等方式降低公司运营成本。市场竞争日趋激烈，陆上地震勘探采集价格持续降低，陆上采集产能仍严重过剩，各国油公司为了保护本国物探公司，纷纷减少物探公开招标项目数量，国际油公司也大幅度减少勘探投入，各国际物探公司生存艰难。

2. 主要物探公司纷纷进行战略调整，市场竞争呈现新格局

为了应对已经长达 4 年的行业低迷，各主要物探公司纷纷做出战略调整，进行债务重组和破产保护，同时大幅度裁员、闲置船只、压缩产能。多家物探公司增加多用户业务投入，帮助消化行业的过剩产能；各物探公司正在积极调整公司战略与业务比重，确保在持续低迷的市场中求得生存。全球主要物探公司近年来通过剥离、重组等一系列动作谋生存求发展。

2018 年 1 月，油服巨头斯伦贝谢公司宣布退出陆上和海上地震采集市场，令业界震惊。斯伦贝谢公司是全球最大的油田技术服务公司，西方地球物理公司（WesternGeco）作为斯伦贝谢公司一个三级业务单元，是业内领先的地球物理公司。斯伦贝谢公司宣布退出海上及陆地地震采集市场，并将旗下 WesternGeco 产品系列转型为一项轻资产业务。目前，"硬件"包括地震装备和成本昂贵的地震勘探船，市场萎缩严重。WGC 虽然放弃陆上及海上地震采集业务，但并不是完全退出地球物理服务市场，而是集中精力打造其他市场及业务。

同年 8 月，Shearwater 地球物理服务公司和斯伦贝谢公司联合宣布，双方达成最终协议，Shearwater 公司以 6 亿美元的价格兼并斯伦贝谢公司地球物理服务产品线——WesternGeco 的海上地震采集资产与业务。

根据协议条款，此次交易 Shearwater 公司将接管 WesternGeco 公司的 10 艘高端地震勘探船（7 艘 3D 船，3 艘多用途船）和 2 艘震源船，以及 12 套完整拖缆装置。此外，还将拥有 WesternGeco 公司的专有海洋地震技术，以及挪威和马来西亚的制造厂。Shearwater 公司还将继续开发软件，提供高质量的数据处理和成像服务。该公司还拥有专有的拖缆技术和处理软件，能够有效执行地球物理勘探，并交付高质量的地震数据。作为交易的一部分，斯伦贝谢公司将获得 Shearwater 公司的 15% 收盘后股权，并在交易结束后的前两年，斯伦贝谢公司还可以选择利用 Shearwater 公司的两艘船进行多客户作业。

受低油价影响，CGG 公司在 2017 年宣布了破产保护协议。2018 年 3 月，CGG 公司董事会做出重大调整，更换了首席执行官，顺利完成债务重组，并重新活跃在中东、北非地区的高端市场。CGG 公司董事会新增两名董事，同时任命 Sophie Zurquiyah 女士为新任首席执行官。Sophie Zurquiyah 在油服行业工作了 22 年，具有丰富的管理经验，于 1995 年加入斯伦贝谢公司，曾先后在法国、美国、巴西等多个国家工作过，工作业务涉及全球运营、业务规划、技术管理等多个领域。2013 年，Sophie Zurquiyah 离开斯伦贝谢加入 CGG 公司，在 CGG 业务重组后的 GGR（地质、地球物理与油藏）部门任首席运营官（COO）及高级执行副主席至今。Sophie Zurquiyah 女士将带领公司在今后几年顺利走出低谷，同时也向业界宣告了 CGG 将重振公司经营业绩、恢复公司行业领先地位的雄心壮志。

在全球物探公司艰难经营的状态下，物探公司的竞争从垄断竞争发展到全面竞争，如今全球物探市场竞争呈不均衡状态，市场垄断竞争和全面竞争混合存在。北美市场以 WesternGeco、DOWSON、GOK 和 Global 等为主，市场竞争是几个主要物探公司间的垄断竞争；中东地区和北非陆上项目规模较大、投入大，市场竞争呈中国石油东方地球物理公司（BGP）、CGG（包括子公司 ARGAS 公司）和西方地球物理公司三强鼎立，以及中国石化（SINOPEC）和各国家物探公司群雄割据的竞争态势；拉丁美洲以 GOK、BGP、SINOPEC 及各国家物探公司为主；东南亚、巴基斯坦和中亚地区，中小物探公司众多，项目规模小、门槛低，市场竞争为价格战，项目在超低利润或无利润边缘运作。根据对 14 家主要物探公司营业收入统计，BGP、CGG、PGS、SINOPEC、ION 和 TGS 收入占全球物探市场的 85%，全球物探市场仍处于垄断竞争态势。

3. 地球物理行业的数字化变革已经启动

20 世纪 90 年代，石油地震勘探行业率先引入数字化，如今油气行业的数字化应用已经不局限于物探行业，具有更加广泛的应用领域和深远意义。低油价以来，数字化变革发展成为油气行业一个重要主题，并稳步向前推进。2018 年，EAGE 年会举办了以"E&P 行业数字化：现状与未来发展道路"为主题的高层论坛，国际油气公司加速与科技信息巨头的全方位合作，将数据利用提高到公司决策层面，积极共同探索和构建油气数字化生态系统，提供更加快速、廉价、完善的数字化服务，同时将更加强调从业人员与机器的合作模式，更加注重基于云数据的数据网络安全。数字化变革是保持公司竞争力的关键因素，已经成为各油公司、油服公司的发展战略之一，数字化变革完全不同于过去所做的数字工作，如果能够充分使用所有的数据，那么在油气勘探开发中将更加准确高效。今后地球物理行业的数字化变革在工作方式方面积极创新，将在所有的应用中充分利用地震、财务、统计学等全部数据，使得油气勘探开发生产操作更加高效、安全。

（二）地球物理技术新进展

为了应对行业低谷，降低物探项目运作成本，各大物探公司纷纷投入资金，以低成本发展为目标，研发各种采集、处理技术。石油地球物理技术发展以高效低成本为目标，高效混叠采集、基于大数据、深度学习的地震数据处理解释技术成为竞争新热点。

1. 地球物理装备新进展

在降低勘探成本、提高地震勘探资料质量、降低勘探风险的强烈需求下，大型国际油公司和国际勘探公司积极支持勘探装备创新，物探装备制造商纷纷推出先进的陆上海底节点采集设备。新型智能节点设备集中推出，为市场竞争提供保障。

1）节点采集是行业关注热点与未来发展方向

目前在全球物探行业市场，主要节点采集仪器除了早期的 Fairfield 公司的 ZLand，Geo-Space 公司的 GSR、GSX，Sercel 公司的 Unite，Global 公司 AutoSeis 和 INOVA 公司的 HAWK 外，新型节点设备不断推出市场，如 Sercel 公司的 WTU508，INVOVA 和 Innoseis 公司研发的 Quantum 节点设备，Geophysical Technology Inc.（GTI）公司的 NuSeis^{TM}NRU 1C^{TM}节点设备，ISeis 公司的 Sigma 和 DTCC 公司的 SmartSolo。随着自动化、智能化发展，多家公司在研发新一代海底节点系统。BP 公司、Rosneft 公司和 WGC 公司合作开发的 CHEETAH 节点设备已在挪威两个项目得到应用；道达尔等公司合作开发的 METIS 节点系统已经完成现场试验，计划在未来的 1~3 年内投入市场。

节点采集装备不断完善与进步。目前，海底节点地震仪的最大水深由常规的 3000m 发展到4000m。Fairfield公司推出了两款适用于4000m水深环境的节点系统——ZXPLR和ZLoF（图2）。ZXPLR海底节点新系统能够用于双模式布设，提高了布设效率，更适用于长偏移距、全方位和高密度节点数据采集，并通过高速装载器提高了系统布设、回收效率及HSE性能。ZLoF系统是一款适用于4D地震勘探的节点系统，维护成本低，可靠性高，采集脚印小，可重复性高，比海底电缆和海上拖缆系统具备更多优势，并且具有较高的矢量保真度、更好的耦合性以及更高的信噪比。

图2 ZXPLR和ZLoF节点系统

BP公司的Wolfspar海上节点超大偏移距低频采集试验测试成功。在墨西哥湾深水复杂海底环境与构造区域进行数据采集，达到了安全操作的预期目标：零安全事故，零人员事故，零环境事故。获得的大偏移距、低频3D地震数据可有效用于全波形反演速度模型建立。

沙特阿美和Seabed Geosolutions公司联合开发的一种利用自动机器人技术布设海底节点仪器的采集方法SpiceRack™完成了测试。SpiceRack™节点采集方法是一项整合了自动化机器人的海底采集方法，利用自动机器人进行布设，被称为"飞行"节点，能够大大提高节点布设和回收效率，其采集成本将和拖缆采集相当，同时还将保留节点采集的技术优势。

2）实时无线数据采集系统取得新进展

近两年，在无线地震数据采集方面取得重大进展的当属美国Wireless Seismic公司推出的RT2、RT3采集系统（图3），是业界唯一提供实时数据采集功能的完全可扩展的无线地震记录系统。RT2是经过现场验证的无线地震记录系统，可以实时传输传统测量数据和被动监测项目。RT2采用新型电子设备，可将系统功耗降低约50%。RT3是Wireless Seismic公司的新一代地震记录系统，可满足为更大和更密集的地震勘测部署超高通道数不断增长的需求。

RT3满足了日益增长的市场需求，可获得更加密集的陆上地震勘测数据。然而，与日益增加的盲节点系统不同，RT3支持用户对全部25万余个记录信道实时进行交互式管理。例如，为维持电池寿命，控制中心只需利用单个命令便可使全部记录信道进入休眠状态，这是盲节点系统所不具备的能力。此外，通过部署一种新的无线电遥测结构将所有地震数据传输到中央记录器，RT3有效避免了盲节点系统所需的烦琐任务，即手动数据采集和人工数据转录，速度比传统有线系统快7倍。RT3的标准配置包括成千上万个超轻型、超低功率记录装置（Mote），其通过无线电与地面中继单元（GRU）通信，从而将地震数据传输到完全交互式的中央记录系统。RT3 包括 RT2 业已证实的全部先进功能,包括实时数据 QC 和混合无线遥测。RT3 无线网络实现完全自组织和自动化,仅需最少的资源即可完成初始部署。

Wireless Seismic 公司开展了一项合作研发计划 METIS,与道达尔和其他技术创新者合作,旨在大幅度降低勘探难以到达地区(如山麓)的成本和周转时间。METIS 的地震采集组件基于 RT3 的实时和高性能无线电遥测。

3)新型宽频可控震源研制成功

近年来,低频可控震源推动了陆上宽频可控震源采集技术的发展。在 2018 年 SEG 年会上,INOVA 公司展出了最新推出的可控震源 AHV－V TITAN(图 4)。这是 INOVA 公司新一代可控震源。该震源提高了宽频性能的门槛。其设计是为了在保持宽频带性能的同时显著增加低频输出,利用增加的行程长度和重新设计的液压系统,与传统脉冲先比,在低频时提供了几乎两倍的出力。

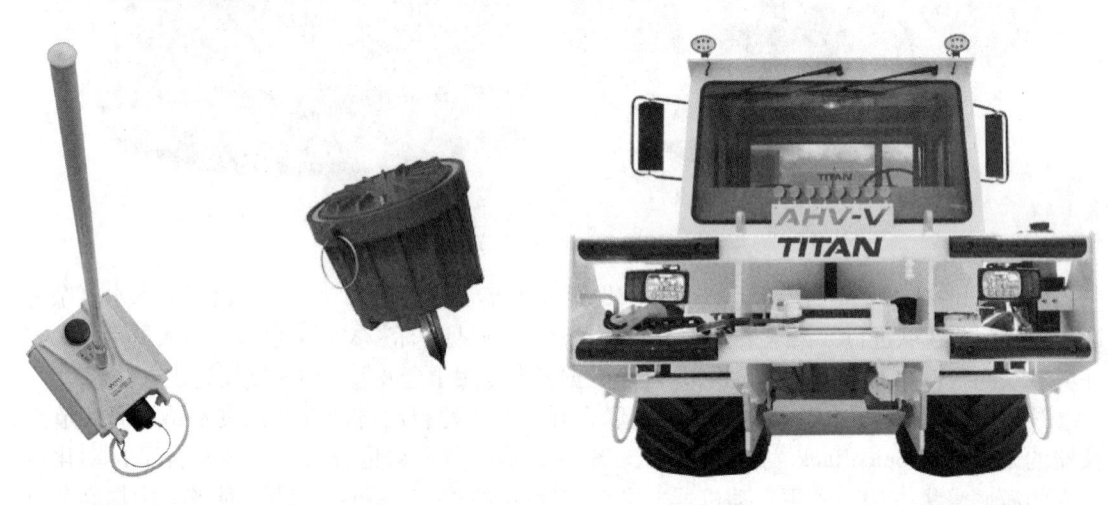

图 3　RT2、RT3 无线采集系统

图 4　AHV－V TITAN 可控震源

近两年,中国石油东方地球物理公司在宽频可控震源方面取得飞速发展,先后推出了 LFV3 和 EV56 可控震源。与国际公司震源的技术指标相比,中国在宽频可控震源领域已经走到了世界前列。表 1 对比了国内外主要震源的技术指标。

表 1　国内外主要商业应用可控震源的技术指标

公司	Sercel		INOVA		BGP	
产品名称	Nomad 65 Neo	Nomad 90 Neo	AHV－IV 364	AHV－V TITAN	LFV3	EV56
峰值出力(kN)	278	400	275	275/356	280	251
额定频率(Hz)	1～250	1～250	1～250	—	—	—
满驱动起始频(Hz)	5.4	5	5.3	4.2	3	1.5
平板质量(kg)	1584	2300	2027	2171	1920	2030
平板面积(m²)	2.64	2.86	2.5	2.63	2.5	2.35
重锤有效冲程(cm)	10.12	10.16	9.83	17.78	17.6	21

2. 地震采集技术新进展

从最初的滑动扫描技术到远距离分离同步激发技术,从独立同步扫描技术到高效混叠采集技术,更新进步速度非常快。这些可控震源高效采集方法,在充足排列道数的支持下,极大地提高了生产效率。

1) 陆上高效可控震源混叠采集技术极大提高勘探效率

陆上高效可控震源混叠采集技术在中东和北非等大型陆上采集项目中得到迅速推广。例如,2017年CGG公司在埃及推出高效混叠采集技术(Unconstrained Blended Acquisition,UBA),BGP推出超高效混叠采集技术(Ultra High Productivity Acquisition Technique,UHP),BP公司推出混叠采集技术(Independent Simultaneous Sources,ISS)等,这些高效混叠采集和处理技术,在原来D3S、D4S高效采集技术上进一步提高野外生产效率,采集生产日效大幅度提升,如阿曼PDO项目最高日效达2万炮以上。高效混叠采集技术成为物探市场新的竞争平台。

2) 压缩感知地震勘探技术应用取得新进展

基于压缩感知理论所开发出的一整套地震资料采集和处理综合技术,主要包括非规则最优化采样设计、地震信号的稀疏化处理、基于稀疏反演的数据重构及同时震源分离等内容。压缩感知成像(CSI)技术利用非规则最优化设计和独立同时震源作业,极大地提高了采集效率,缩短了采集周期,从而以较低成本完成高品质、高密度的三维地震资料采集。在地震资料处理过程中,通过信号分离与数据重建来高保真地恢复叠前地震信号。海底节点、海上拖缆和陆地可控震源等生产项目中的应用结果表明,与宽频带处理以及叠前深度偏移技术相结合,CSI提供了高质量、高精度的地下成像结果。

康菲公司是压缩感知地震采集与成像方面的领军企业。目前,实现了陆上三维地震数据采集和海底节点数据采集。在阿拉斯加北坡采用压缩感知地震勘探方法,获得高质量数据以解决地下塌陷层成像失真的问题,并为储层定量分析提供支持。由于阿拉斯加北坡地震作业受季节限制,各项目间需协调采集时间。如果该项目采用传统采集方案,在启用12台可控震源的情况下(3~4组),采集效率可达到日均1000~1500炮,远不能满足30d采集完10 km^2 的高质量、高密度地震数据的要求。利用CSI技术,通过NUOS方法优化炮检距,对放炮时间和8~12台可控震源相对距离不做限制,后期依靠CSI技术对混叠信号进行高精度分离和重建。该项目在30d内完成130 km^2 采集。

在北海的海底节点勘探项目中,利用CSI技术提高采集效率,缩短工期。在原采集设计方案的基础上,对炮点距进行了NUOS优化,并采用两条独立震源船进行同时震源采集。NUOS设计支持后期数据重建以及混叠信号分离,处理后可增加采样率5倍以上,极大提高了采集效率。图5显示了压缩感知地震勘探效率。

3) eSeismic高效海洋地震勘探新方法

PGS公司技术演进的下一阶段称为eSeismic,涉及使用连续的源和接收器波场从根本上改变海洋地震数据的采集和处理方式。该方法正在公司的研发中心开发,其潜在的优势包括减少对环境的影响、提高效率和更好的数据质量。通过及时分配源的发射信号,可以显著降低峰值声压级和声音暴露水平。从效率的角度来看,没有速度限制,因为该方法不需要以特定的空间间隔触发地震记录或源,并且还不需要收听时间。通过同时操作多个源并增加源的

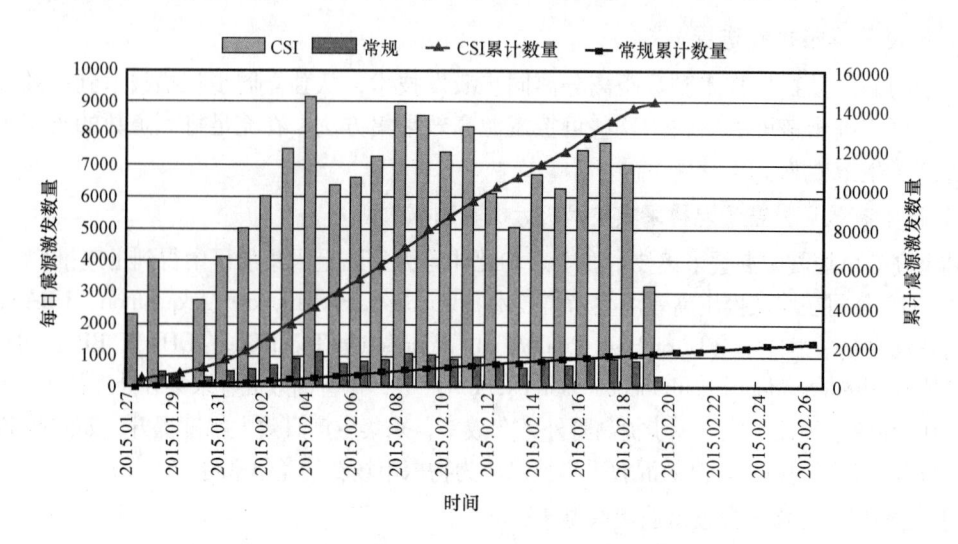

图5 压缩感知采集与常规采集日效对比

扩展宽度，在采集期间快速覆盖目标也提高了效率。即使可能存在与连续波场和源位置的空间采样相关的抬升，数据质量甚至更好。低频信号的成像尤其受益于长记录。可以使用海洋振动器技术或传统的气枪设备形成连续源波场。eSeismic 是一个由挪威研究委员会（The Research Council of Norway）、挪威国家石油公司和PGS公司资助的Demo2000项目。eSeismic 采集方法时间切片如图6所示。

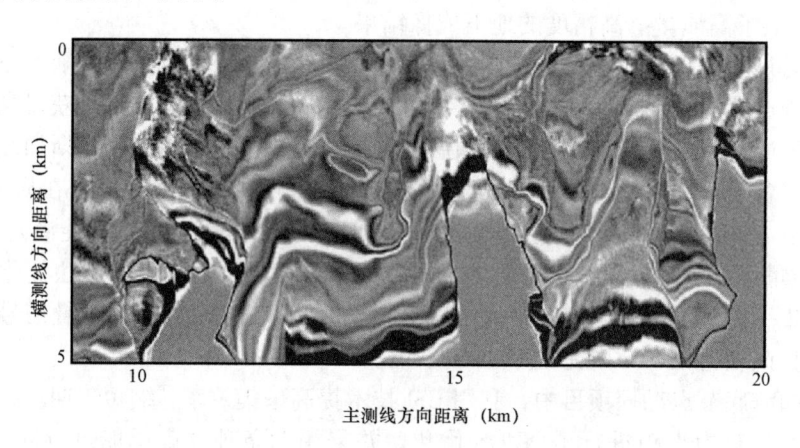

图6 eSeismic 采集方法2.696s 时间切片

图像来源：PGS 公司

3. 地震数据处理解释技术新进展

2018年，地震数据处理解释的研究热点与重点集中在基于大数据、人工智能的软件平台和技术方法，最小二乘偏移、Q偏移以及全波形反演等方法仍旧是业内研究重点。机器学习应用领域已经扩大到地震数据处理与综合解释、测井资料处理与解释、重磁电非地震资料处理与解释、井孔与岩石物理数据分析、微地震资料处理与解释、油藏表征与油气开发数据分析等方面。目前，绝大多数研究集中在地震数据处理与解释领域，尤其是地震构造解释

(含断层解释、层位解释、岩丘顶底解释、河道或溶洞解释等)方面。

1)基于大数据、云计算、人工智能的数据处理解释平台是行业热点

近两年,地球物理行业最大的亮点与热点莫过于地球物理的数字化变革。多家公司都展示了基于数字化的地震数据管理软件:斯伦贝谢公司的 DELFI 平台,Emerson 公司的云计算与人工智能解释技术等。

斯伦贝谢公司的 DELFI 平台以及 Petrel E&P 软件平台,涵盖地质和地球物理学多学科知识,为地球物理学界提供地震和定量解释。这些模块使勘探与生产作业公司能够应对从区域勘探到油藏开发的最复杂的构造和地层挑战。在 2018 年 SEG 会议上,技术专家重点介绍了机器学习、高性能计算、数据生态系统和新的 Petrel 平台功能,这些功能主要通过引入地震网格探测器提高地震渲染的准确性。此外,还在展台展示了地震参考基准的管理和井段的实时钻井液测井数据流。借助这些新技术,石油技术领域专家可以在统一的协作环境中无缝工作,从而做出从油藏描述到完井和生产的最明智的决策。

Sharp Reflections 利用大数据计算技术评估油气藏的规模和质量,降低钻井风险。该公司的 Pre–Stack Pro(PsPro)软件采用高度并行的内存计算架构,支持叠前和叠后地震数据的交互式可视化和分析。使用丰富的工具包,包括集成的处理幅度应用程序以及专门的叠前方位和反演模块,公司可以处理、分析和解释来自常规和非常规三维地震数据集的全保真原始信号,以预测远离油气井控制区的储层和流体属性。所有 PsPro 应用程序都可以无缝扩展到多个服务器,或者在公司的 Amazon Web Services 云托管资源上运行,以便在几小时内以交互方式分析 TB 级数据集。

Emerson 公司的 E&P 软件和服务业务将机器学习应用于地球物理数据和方法中,作为行业数字化转型中一个有影响力的组成部分,形成了自动化油气采收的关键流程。产品主要亮点包括:(1)将深度学习应用于全方位"方向性收集",以对地下油藏特征进行成像,例如断层、盐岩和礁石,这是走向自动解释叠前数据方向的改变游戏规则的一步;(2)创造性地使用神经集合网络利用地震数据和井筒数据生成概率岩相模型,以更好地了解储层非均质性。该计划还包括使用机器学习方法自动化 Big Loop 工作流程,从地震数据到油藏模拟,结合地球物理不确定性,以便更好地进行生产预测和加快项目周转。图 7 显示了软件处理得到的成像体。

Geophysical Insights 公司在 Paradise 机器学习平台上发布了新的 Geobody Analysis 软件。Geobody Analysis 软件是机器学习的成果,它帮助地球科学家隔离并研究神经分类体中的目标区域。使用该工具,解释人员可根据其大小隔离地质体(Geobody);研究每个神经元样本水平的地质体;捕获目标区域的详细信息,包括体积和统计数据;通过填充区域或修剪无关样本来编辑/清理选定的地质体。Geobody Analysis 软件根据解释器提供的地质输入生成体积数据。输出包括每个地质体的样本体积、总岩石体积、净岩石体积、孔隙体积和烃孔隙体积。2018 年 SEG 会议上,Geophysical Insights 公司重点介绍了有关 Geobody Analysis 软件和其他机器学习应用的更多信息,包括根据神经分类结果选择视野,使用卷积神经网络识别地震相,以及使用机器学习进行自动岩相分类。

2)向油田开发领域延伸的新软件使数据价值最大化

Ikon 公司推出新版软件 RokDoc6.6.0,该软件增加了油藏监测功能,向油田开发领域延

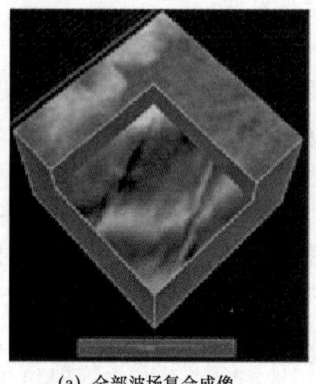

(a) 全部波场复合成像　　　　(b) 深度学习采集脚印识别　　　　(c) 深度学习断层识别

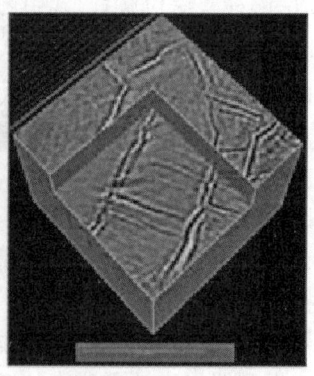

图 7　叠前数据深度学习成像体

图像来源：Emerson Automation Solutions 公司

伸，能够提供连续油藏监测结果，降本增效，增加油田开发投资回报。

RokDoc 新软件支持拐点网格数据，能够通过 3D 或 4D 地震数据，整合集成油藏模型的静态（地质模型）和动态（流体模拟）属性，用于 4D 地震可行性研究和闭环工作流程。利用新版软件提供的工具包，各个学科团队协同工作，通过 4D 地震数据更新地质模型和模拟数据。

RokDoc 新软件还有许多其他可用工具和工作流程，能够处理大型井数据集，整个软件增加了新的多井选择能力。软件支持加载、处理和转换陆地项目中常见的偏移距不规则数据集。终端用户可以通过数据驱动将 3D 地震油藏描述与基于井数据的岩石物理、地质压力和地质力学分析结果集成，在一个统一的平台上建立 3D 地质力学分析、岩石物理和弹性属性模型。图 8 显示了综合解释结果，通过 3D/4D 联合地震属性反演，显示地质模型和流体属性。

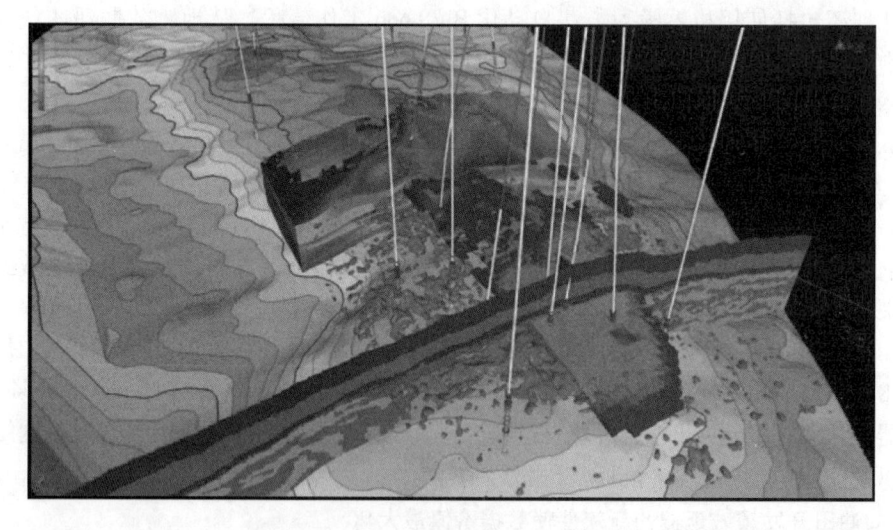

图 8　RokDoc 软件综合解释结果

RokDoc 6.6.0 软件提供的新功能有助于数据分析结果的集成：例如，利用盆地模型衍生品联合 Ikon 公司的波阻抗反演和相位反演等技术，以及大量的孔隙压力分析和岩石物理模型等，可以用于 1D 到 3D/4D 全波段光谱模型的工作流程。

3）高端地震成像方案解决复杂构造成像难题

（1）PGS 公司联合应用全波形反演（FWI）和逆时偏移（RTM）进行深水复杂构造成像。

PGS 公司在巴西 Santos 盆地完成了 11 个勘探区块、34000km^2 的地震数据成像。对 Santos 盆地进行老资料再处理的主要目的是获得盐下地层和裂缝构造的精确成像。其主要挑战是储层目标位于盐下碳酸盐岩中，并且地层具有强烈的不连续性，不连续地层层序（LES）发育，例如，盐岩中有火山岩夹层。其地层复杂性和差异性导致成像效果差，需要高精度速度模型进行复杂构造成像。

此次完成的盐下成像采用了数据驱动全波形反演（FWI）进行连续速度建模，捕捉到盐下复杂速度变化差异，以及速度边界。对 11 个区块采集的数据进行合并处理，设计宽频处理方案，交付了克希霍夫偏移成像和 35Hz 的最小二乘逆时偏移成像结果。基于振幅补偿的方法获得了高分辨率的盐下成像和裂缝成像。此次老资料再处理为精细勘探提供了保障，降低了风险。

并且提出最小二乘全波场偏移成像技术。这里提出的全波场指全反射波场，包括一次反射波、海底多次反射波，以及自由表面多次波或高阶反射波。与常规偏移成像方法相比，利用全波场最小二乘偏移有效改善了成像照明和分辨率。

常规偏移成像利用一次反射波，通常成像照明度不够，分辨率不足，这主要与采集观测系统和采取的处理技术有关。分离波场偏移成像（SWIM）利用海底反射产生的下行波改善照明，全波场偏移成像（FWM）既包含了一次反射波，又包含了海底反射波成像，串音干扰是需要解决的问题。对于一次反射波成像更好理解，SWIM 是指对海底多次反射波进行成像，FWM 则是包括以上两种波的成像，如图 9 所示。

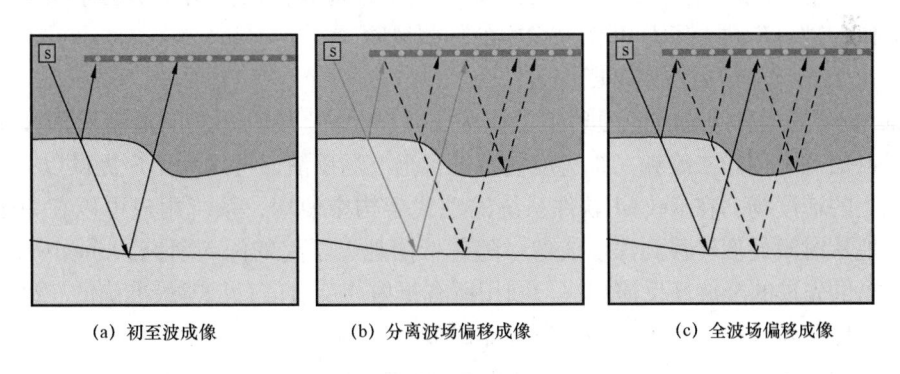

(a) 初至波成像　　(b) 分离波场偏移成像　　(c) 全波场偏移成像

图 9　全波场偏移成像各种波形示意图

最小二乘全波场成像（LS – FWM）克服上述方法的局限性，直接计算地球反射率，综合一次反射波和海底反射波优势，生成不受串音干扰、分辨率更高的图像。分别用合成数据和墨西哥湾与北海的实际数据进行验证。研究结果表明，最小二乘全波场偏移成像改进了照明，减少了串音干扰，并减少了采集脚印。

图 10 为墨西哥湾的宽方位采集数据的成像结果,通过比较可以看出,LS–FWM 图像比 FWM 图像有很大改进,主要体现在较少的串扰、更好的照明,以及减少了采集脚印,提高了时间和空间分辨率,并增加了波数。从切面图可以看到,断层构造清晰呈现,振幅更加稳定。

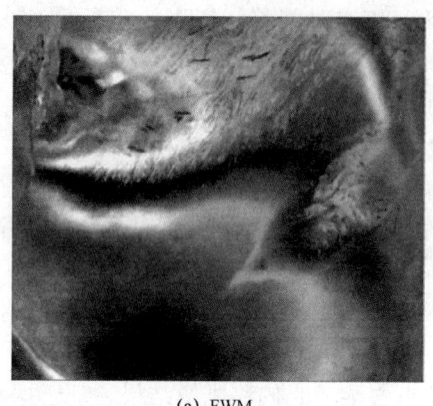

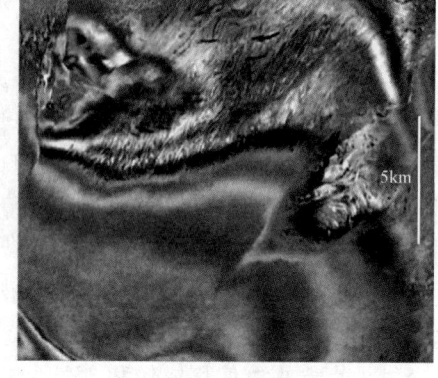

图 10　FWM 与 LS–FWM 结果对比

(2) Q 偏移成像解决浅层气挑战难题。

CGG 公司在北海挪威海域完成了地震深度偏移成像,采用了声波 Q 补偿速度建模和成像方法对 2014—2016 年采集的 35400km^2 Broadseis 宽频数据成像,解决浅层气引起的近地表地质异常问题。这也是老资料再处理应用研究进展。

处理流程涉及了膨胀噪声、地震干扰等噪声衰减,长短自由面波、多次波衰减,以及宽频数据去鬼波等。在速度建模方面采用了 Q 层析和 Q 补偿全波形反演方法,通过层析反演、折射和反射波的全波形反演生成 Q 补偿的速度模型,确定了衰减异常的位置和范围。成像方法采用 Q 补偿偏移方法,最终结果清晰地反映了近地表特征。此外,还进行了 Q 最小二乘偏移成像,进一步减少了 Q 补偿成像中的一些风险。

(3) 全波形反演研究应用不断深入。

Shearwater 公司采用伦敦帝国理工学院为 FULLWAVE 联盟开发的最新反演技术,使用折射、反射信息来创建二维和三维速度模型进行全波场反演,可以为用户提供以前认为不可能的频率上的速度场。在 Reveal 软件系统的现代架构中使用,系统用户可以在单个用户界面中轻松地从时间处理转移到深度成像。随着帝国理工学院的深入研究,Shearwater 公司在 Reveal 中提供先进的全波场反演算法,利用所有折射和反射信息创建最准确的三维速度模型给公司的同伴联盟成员,二维模型给所有非成员。

4) 人工智能发展推动地震解释向自动化叠前解释迈进

人工智能中的深度学习将在地球物理行业数字化转型发展中发挥战略作用。近两年,人工智能在勘探地球物理中的应用研究成为一个重点和热点领域,内容涉及自动化处理和智能化解释的众多领域和方向,在地球物理解释领域,利用机器学习与数据分析改善解释效果,提高效率是主要研究内容,2018 年几乎是人工智能地球物理应用研究的爆发年。

（1）基于机器学习方法的盐丘顶底自动化解释技术。

2018年，SEG年会上介绍了有关盐丘顶底自动化解释方面应用进展。西方地球物理公司介绍了在两种场景下的盐丘顶部自动化解释技术研究：一个场景是在一个工区内选取约15%的手工拾取或半自动拾取的盐丘顶底面结果进行训练，然后应用于全工区；另一个场景是用一个工区的手工拾取结果进行训练，然后应用于相邻的其他工区。

技术方法中包含11个卷积层的卷积神经网络模型，输入的是从三维地震数据体抽取的横测线分离出的二维地震剖面数据片（128×128），输出的是相同格式的图像，每个像素表示是否为盐丘顶/底（1或0）。测试结果表明，第一个场景下92%的盐丘顶面预测结果与人工解释结果误差不大于2个样点，而第二个场景84%的盐丘顶面预测结果与人工解释结果误差不大于2个样点。两个测试工区的面积分别为25419km^{2}和33624km^2，盐丘顶底面拾取处理的周期由原来的数周下降到数天。图11展示了WesternGeco公司对墨西哥湾多用户数据采用卷积神经网络识别盐体顶部的结果。

图11 盐丘顶底面自动拾取成果展示

此外，美国得州大学Austin分校研究人员采用基本类似的方法，利用基于卷积神经网络的编码器—解码器网络，其中包含7个卷积层，整个图像（400×400）通过该网络处理直接输出盐丘概率图像。采用SEAM第一期模拟数据集进行试验，用若干测线的数据进行训练，然后应用于整个数据体进行测试，处理得到半自动化盐丘边界。

（2）自动化断层解释研究进展。

断层的自动拾取是当前人工智能应用研究的一个主要方向，目前的应用成果展示了其较强的实用性，但尚未见到展现良好效果的规模化应用成果。断层自动拾取的研究方法基本都采用卷积神经网络，但在训练数据集的组织上却有两种完全不同的路线：一种是完全基于合成地震记录模拟不同倾角、不同断距的断层和不同频率子波的地震响应，构建卷积神经网络检查存在不同倾角断层的可能性，以此合成地震记录数据集作为训练数据集，训练出的卷积深度神经网络模型应用于实际地震记录，伍新明采用的就是这种方法。另一种就是直接在实际地震数据中选择部分数据作为训练数据集，以相干体作为断层存在概率的标签信息，以此训练出的卷积深度神经网络模型应用于其他实际地震数据。

沙特阿美公司北京研发中心采用该方法，给出了采用的卷积神经网络模型、输入数据、训练数据集、模型测试结果和实际地震数据应用结果（图12）。

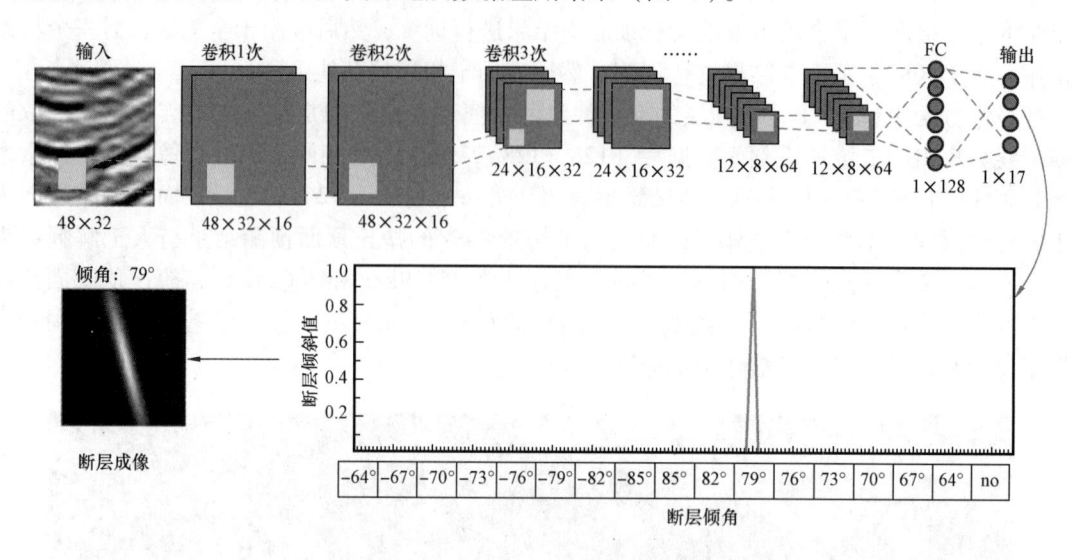

图 12　用于断层检测的卷积神经网络模型

在人工智能领域快速崛起的 Geophysical Insights 公司综合应用卷积神经网络模型和方向平滑/锐化处理来优化断层识别效果（图13）。首先用基于二维数据片的卷积神经网络模型进行断层识别，然后用方向 LoG 平滑/锐化处理优化断层成像结果。

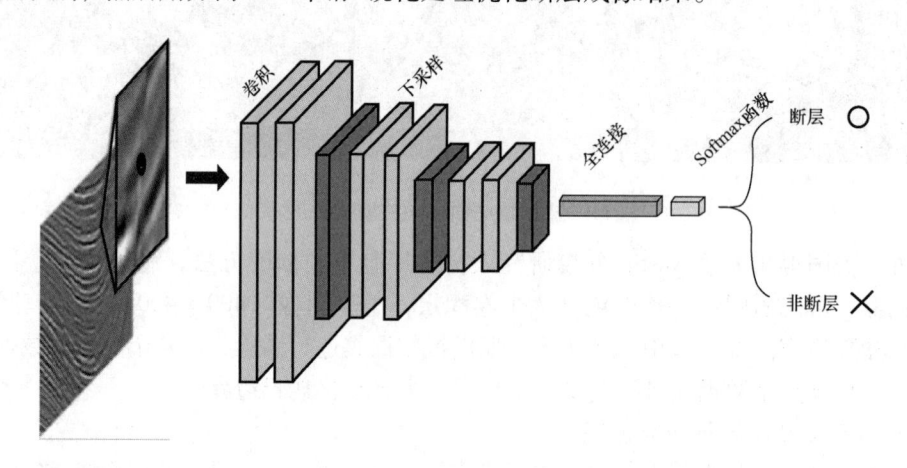

图 13　基于二维数据片的卷积神经网络模型

（3）地震相自动识别。

在地震相自动识别方面采用卷积神经网络、随机森林、字典学习、K‐平均、K近邻和 SOM 等统计聚类方法，也取得研究新进展。其中，Geophysical Insights 公司采用编码器—解码器卷积神经网络进行地震相识别，输入地震剖面数据，同时得到地震剖面上每个样点的地震相分类识别结果。应用卷积神经网络进行地震相识别有两大类方法：一类是基于片的模型

（Patch – based model）；另一类是编码器—解码器模型（Encoder – decoder model）。前者输入一个地震图像，进行处理后输出的是整个图像的分类；而后者输入整个地震剖面，进行处理后输出的是整个图像上每个样点（像素点）上的分类，输入和输出的图像大小一样。前者是图像级分类，后者是像素级分类，形成了图像的分割，而前者要达到像素级分类必须进行滑动处理，不难看出，前者需要的计算量更大。他们基于北海 F3 地震数据集进行了测试，得到了不错的结果（图 14）。

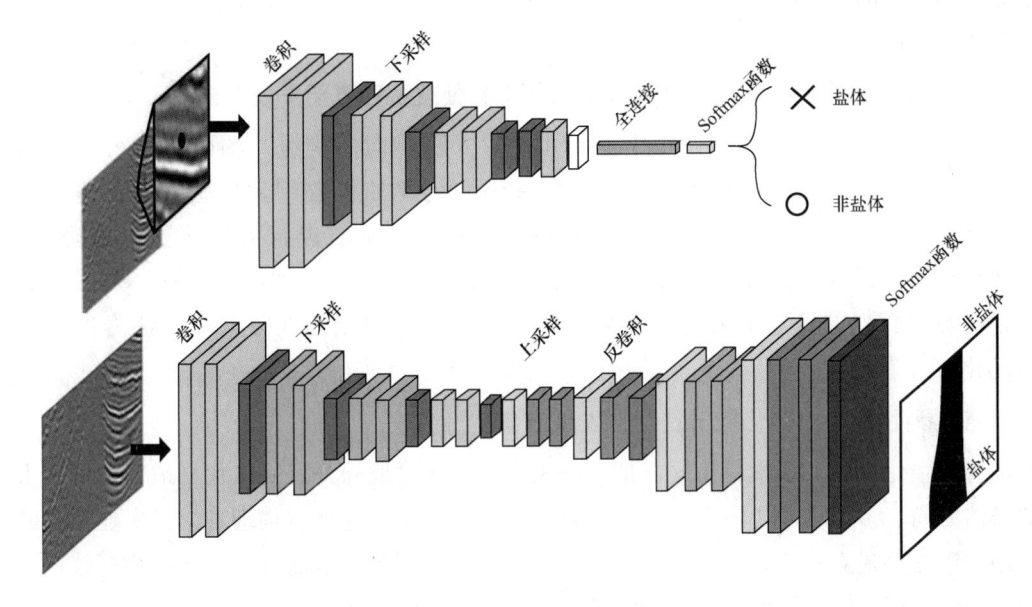

图 14　地震相识别的两种卷积神经网络模型对比

此外，丹麦理工大学也基于北海 F3 地震数据集进行了地震相识别研究。乔治亚理工学院采用反卷积神经网络模型（DCNN）展开了基于 F3 数据集的研究，并提出了一种基于稀疏自编码神经网络模型的非监督学习地震特征分析流程，提取地震数据图像中不同的特征信息。

（三）地球物理技术发展新趋势

随着油价稳步回升，油公司勘探投资预期增强，物探行业有望走出寒冬，但目前物探行业产能仍严重过剩，行业竞争短期内仍将非常激烈，适应低成本、高质量发展方向的各种高效采集技术和节点装备正在不断出现，行业市场竞争不断发生新变化。

1. 便携化、数字化、自动节点化装备将成为行业竞争关键因素

提高生产效率、压缩生产成本是市场竞争的主要手段。经过连续 3 年的经营亏损，各物探公司在巨大的经营压力下，正在努力研发新的高效作业方法和新型采集设备，以提高生产效率和市场竞争能力，例如，高效混采技术正在不断成熟和推广，各种新型节点设备不断涌现。新技术、新装备成为行业竞争的关键因素。

2. 经济、高效的绿色地震数据采集方法是采集技术发展的重要方向

近几年全球物探行业以提高效率、低成本获取高质量地质资料为目标的物探技术迅速发展，陆上震源高效混叠采集处理技术和海上OBN采集转换波处理技术等新技术得到迅速推广应用，以压缩感知技术为代表的采集处理技术正在研发中；各种新型节点设备正如雨后春笋般推向市场，大数据、人工智能等新技术、新方法在油气行业发展和应用。随着油公司越来越注重用最低的成本获取高质量的地质资料，提高物探行业生产效率、压缩生产成本、降低勘探风险将成为行业发展的方向。

3. 基于人工智能的数据分析及云端数据管理是处理解释重要发展方向

数字化变革发展是油气行业一个重要主题，并稳步向前推进。国际物探公司正加速与科技信息巨头进行全方位合作，积极共同探索和构建油气数字化生态系统，建立云端数据平台，随着地球物理行业对数据处理程度的提高，油气勘探开发将更加准确高效。数字化变革将推动今后地球物理行业工作方式积极创新，基于大数据分析、人工智能的综合地震数据管理方案是未来重要发展方向，基于人工智能的地震解释方法将进一步向着自动化解释发展。

4. 多学科协同、一体化服务是行业发展方向

随着数字化发展，多学科协同、地质—工程一体化、勘探开发一体化是地球物理未来发展的必然方向。多学科的协同应用不仅仅是重、磁、电、震等地球物理各学科专业技术的集成应用，还需要建立一体化商业模式、综合业务模式，深化产学研合作，加强物探公司与油公司、油服公司之间的深度合作，加强地球物理与数字化技术、计算机技术等多学科的一体化业务模式。将重资产的地震数据采集业务与轻资产的数据处理解释、油藏、信息、智能油田、软件销售等业务结合起来，为甲方提供产业链一体化服务，是降低项目运作成本的有效手段。

参 考 文 献

[1] Hegna S, Klüver T, Lima J. Making the transition from discrete shot records to continuous wavefields – Methodology [C]. 80th Conference and Exhibition, EAGE, Extended Abstracts, 2018.

[2] Mosher C C, Li C B, Ji Y C, et al. Compressive seismic imaging: moving from research to production [C]. Tulsa: Society of Exploration Geophysicists, 2017: 74 – 78.

[3] Mosher C C, Li C B, Williams L S, et al. Compressive seismic imaging: land vibroseis operations in Alaska [C]. Tulsa: Society of Exploration Geophysicists, 2017: 127 – 131.

[4] Ramos – Martinez J, Qiu L, Kirkeb Φ J, et al. Long – wavelength FWI updates beyond cycle skipping [C]. Tulsa: Society of Exploration Geophysicists, 2018: 1168 – 1172.

[5] 李成博, 张宇. CSI: 基于压缩感知的高精度高效率地震资料采集技术 [J]. 石油物探, 2018, 57 (4): 537 – 542.

[6] 史子乐, 施继承, 黄艳林, 等. 全球物探市场现状和竞争形势分析与展望 [J]. 石油科技论坛, 2018, 23 (4): 68 – 75.

[7] 郭建海. 全球物探市场发展现状及前景展望 [J]. 当代石油石化, 2018, 26 (8): 24 – 27.

[8] 史子乐，黄艳林，冯永江，等. 国际物探巨头退出采集业务原因分析与启示［J］. 石油科技论坛，2019，38（1）：63-68.
[9] 史子乐，施继承，黄艳林，等. 全球物探数据采集业务市场变化与趋势［J］. 国家石油经济，2019，27（7）：49-56.
[10] 赵改善. 石油物探智能化发展之路：从自动化到智能化［J］. 石油物探，2019，58（6）：791-810.

四、测井技术发展报告

2018年油价继续回升，石油工程技术服务市场继2017年大幅度反弹之后，继续呈上升态势。测井技术服务市场估计比2017年度增长11%。

2018年，测井技术虽未获突破性进展，但电缆测井、随钻测井和套管井测井仍取得了明显进步。一些服务公司和油公司、科研机构或院校推出或正在研发多种新型或改进型测井仪器，包括无源密度测井仪器、新型核磁共振及电阻率测井仪器、新型生产测井仪器、新型井眼完整性检测与评价仪器、光纤测井仪器、随钻超深电磁波测井仪器、随钻电阻率与声波组合测井仪器、微传感器测井系统等。

（一）测井技术服务市场形势

Spears & Associates 公司发布的油田市场报告显示，在2016年测井技术服务市场规模降至近10年的最低水平之后，2017年出现大幅度反弹，2018年继续呈现增长态势，估计总额在98.02亿美元左右，比2017年的87.69亿美元增加11%，见表1和图1。其中，电缆测井

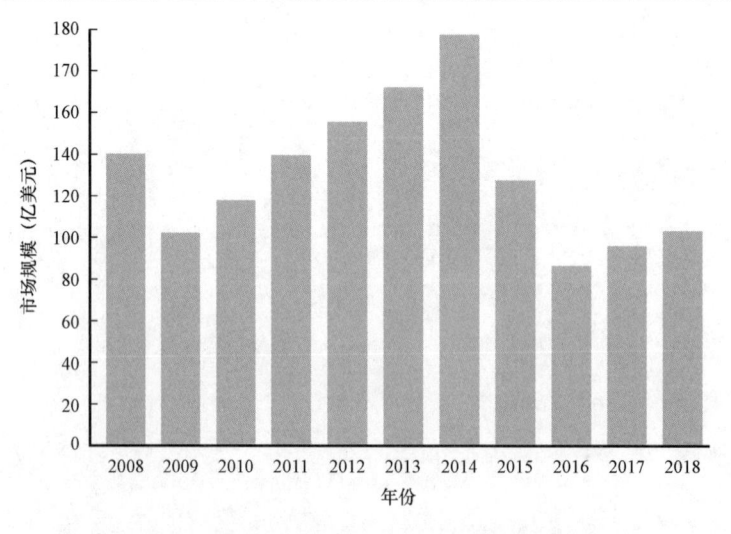

表1　2008—2018年测井技术服务市场规模

年份		2008	2009	2010	2011	2012	2013	2014	2015	2016	2017	2018
市场规模（亿美元）	电缆测井	120.52	90.03	102.02	117.53	132.00	140.40	149.84	107.54	72.72	87.69	98.02
	随钻测井	19.95	16.75	19.00	22.90	26.03	31.25	34.51	28.78	16.95	16.67	17.78
	总额	140.47	106.78	121.02	140.43	158.03	171.65	184.35	136.32	89.67	104.36	115.8
增幅（%）			-24.0	13.3	16.0	12.7	8.6	7.6	-26	-34.2	16.3	10.9

图1　2008—2018年测井技术服务市场规模

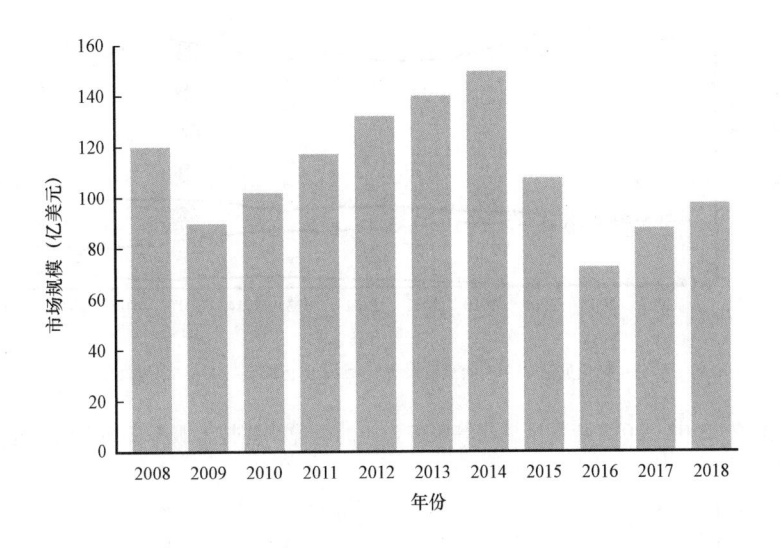

图 2 2008—2018 年电缆测井技术服务市场变化情况

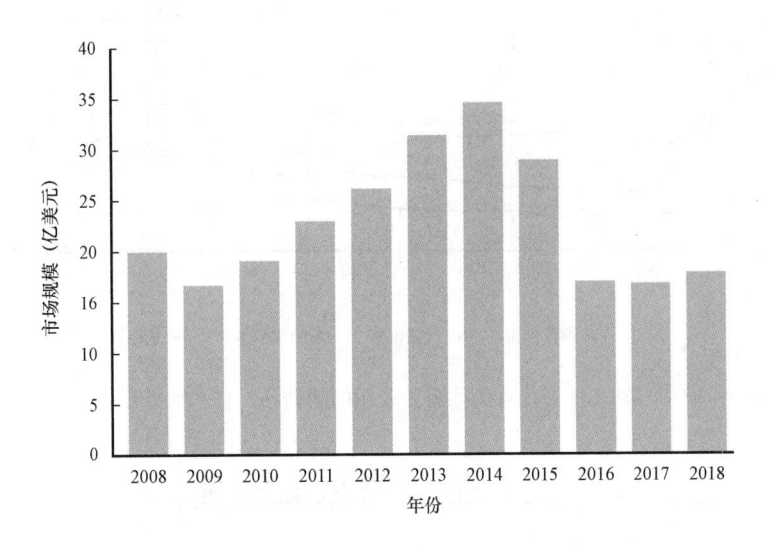

图 3 2008—2018 年随钻测井技术服务市场变化情况

技术服务市场规模约为 98.02 亿美元，比 2017 年增加 11.8%，如图 2 所示；随钻测井技术服务市场规模约为 17.78 亿美元，较 2017 年提高 6.7%，如图 3 所示。

近 10 年，斯伦贝谢公司的测井技术服务市场份额逐年下降，已经降至 50% 以下，电缆测井和随钻测井均下降 10% 以上，如图 4 和图 5 所示。此间，贝克休斯公司的电缆测井市场份额下降明显，但其随钻测井份额却显著上升，已经超越哈里伯顿公司，升至第二位。与此同时，哈里伯顿公司的电缆测井市场占有率逐年上升，而其随钻测井市场份额逐渐下降，特别是近几年降幅增大。

— 69 —

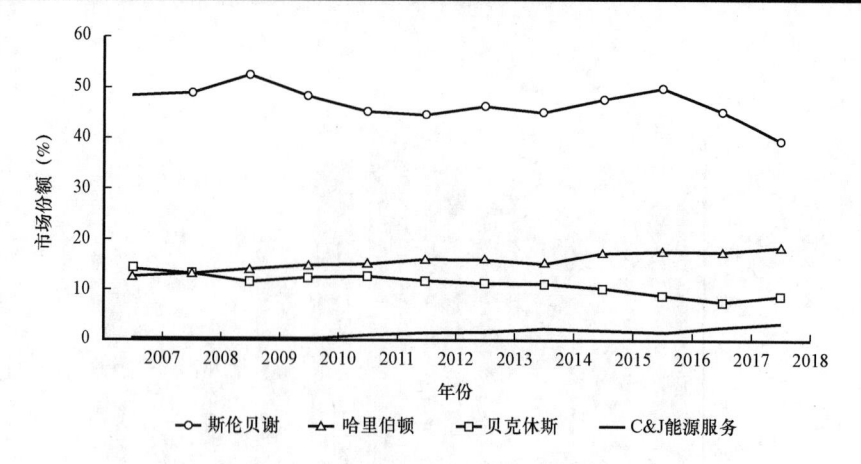

图 4 2007—2018 年斯伦贝谢等服务公司的电缆测井技术服务市场变化情况

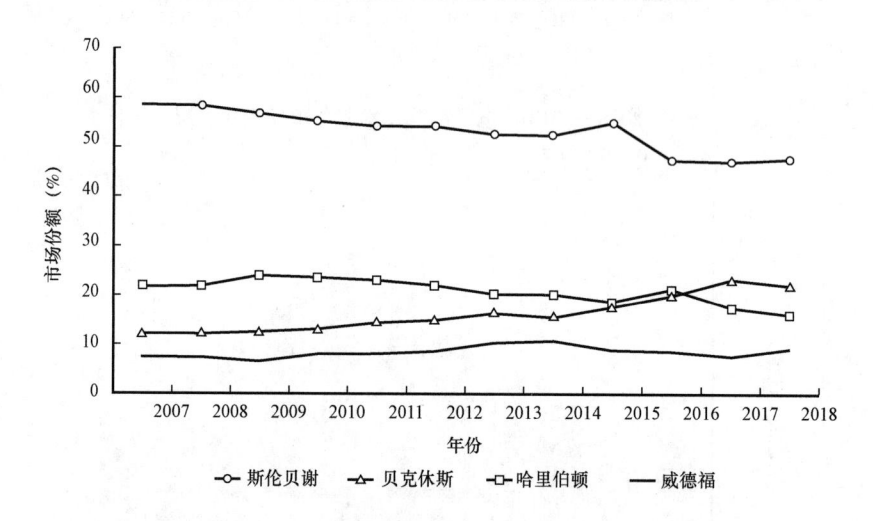

图 5 2007—2018 年斯伦贝谢等服务公司的随钻测井技术服务市场变化情况

（二）测井技术新进展

1. 电缆测井

1）新型核磁共振测井仪器

哈里伯顿公司推出新型核磁共振测井仪器——Xaminer MR，该仪器采用新一代核磁共振技术，具有极好的地层分辨率和全范围（从微孔隙到大孔隙）孔隙评价功能，满足基本地层评价及先进地层评价的需求，可在较大的井眼范围和钻井液体系下工作，减少钻井时间，最大化钻井效率。

Xaminer MR 装配有新一代核磁共振传感器，具有 7 个测量频率，能够测量 7 个弧形区域，测量精度为 5%，垂直分辨率为 12in。先进的传感器可提供详细的地层数据，利于 2D 和 3D 流体表征、碳酸盐岩孔隙尺寸划分、非常规储层分析和渗透率评估。该仪器具有以下几个明显优势：较小的天线间距明显提高了薄层、碳酸盐岩和有机页岩的分辨率；快速回波间距有助于表征微孔隙，可检测到最小孔隙，将总核磁流体孔隙度划分成微孔隙度、毛细管束缚流体和可动流体体积，直接评估储层质量；可以用多种方法（Coates 等）连续评估渗透率。

仪器耐压 35000psi，耐温 175℃，适用井眼范围 5.875~17.5in。其最大优势是上测和下测，一次下井可以完成多次测量。测量数据主要用于：用扩散系数、T_1 和 T_2 完成 2D 和 3D 流体表征，评价气体、凝析油、重质油、轻质油和水；用 T_1 和 T_2 采集与分析完成碳酸盐岩孔隙尺寸分类；用 T_1 和 T_2 2D 图形分析和解释完成有机/非常规储层评价；用可动和束缚流体评价结果及渗透率完成储层质量评估。

2）无源密度测井仪器

密度测井一直使用化学源，为了避免操控、运输和储存测井化学源的风险，数十年来服务公司和作业公司一直在努力寻求替代方法，斯伦贝谢公司于近期推出了真正的无源密度测井仪器——X 射线岩性密度测井仪器。

新仪器的测量原理类似于常规的铯-137 密度测井仪器，不同的是用 X 射线发射器替代了铯-137 源。X 射线发射器由 X 射线管和电源组成。X 射线发射器开启时，可以连续发射光子。铯-137 源发射的光子能量是单一的（662keV），而 X 射线发射器发射的是宽谱能量的光子。同时，尽管 X 射线发射器发射的光子能力较低，但其光子通量可能比铯-137 源高一个数量级。光子通量的增加利于提高测井速度。新仪器的光子发射能谱和强度以及测量探测器的间距等不同于常规密度测量仪器。

新仪器拥有 4 个探测器，比常规密度测井仪器具有更好的径向（滤饼和地层）探测能力。如图 6 所示，尽管新型仪器最长源距探测器与源的距离只是常规仪器的 40% 左右，但

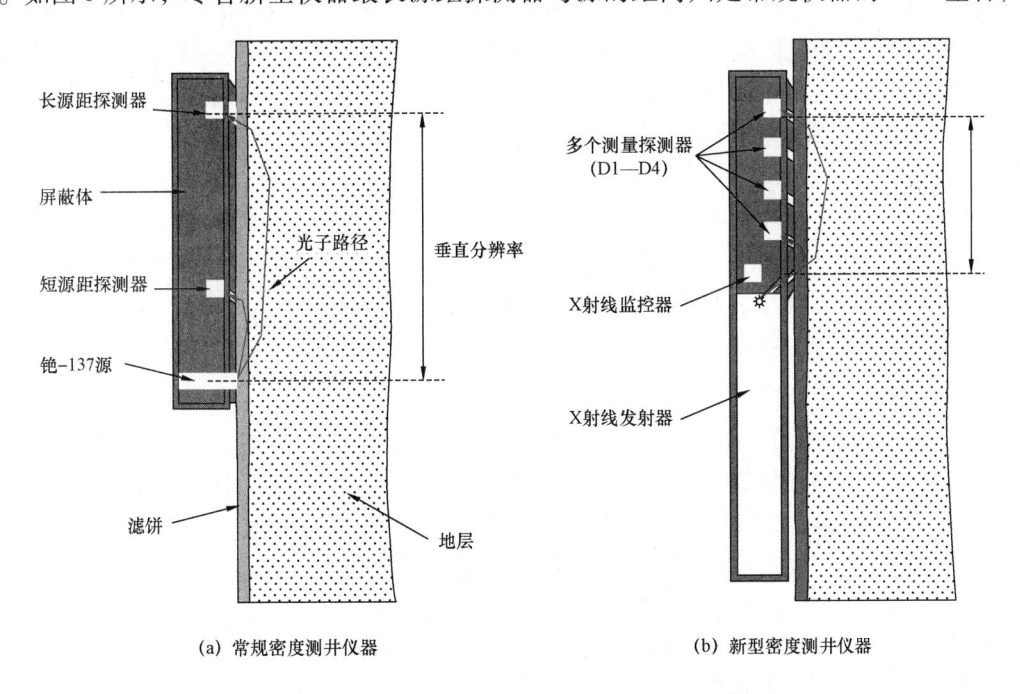

图 6 常规密度测井仪器和新型密度测井仪器差别示意图

其探测灵敏度和深度与常规仪器类似，因此新仪器的垂直分辨率比常规仪器约高40%。此外，因源发射光子的能量更低，所以光子屏蔽体的屏蔽效果更好。

目前，已经制造出仪器样机，并进行了现场测试。在各种井眼和地层条件下的现场测试显示了新型密度测井仪器优良的测量精度和垂直分辨率。

3）小直径过钻头高分辨率阵列侧向测井仪器

自过钻头测井技术问世以来，过钻头测井仪器种类在不断增加。近期，斯伦贝谢公司正在对其小直径过钻头阵列侧向测井仪器进行现场测试。

新的小直径阵列侧向测井仪器由上部电路、探测器和下部电路三部分组成。电极的尺寸和位置与标准尺寸阵列侧向仪器相同。仪器外径2.125in，长24.08ft，额定温度150℃，额定压力15000psi，适于井眼尺寸3~16in。仪器垂直分辨率12in，探测深度50in，测速3600ft/h。

至今，小直径阵列侧向测井仪器已经在10多口井中完成了测试。在一口水平井中，进行了阵列感应和阵列侧向测井，并将两者进行了对比。结果显示，侧向测井受井眼影响相对较小。新型小直径阵列侧向测井仪器能够定量表征非常规油气藏。

4）两种新型电阻率测井仪器

科罗拉多矿业学校研究人员曾讨论过同步环瞬变感应电缆测井仪器。与常规频域感应仪器不同，这种仪器采用时域电磁方法。提出的同步环测量无须在发射器和接收器间采用物理隔离及聚焦线圈。如果选择恰当的测量时窗，该方法能够在围岩、井眼流体和流体侵入存在的情况下有效确定地层电阻率。

俄罗斯科学院西伯利亚分院石油地质和地球物理研究所（IPGG SB RAS）研究人员测试了一种高分辨率多频电阻率测井仪器样机，研究电阻率各向异性和薄层评价。这种"激发观测"系统在周围地层中激发具有水平和垂直分量的交流电场。环形接收线圈接收的信号是井眼周围地层垂直电导率和水平电导率的函数。采用总积分和差分激发方式提高空间分辨率。

仪器样机含遥测模块和传感器。传感器部分被分成绝缘体和发射—接收两个单元，由非磁性金属棒和（位于三个环形接收线圈任意一侧的）两个环形发射线圈组成。探测器长1.2m，线圈相对于仪器中心是对称的。发射—接收线圈间距很小，提高了垂向和径向分辨率。仪器工作频率为5~500kHz。

5）新型电缆测井仪器传送系统

Petromac公司推出了新的电缆测井仪器传送系统，辅助大斜度井（达80°）的测井作业。系统由新设计的寻眼器（Holefinder）和滚轮装置组成，与全套芯轴型测井仪器兼容，如图7所示。寻眼器含有一个向上弯曲的锥形鼻，与仪器串底部相连，引导仪器串通过井中障碍（诸如井眼凸起或钻屑）。其独特的设计使其能够通过更大的障碍，在8½in井眼中能够通过5.8in台肩。锥形鼻的角度是可调的，在不考虑井眼尺寸和仪器间隙的情况下适用于所有测井作业。

滚轮装置与测井仪器外壳连接，可以降低测井仪器与井壁的阻力。滑座采用大直径窄轮和低摩擦轴承，利于降低拖拽或压差遇卡风险。滚轮装置与测井仪器外壳相连不会影响测井仪器的电力和液压完整性。所有测井仪器在靠近仪器外壳底部的地方都有凹槽，利于滑轮装置安装。滑轮装置固定到这些凹槽中，避免滑动。在仪器串上每隔一段距离（3~4m）安装一个滑轮装置，所有装置"步调一致"，降低了仪器与井壁间的阻力。除了降低阻力外，滑轮装置还具有定向功能，使测井传感器朝向井眼下侧，导向鼻向上弯曲。滑轮装置可以居中也可以偏心，以便优化仪器测量。如果与牵引器结合使用，该系统可以用于水平井测井。

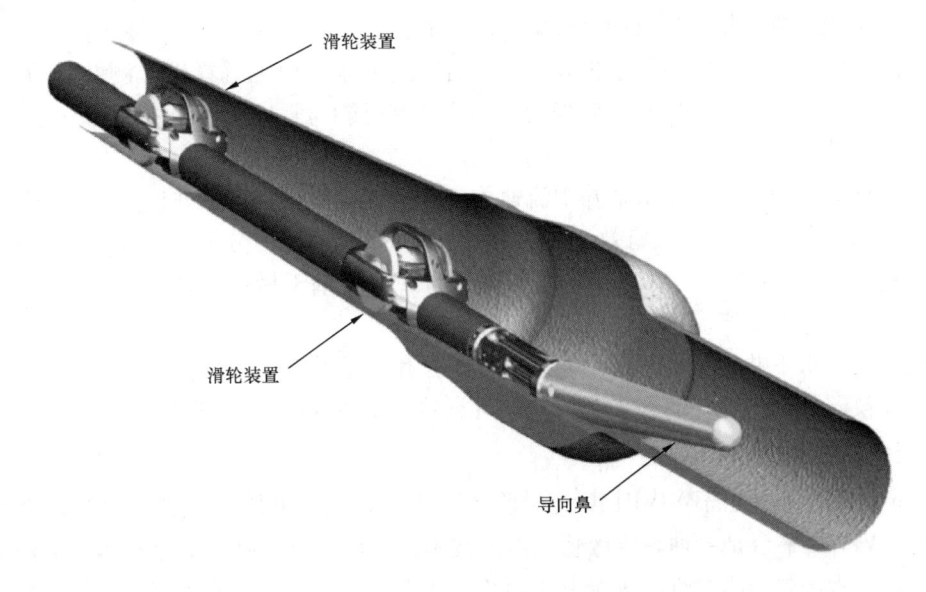

图 7　新型传送系统示意图

6）人工智能软件减少测井时间

复杂结构井越来越多，使得电缆测井和随钻测井作业面临更大挑战。为此，Quantico Energy Solutions 公司推出了一种 QDrill 人工智能软件，能够提供油藏的岩石物理性质，包括随钻测井和电缆测井相关数据。在输入参数方面，软件算法运用了包括国内和国外许多盆地的自然伽马测井数据和钻井动态数据（包括机械钻速、钻压和扭矩等）。软件开发中采用了涵盖数百口井测井和钻井数据的专有数据库，如此大的测井和地层参数数据库足以提供储层的岩石物理性质，无须进行昂贵的测井作业。

该人工智能软件可以为作业者提供重要的水平井地层参数，如果采用常规测井方法获取这些参数，作业费用会很高。假设一口水平井过钻杆测井的费用为 15 万美元，那么通过 QDrill 提供相关数据会节省超过 80% 的作业费。此外，当常规测井用作定性评价时，该软件可用于规划常规的测井数据采集方案。三次盲测试验证明了该方法的精度和重复性。

几家大型作业公司在美国陆地和深水区验证了该方法的有效性，说明 QDrill 能够以极少的成本加深对油气藏的了解，并且可规避测井作业风险。

2. 套管井测井

1）新型生产测井仪器

随着井眼倾角的增大，测量数据的可靠性变低。对于低流量（小于 $150m^3/d$）的水平井，常规生产测井方法很难定量确定流动剖面。斯伦贝谢公司报道了一种新型生产测井仪器实验样机，设计用来在低流量水平井中测量流动剖面。

新型仪器基于方位分布的 6 个热式风速计（TA）确定流动剖面，提供表征流体流入特征的数据。传感器沿井眼记录过热剖面，过热剖面与流体的局部速度和相组分有关。TA 的间歇式加热模式能够测量未受扰动的流体温度，确定过热剖面，采集高分辨率温度剖面，提供有价值的诊断特征，表征流动剖面。对实验样机与常规生产测井仪器采集数据的综合解释提高了产出层段、流体相组分及相分布确定的可靠性。

实验测试能够确定 TA 信号与单相水流和油流的关系，用于解释生产测井获得的数据，评价流相分布及相速剖面。这些结果表明，新仪器有可能与常规生产测井仪器一起用于低流量水平井的测井。

现场数据分析表明，对于水平井中流速均匀的情况，新型生产测井仪器温度测量的有效分辨率约为 0.015K，能够记录有效流速为 0.5~15m/min，对应分辨率为 0.01~0.3m/min，记录参数的空间分辨率为 1~20m。空间分辨率的评估值基于最佳测速，考虑到 TA 测量特点、建井设计及总的生产流速。

在最初两口水平井的现场测试中，实验样机是用连续管和牵引器传送的。实验样机和标准生产测井仪器数据的综合解释表明，能够可靠建立每口井的流动剖面。

2）新型井眼完整性检测平台

Archer 公司近期推出了 VIVID 声波"监听"平台，用于井眼完整性、完井性能评价及湍流分析。VIVID 平台是一种高度敏感的声波技术，可以实时探测并确定流体泄漏位置。此外，可以验证水泥屏障密封性，表征井下事件。平台由全谱声波传感器组成，能够精确测量声波能量的频谱带宽和幅度，确定以前无法监测的低能泄漏。VIVID 平台将在套管和完井评价、水泥性能评价及湍流分析中发挥重要作用。

VIVID 平台的主要应用包括：

（1）套管及完井评价。在地面及井眼噪声存在的动态测井环境探测流体泄漏，表征气体和液体泄漏响应，探测以前无法探测的套管外面的气体流动，识别射孔段后面的交叉流动。

（2）水泥性能评价。确定水泥的密封质量，微环空存在时评价流体流动，确定过水泥屏障的最低流动水平。

（3）湍流评价。实时评价湍流，支持生产流体表征并降低完井损害风险。

3）VR360 水泥评价仪器

Visuray 公司正在研发一种新型水泥评价仪器——VR360 水泥评价仪。新仪器克服了常规水泥评价仪器的诸多限制，能够评价低密度水泥，优于目前的超声波技术。VR360 可提供全 3D 水泥状况视图，是常规超声波测量的良好补充。

仪器采用 X 射线技术，直接测量水泥分布，可在多层管柱中评价水泥完整性。流体具有很强的 X 射线散射能力，因此散射和探测到的 X 射线越多意味着探测范围内存在的流体越多，说明距离目标体越远。Visuray 采用这一原理并结合高像素分辨率构建目标体的 2D 和 3D 图像，精度可达毫米量级。仪器可以在任何井眼流体中使用。

VR360 水泥评价仪的研发获得了康菲公司和挪威国家石油公司的资助，该联合项目为期 3 年（始于 2017 年 12 月中旬），目标是制造多种外径的样机，并在油气井中进行测试。目前，VR360 已在单层和双层套管井中测试成功，说明该仪器能够直接评估水泥分布，并确定机械完整性。

4）改善油气井完整性评价的智能水泥

多年来，主要用声波测井方法评估水泥胶结质量。近期，在声波水泥评价技术不断进步的同时，还在研发一些改善测井响应的方法，诸如在钢套管和水泥之间充填乳胶，以改善水泥黏附强度和胶结测井质量；对钢套管进行纳米技术处理，以改善胶结评价测井质量。目前，有公司正在研究能够改善油气井完整性评价的智能水泥。

智能水泥，即为在固井水泥中添加有智能材料（颗粒）的水泥。水泥颗粒填充物经过特殊加工，可以作为声学带隙（Acoustic Band Gap）滤波器和对比增强剂，具有独特的声学特性，有助于用声波测井确定水泥位置、空洞（完整性）及应力变化。智能水泥颗粒由致密核及顺性聚合物涂层组成，如图 8 所示。颗粒充填物作为声学超材料，能够改变与波长（比材料特征尺寸大几个量级）的相互作用，颗粒的微观结构使其在某一频率范围内发射局部共振并反射声波。测试研究表明，在特定的频段内智能水泥比普通水泥具有更高的波阻抗，导致更多的声波衰减，明显区别于周围流体。智能水泥的关键特性是其与频率相关的响应，通过对比两个不同频率的声波响应，即可完成需要的探测。智能水泥的频率特征可以指示水泥经历的应力变化。

测试结果表明，智能水泥利于确定水泥质量，显示水泥空洞尺寸和位置，探测应力异常。该项技术有助于管理因水泥胶结问题及地质力学应力改变造成的油气井完整性风险。

5）光纤传感技术

（1）分布式声波测量。寻求 VSP 测量检波器低成本替代品的一项研究发现，分布式声波测量（DAS）接收器具有如下功能：可以提供类似于检波器的时—深曲线，但需要精准的深度刻度；与检波器或水听器相比，不太适于声幅研究，因方位敏感性使得 DAS 首波可靠性低；与检波器相比，套管井 DAS 接收器可以生成优质反射波，但 DAS 受管波的影响；对于这三种接收器，物理耦合检波器与无源耦合检波器之间的 F－K 分析具有可比性。

（2）光—电混合电缆。光电混合电缆的发展，准许一次下井同时采集常规电缆测井数据和单分量时—深数据及声速数据，从而显著缩短钻井时间，如图 9 所示。这种方法优于单独使用地震检波器或浸入式 DAS 光纤。混合电缆的光纤缆芯与地面独立的 DAS 采集单元相连，可在测井作业的同时采集地震数据。该系统正在进行现场试验。

（3）一次性光纤传感器。Well－Sense 公司推出了一种新型分布式光纤传感系统——FiberLine。FiberLine 重量轻，用皮卡即可将测量设备运至井场。测量光纤比人的发丝还细，在直径 2in、长 40in 的铝筒内可以缠绕 15000ft 长的光纤。用这种光纤完成数据采集之后，系统被留在井中自行降解（通常数小时）。在一项商业应用中，FiberLine 通过水泥固化期间释放的热量监测泄漏和水泥胶结质量。其潜在用于包括微地震监测、压裂诊断和气举检测。通过增加传感器，可以扩展 FiberLine 的功能。在直井中，停产时可以靠重量下入井中，该公司正在研究另一种输送方式，以便将系统下入大斜度井中。

图8 智能水泥颗粒示意图

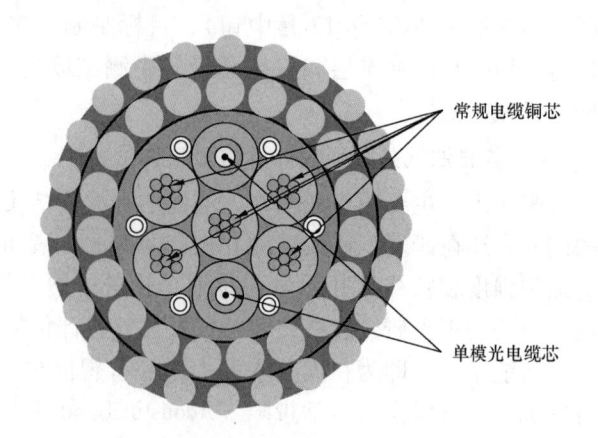

图9 具有两个光电缆芯与五个常规电缆铜芯的商用七芯体混合光电测井电缆

（4）多分量应变检测。通过螺旋缠绕的多根光纤可以提供定向应变数据，从而获取高分辨率多分量DAS数据。科罗拉多矿业学院的研究人员提出了一种等间距、恒定螺距的5根光纤与一根直光纤组合的测量结构，获取6个不同的应变数据，用来重建光纤每个位置上3D应变张量的所有分量。

6）拉曼光谱实时监测

如果可以通过仪器设备在高温高压状态下直接测量烃类物质（C_1—C_{10}）、二氧化碳、硫化氢的浓度，监测烃类物质的转换过程，会提高油气生产效率。传统油气监测仪器采用光谱技术，在探测范围和现场实时应用方面存在局限性。研究表明，拉曼光谱可以识别和定量分析固体、液体和气体中的化合物，区分气相和液相。

以往，拉曼光谱技术主要用于实验仪器中。激光源、光学元件及信号处理技术的最新进展促进了小型拉曼光谱仪器的发展。研究结果表明，拉曼光谱可以有效监测和量化地层中的油气，监测储层中的气体以确定储层气体含量。如果与功能性光纤系统结合使用，可以提供温度、压力及烃类化合物的详细信息，用于开发纳米材料和纳米传感器。便携式拉曼光谱仪能够在现场实时分析储层中气体、液体和固体的组分，及时提供储层评价和油气开采的信息。

小型拉曼光谱仪具有诸多优势：快速确定气体组分或分析储层流体；识别气体/液体/固体中的化合物，并确定其含量；实时监测，提高油气开采率；监测腐蚀性化合物。

3. 随钻测井

1）超深方位电磁波电阻率测井仪器

超深方位电磁波电阻率测井仪器能够探测并绘制距离井眼200ft的储层与流体界面，填补了地震和常规测井的空白，利于油气开发中的井位设计和地质导向。

超深方位电磁波电阻率测井仪器由发射器短节（含两个发射天线）和多个接收器短节（含三个接收天线）组成。每个发射器短节含一个倾斜发射天线和一个非倾斜发射天线；每个接收器短节含三个倾斜接收天线，每个天线以不同方位角置于仪器四周。两个发射器工作频率为 1kHz、2kHz、4kHz、8kHz、16kHz 和 32kHz。

超深方位电磁波电阻率测井技术组合了深读数电阻率测量与方位电阻率测量及先进的反演处理方法，通过方位电磁波测量绘制井眼周围地层的地质结构，加深对储层的了解。仪器的高信噪比利于清晰绘制地质特征（诸如断层及低对比度界面）的轮廓。新仪器能够提供井眼位置、地层方位及电阻率信息，改善储量评价，更有效开发油气，提高油气采收率。

其主要应用包括：

（1）地质中断。通过取消领眼钻井及避免钻井灾害，降低钻井时间及吨油成本；更早探测目的层，一次钻至生产层段；精准钻至关键储层（诸如过压层）界面之上的下套管位置，降低井控风险。

（2）地质导向。通过将井眼置于"甜点"位置使产量最大化，避免钻出目的层；早期完成随钻决策，对复杂的井眼结构进行精准导向。

（3）地质绘图。通过绘制地层界面，加深对储层的了解，评估油气储量；识别被遗漏的油气层，增加储量，优化未来钻井规划；在成熟油田，更好地了解生产或注水引起的流体流动。

一家作业公司在北海某个成熟的碳酸盐岩油田采用超深方位电磁波电阻率测井技术在部分水淹储层识别剩余油，通过绘制油层位置，辅助地质导向决策，最大化油层接触面积。在成功完成长井段的钻井之后，进入 400ft 的注水层，作业公司决定停止钻井，但 EarthStar 数据显示，井眼之下约 50ft 处存在第二个油层。第二个油层的发现使产层长度增加 50%，显著提高了油井产能。

2）新型高分辨率超声波成像测井仪

声波成像数据包含诸如裂缝等多种地层特征；在常规井中，用于评估井径、地应力、地层和地质结构等；在非常规井中，经常用于裂缝表征以优化水力压裂。为了满足油气勘探与开发对高分辨率声波成像测井的需求，贝克休斯公司推出了新型高分辨率随钻超声波成像测井仪器。

新型 LWD 超声波成像仪器直径为 6¾in，额定温度 165℃，可以在任何井眼流体中采集高分辨率井眼图像。LWD 超声波仪器的主要部件有 3 个传感器模块（超声波换能器、高压供电和发射器/接收器电路板）、数据采集电路板以及通信电子元件。仪器采用高分辨率超声波换能器和发射器/接收器及数据采集电路板，用于获取超声波成像和井径数据。数据采集电路能够快速处理高空间采样率数据，并管理高容量存储器。仪器含 3 个超声波换能器，具有足够的空间采样率，便于在通常的机械钻速范围内提高井眼覆盖范围。

为了验证仪器的测井质量，将新型 LWD 超声波成像、LWD 电阻率成像、电缆电阻率成像和电缆超声波成像 4 种图像进行了对比。结果显示，因 LWD 仪器具有更好的居中性和仪器间隙，利于采集高质量数据。LWD 超声波图像与电阻率图像具有良好的对比关系，超声波图像上的每个层理在电阻率图像上均有清晰呈现。LWD 超声波成像仪器在油基钻井液井中成功地采集到了高分辨率井眼超声波图像。

3）新型偶极横波测井仪

随钻偶极声波测井在测量时间和方式上都具有一定优势，因此受到了密切关注。获取偶极快速和慢速地层横波各向异性信息，使得随钻声波测井数据具有更广泛的应用，包括井眼稳定性评估、完井和生产优化。

新型随钻偶极声波测井仪由多级发射器和接收器（含多个方位分布的接收器模块）组成，不仅可以采集偶极声波数据，还可以采集单级和四级声波数据。仪器的电子和固件系统控制多级信号的发射和提取，将需要的波形存储于井下存储器中。新仪器具有较宽的偶极数据采集范围，大致为 1~25kHz，能够从多个频率组分中提取地层横波数据。

新仪器经过了现场测试，证实能够在快速地层中采集井眼偶极声波数据，并从中提取地层横波。现场采集的偶极数据经处理后与参考数据（电缆偶极横波数据）之间有良好的一致性。

4）油基钻井液高分辨电阻率与声波组合成像测井仪器

近期，斯伦贝谢公司制造出双成像（电阻率与超声波）测井仪器样机，用于在油基钻井液中采集高分辨率测井数据。

仪器含有电阻率和超声波两种测量传感器，样机由电池供电，只能将测量数据存储于存储器中。两个电磁波传感器位于测量短节的下部，间隔180°；四个超声波传感器位于电磁波传感器之上 1.7ft 处，每个传感器间隔 90°。在即将推出的商用仪器中会采用外部供电，并具有实时数据传输能力。为使仪器居中并避免与地层直接接触，在传感器下面安装有扶正器（直径 8.375in）。仪器置于直径 6.75in 的钻铤中，适于 8.5in 井中使用。

目前，已在 6 个国家的多种地层和井眼环境下对仪器样机进行了广泛的现场测试，在垂直井及水平井中采集了大量的（35000ft 以上）测井数据。测试结果证实，电阻率和超声波图像与模拟及实验数据一致。超声波图像分辨率高于电阻率图像，两者均能分辨出地层裂缝及层理。

5）QuasarTrio M/LWD 三组合测井仪器

QuasarTrio M/LWD 三组合测井仪器设计用于极端高温（200℃）和高压（25000psi）环境下使用。仪器可以实时完成综合的岩石物理测量，提供详细的地层评价数据，有助于加深对储层的了解，评价以前无法开采的储量，降低钻井时间和成本，加强井控，降低作业及人员安全和环境风险，特别是恶劣环境下钻井，使资产价值最大化。

仪器采用高质量传感器，能够经受井下震动，确保恶劣环境下的作业安全性。仪器由电阻率传感器、密度传感器和孔隙度传感器组成。深探测电阻率测量用于评估地层真电阻率，中探测电阻率测量可以用于评估钻井液侵入剖面；高质量地层密度测量是精确岩石物理分析的关键，测量是沿着井眼四周方位完成的，图像测量用于测量地层倾角和地质结构解释；精确的中子孔隙度测量可以作为密度测量的补充，帮助识别和区分储层中的各种流体，特别是天然气。中子孔隙度测量由氦-3中子探测器完成，先进的电子元件和处理器提高了可靠性和测量质量。

在泰国湾的使用显示了仪器的应用价值。在泰国湾，有些井的静态温度高达200℃，远远超出常规随钻测井仪器的额定温度。为提高高温环境下的钻井效率，作业公司采用了 QuasarTrio M/LWD 仪器，在未采取任何降温措施的情况下，成功采集到伽马、电阻率、密度和中子孔隙度数据。在一口井的应用中，与采用三组合电缆测井仪器相比，使用 Quasar-

Trio M/LWD 仪器为作业公司节省了 26.5h 的钻井时间。

6) 新型随钻流体采样

贝克休斯公司对现有的随钻采样仪器 (FASTrak HD) 进行了改进, 推出了先进的流体分析和采样仪器 (FASTrak Prism)。新仪器每次可以采集多达 16 个单相具有代表性的流体样品, 流体总量为 12L, 大幅度减少钻井时间和成本。采样期间对流体的连续测量和分析, 利于采集低污染样品。

除了现有的光学传感器外, 新型流体分析器增加了可见光到近红外光范围的光谱测量和荧光测量, 用于区分流体类型。新的光谱模块含 13 个光学通道, 6 个为可见光通道 (400～800nm), 7 个为近红外光通道 (1400～2000nm)。7 个近红外光通道主要用于流体识别: 3 个探测水, 2 个探测液态烃, 1 个探测天然气, 1 个为参照通道。用一组选择性波长的探测器获取流体 (油、气和水) 的光谱, 有助于改善流体识别和更精准的流体分析。因原油成分显示强烈的荧光, 发射的光谱具有特定的特征, 因此荧光测量能够确定不同成分, 用于区分油基钻井液和地层中的原油。多通道光学密度和荧光测量有助于确定流体类型与流体含量及流体组分变化, 评估储层连通性, 流体采样期间监测并维持单相流。

7) 井涌探测新方法

美国能源部国家能源技术实验室 (NETL) 推出了一种用 LWD/MWD 仪器探测钻头处井涌的方法, 并获取了专利。该方法采用常规 LWD 技术获取的数据探测井涌。高度灵敏的 LWD/MWD 仪器可以测量井眼中钻井流体的性质, 用一组滤波器和算法评估 LWD 数据, 实时监测近钻头处流体性质的变化。如果出现井涌, 钻井流体的物理性质 (密度、电阻率和速度) 会发生明显改变, 司钻可以比常规方法提前数分钟或数小时在井涌流体到达地面之前获取井涌信息, 便于更加快速地采取措施。

该项技术还处于概念验证阶段, 下一步将通过计算模拟和实验室研究确定一些基本参数, 诸如地层流体探测门槛, 基于何种物理测量组合能够明确识别地层流体。NETL 还在与对现场测试感兴趣的公司进行协商, 如果现场测试获得成功, 该项技术将投入商业应用。

这种信息可以帮助司钻及早发现井涌, 并及时采取补救措施。

8) 微传感器测井系统

微传感器测井系统为小型的独立测量仪器, 能够近实时地提供井眼参数的分布式测量, 诸如温度和压力随深度的变化。可以采用不同方法将微传感器置入钻井流体中, 通过流体循环返回到地面, 并由振动筛捕捉。这些随钻测井系统由高精度温度或压力传感器、可充电电池和地面数据收集器及启动器组成。传感器位于芯片的集成电路上, 芯片还包含微处理器、存储器发射与接收电路。

Tulsa 大学研发的一种系统中, 传感器直径约 7.5mm, 封装在球形保护壳中 (图 10), 压力和温度测量精度分别为 ±60psi 和 ±1.8°F。用示踪剂注入系统将传感器部署到钻井流体中, 或在钻杆连接期间将传感器投入钻杆, 通过钻头喷嘴, 在钻井液循环期间通过环空到达地面。当传感器到达地面后, 下载测量数据。这些传感器的潜在应用包括优化水泥胶结评价, 确定流体漏失层位。

在挪威工业科技研究所 (SINTE) 研发的数字微探头系统 (仍处于概念阶段) 中

(图11),置于胶囊内的微传感器在井底被释放,在井下记录参数,随钻井流体返回地面。在钻井期间,微探头存储盒与井底钻具组合一起部署,在生产井中,可以在任何时候将微探头存储盒放入井底。根据预定井况或时间间隔释放并激活探头,连续记录并存储数据,返回地面后读取数据。

图 10　Tulsa 大学微芯片传感器

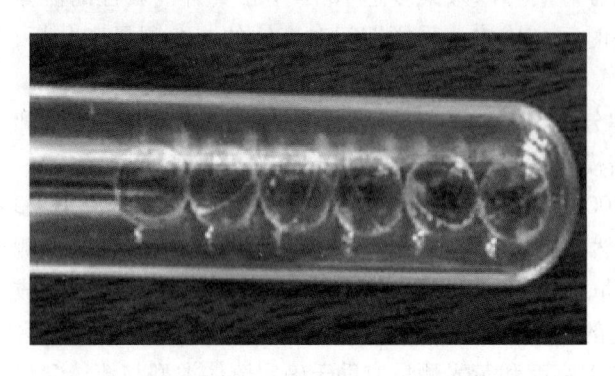

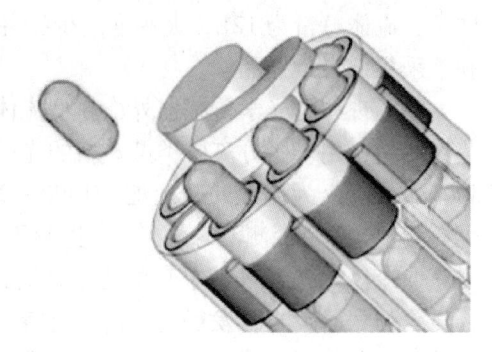

图 11　SINTEF 微探头存储盒概念

9) 新型高速遥测系统

在深水和成熟油气田等环境,作业者需要快速传送井下数据,完成相关的钻井决策。新型高速遥测系统 JetPulse 能够以较高的速度传送钻井和地层评价测量数据,利于快速决策,优化井眼轨迹,加强井控,提高钻井效率。

JetPulse 系统能够在较大深度范围内传输井下数据,数据传输速率为 18b/s。与随钻测量/测井仪器结合,系统利于最大化机械钻速,增加油藏接触面积,利于作业者更快速地做出有效决策,一次下井完成长井段钻井。此外,该系统包含了 JetPack3D 井下数据管理模块,可完成多个数据组的压缩和配置,使得有效数据传输速率达到 140b/s,作业者可以随钻得到需要的数据,快速做出决策。

在亚洲的某个油田,目标地层之上为高压层且生产层段需要以较高的正压钻井,作业公司需要频繁更新随钻压力数据,以便快速调整钻井参数,避免地层被压裂或发生压差卡钻,作业公司使用了该系统。JetPulse 系统提供了需要的压力数据,帮助预测潜在的钻井难题,正确应对动态钻井环境,按预期钻达目的层,未出现地层被压裂的情况。

4. 其他

1) 新型射孔器系统

在确保作业安全性的同时,油田作业者、服务公司一直致力于改善聚能射孔弹性能及产品质量与可靠性。油气行业的持续低迷,更加迫切需要提高作业效率。为了应对这种需要,斯伦贝谢公司于 2018 年初推出了 Temop 射孔器对接系统。

这是一种紧凑型射孔系统,创造性地将插入式射孔器设计与井下实时测量相结合。通过优化井眼动态负压,减轻或消除射孔损害,这种高质量的射孔作业能够改善井眼与油藏的连通,提高油气产量。

该系统的专有对接元件简化了射孔器的组装流程,一次下井可以操控 40 个射孔器,有选择地射开多个储层。Temop 系统可以兼容多数射孔器和聚能射孔弹,简化的组装流程有助于提高作业安全性和可靠性，减少误操作和误点火。

Temop 系统极大地提高了井场作业安全性和效率，在射孔期间完成实时测量。系统采集的全套实时数据能够验证和优化射孔设计与作业。

系统可以在射孔之前、其间和之后获得压力、温度、套管接箍和伽马数据。通过双重对比可以确保射孔器定位准确，新的高精度压力测量有效监测压力变化，确保建立适当的负压，利于清洁孔道，提高产量。系统还能精确测量射孔峰值震动，利于未来的作业模拟。

Temop 系统的新型设计通过了独立第三方组织的广泛测试，在现场使用期间无须无线射频（RF），在射孔系统到达目标层之前可以在地面或井下验证系统的完整性，降低作业风险。

Temop 系统正在世界各地使用，包括埃及、阿曼、科威特、阿尔及利亚和厄瓜多尔。结果显示，在提高作业安全性的同时，大幅度提高了作业的可靠性和效率。

2）PetroAlert 气体分析器

LYONS 子公司与 CO-Baseline 子公司负责 MOCON 公司的工业分析器研发，在测试、测量和分析气体用仪器研发中处于领先地位，最近为其 PetroAlert 系列气体分析器增添了新成员。新的 9200 PetroAlert 系列气体分析器将选择性气体色谱探测（GC）与总烃类分析器（THA）的连续监测能力结合到单一、紧凑、高灵敏、稳定的仪器中。

9200 PetroAlert 系列特别适于油气勘录井中使用，其速度和精度准许录井员监测钻进位置，钻井期间定向和定量分析烃类物质，利于更有效地钻井，并及时评价井的潜力。

9200 PetroAlert 系列结合了双火焰离子探测器（FID）：一个用于色谱探测，另一个用于总烃类测量。色谱探测可以快速（不到 30s）完成 C_1—C_5 分析，能够检测到含量小于 $10mL/m^3$ 的甲烷，总烃类探测器可以连续检测甲烷（含量从 0.003% 到 100%）。

基于微处理器的 PetroAlert 由功能强大的集成系统软件控制，无须外部处理器。分析器的数据显示可以是色谱图，也可以是用户选择的其他形式。数据存储可以是连续的，也可以基于事件（如预警）。PetroAlert 自动标定特征对于无人操控非常理想。仪器非常紧凑，适于现场使用。

（三）测井技术发展特点

1. 过钻头测井系列仪器逐步增多

为了应对复杂结构井特别是水平井的不断增多，近年来，过钻头测井系列不断得到加强，每年都有新的过钻头测井仪器推出，如偶极声波、微电阻率成像、阵列侧向等。目前，斯伦贝谢公司的过钻头测井系列仪器包括偶极声波、单极声波、高分辨率阵列侧向、阵列感应、密度、中子和全井眼微电阻率成像测井仪器。

过钻头系列仪器的增多利于更好地完成困难测井环境，特别是水平井的测井与地层评价，将对非常规油气的勘探与开发起到非常重要的作用。

2. 光纤传感技术快速发展

光纤传感技术代表了油气井监测的未来，先进的光纤传感技术可以不需要任何井筒干预，即可提供全面、实时的井下状况数据。使用光纤测量，或许可以不再进行传统的生产测井。现在，通过一根光纤可以完成温度、压力、声波等多种测量，提供全面的井下生产数据，在井的整个生产寿命内沿井眼轨迹进行连续测量，利于有效的油气井及油藏管理，对于智能完井、数字油田具有非常重要的意义。

除了已有的温度、压力、声波、流量、化学等测量传感器外，近期光电混合电缆和一次性分布式光纤传感器系统的问世，提供了一种低成本、低风险的光纤传感器布放方法。光电混合电缆的发展，准许一次下井同时采集常规电缆测井数据和单分量时—深数据及声速数据，从而显著缩短钻井时间。

随着光纤传感技术的发展，油气井的监测将发生重大变化。目前，斯伦贝谢、哈里伯顿、威德福等大型服务公司都推出了成套的光纤监测服务。

参 考 文 献

[1] Leonard Z S. Development of transducer and electronics technology for an LWD ultrasonic imaging tool [C]. OTC-27758-MS, 2017.

[2] Tost B. Instantly 'see' drilling kicks with MWD/LWD data [J]. Hart's E&P, 2017, 90 (7): 110-111.

[3] Igor Kosacki. Application of Raman spectroscopy for real time specification monitoring and quantification [C]. OTC-27582-MS, 2017.

[4] Cartellieri. New optical sensor system for improved fluid identification and fluid typing during LWD sampling operations [C]. SPE/IADC 184717, 2017.

[5] Matthieu Simon, et al. A revolutionary X-ray tool for true sourceless density logging with superformance [C]. 59th SPWLA, 2018.

[6] Hsu-Hsiang. A new ultra-deep azimuthal electromagnetic LWD sensor for reservoir insight [C]. 59th SPWLA, 2018.

[7] Atsushi Oshima. Advanced dipole shear measurements with a new logging while drilling sonic tool [C]. 59th SPWLA, 2018.

[8] Maeso C J. Field test results of a new hihg-resolution, dual-physics logging-while-drilling imaging tool in oil-base mud [C]. 59th SPWLA, 2018.

[9] Hani Elshahawi. Novel smart cement for improved well integrity evaluation [C]. 59th SPWLA, 2018.

[10] Stephen Prensky. What's new in well logging and formation evaluation [J]. World Oil, 2018, 239 (4).

五、钻井技术发展报告

随着 2017 年油价的回升,全球勘探开发活动恢复,北美钻井活动稳步回升,带动全球钻井活动进一步回升,其中陆上回升速度高于海上。钻井技术领域,在水平井钻井的定向和导向技术仍是研发的热点,钻井数字化、自动化、智能化的步伐仍在推进,同时外行业技术不断涌入钻井领域,为钻井技术发展注入新的活力。

(一)钻井领域新动向

1. 全球陆上钻井活动稳步回升

继 2017 年全球钻井业开始复苏以来,2018 年钻井市场仍旧延续回升态势,但回升幅度略有缩小。全球钻井数从 2017 年的 38565 口增长到 39540 口(图 1)。从全球钻井收入来看,陆上与海上呈现不同发展趋势,随着服务费用的进一步降低,海上钻井收入继续下降,但受北美陆上页岩油气钻井活动增加的影响,全球陆上钻井收入增长 15.7%(图 2)。

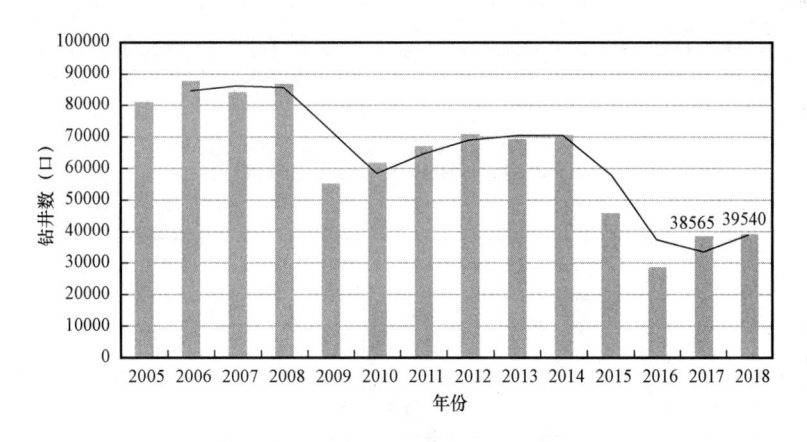

图 1 2005—2018 年全球钻井数变化

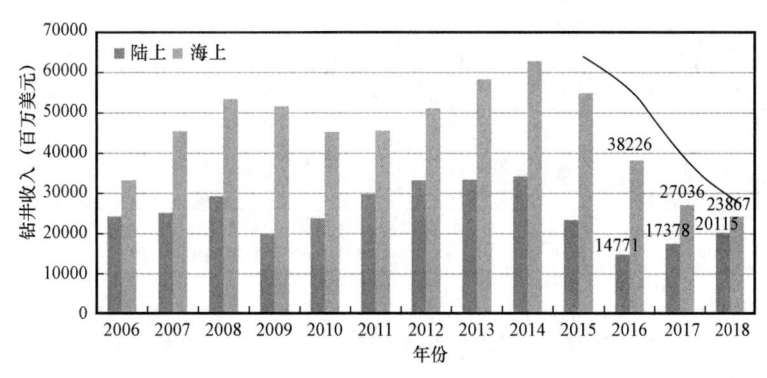

图 2 2006—2018 年全球钻井收入变化

2. 北美动用钻机

钻井数与市场规模持续增长（图3）。2018年，全年动用钻机数量比2017年多9%，其中陆上钻机的增长接近10%，海上动用略有增加。北美地区仍是全球动用钻机的重要区域，占全球动用钻机数量的55%，其中美国动用钻机数占到北美地区的84%。全球陆上动用钻机数量占全部动用钻机数量的90%，比2017年略有上升，在北美占比更为明显，达到98%，主要是北美地区非常规油气生产动用了大量陆上钻机。从钻井类型来看，水平井仍占据了钻井的主体，90%以上的井为水平井（图4）。

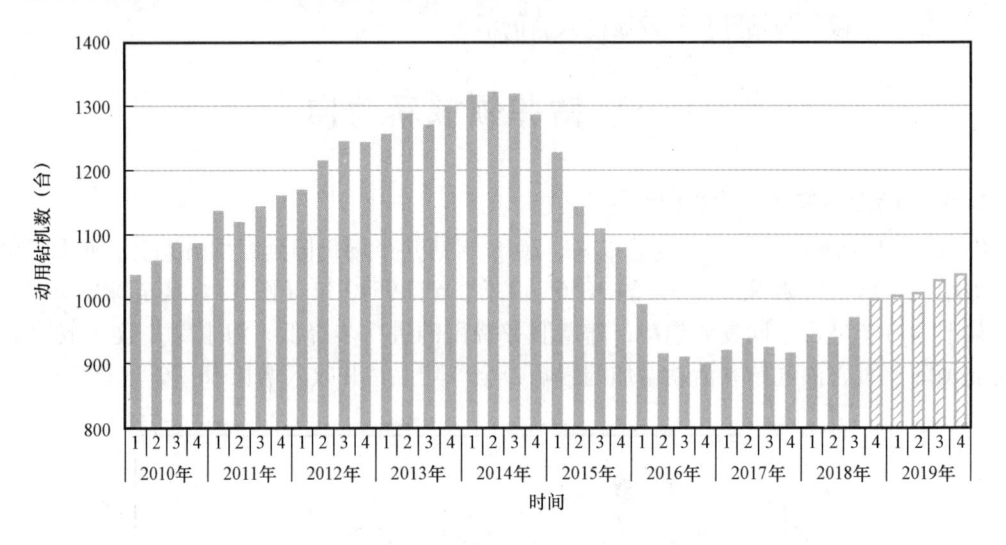

图3 2010—2019年全球动用钻机数统计

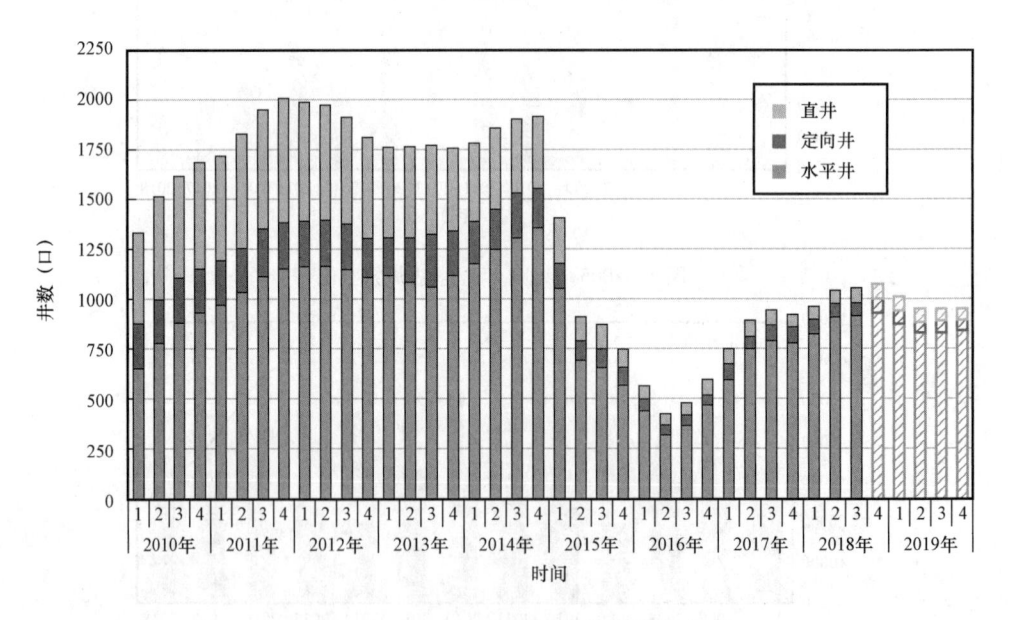

图4 2010—2019年美国钻井类型统计

3. 并购活动加剧，行业走向寡头垄断格局

哈里伯顿、通用贝克休斯和斯伦贝谢三家国际大油服公司在2018年都实现了收入增长，其中哈里伯顿增长最快，为17%。钻井承包商方面，受工作量回升影响，各主要承包商的收入都继续回升，但获利水平仍然不佳，除Ensign能源服务公司外，其他承包商仍处于亏损状态（图5）。

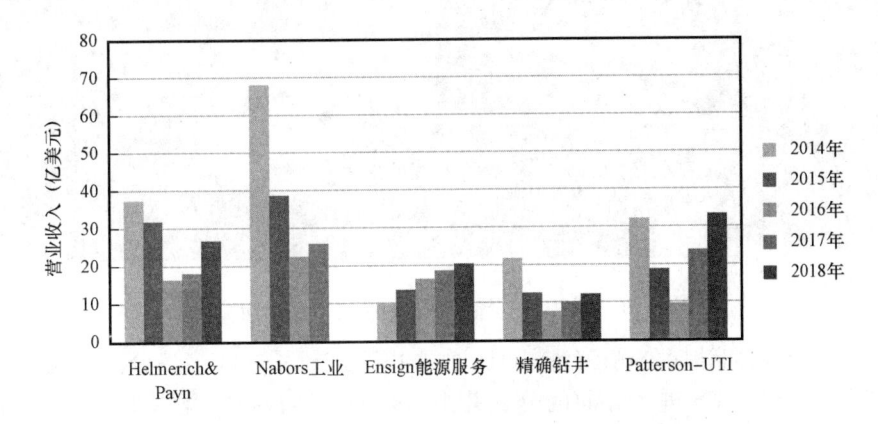

图5 2014—2018年主要国际钻探公司营业收入变化

（二）钻井技术新进展

1. 定向与导向钻井技术

美国每年15000口的水平井钻井数量使水平井成为钻井的主力军，对水平井钻井速度和质量的要求不断提升，使定向和导向技术不断发展。2018年，在这一技术领域，各大油服公司又推出了一系列新理念、新产品，取得一系列新进展。

1）动力钻头导向系统

在钻井作业过程中，由于井下测量精度有限和井眼轨迹设计方案不一致，实际井眼轨迹通常会与最优井眼轨迹偏离数百英尺。特别是在定向井作业过程中，随着分支井数和长度的增加，这一问题会变得更加严重。井眼轨迹的偏差会增加钻井成本，同时降低油井的生产能力。

根据工业指导委员会发布的最新井眼轨迹误差计算模型，当使用传统的定向钻进方法时，井眼轨迹的偏差会给作业者带来数十万美元的经济损失。这一问题可以通过动力钻头导向系统（BGS）来解决。该系统是一种基于动力钻探技术开发的专有技术，提供了全新的钻头导向方法，能够沿着设计的井眼轨迹对钻头进行实时导向，极大地提高了水平井和分支井的钻进效率和精确度（图6）。

BGS能够自动执行多变量的工程分析和经济分析，从而为作业者提供智能化的解决方案。BGS通过先进的算法进行高速计算，能够在作业过程中提供连续的指令，包括何时开始滑动钻进、滑动钻进的距离以及优化转向方向等。现场人员在BGS的辅助决策下，能够更多地关注安全、设备及其他作业活动，提高井场作业效率。

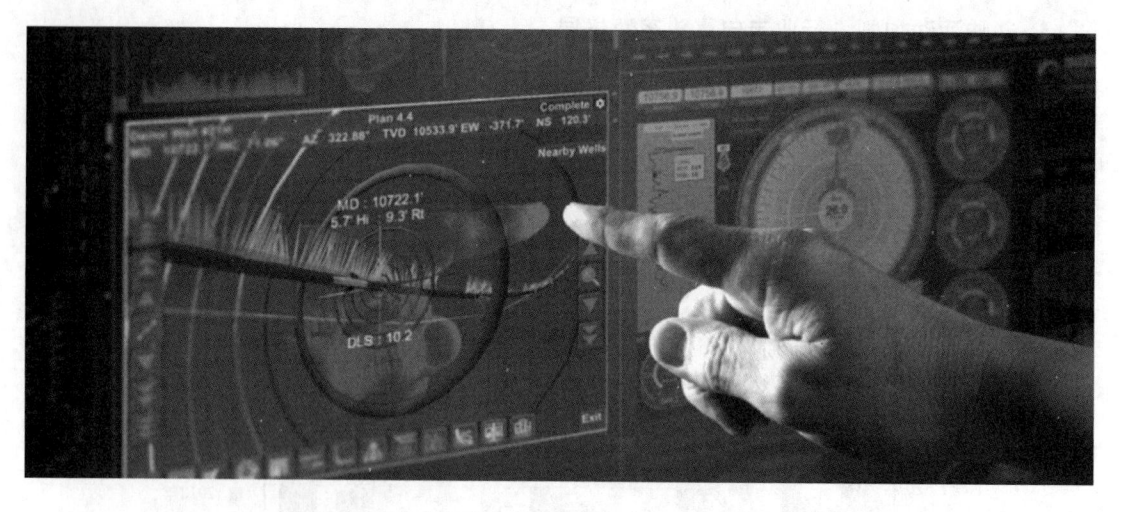

图6 动力钻头导向系统的实时信息反馈

目前，十几家定向钻探公司已经成功地通过BGS进行了500多口分支井的作业。结果表明，一方面，通过BGS进行导向的分支井中多余的侧钻数量明显减少；另一方面，BGS可以有效降低造斜段的井眼曲折度，提高了油井的生产能力。在油田数字化作业领域，BGS为未来的远程定向钻井和自动化钻井作业打下了坚实的基础。

2）连续平衡转向技术

贝克休斯公司推出了连续平衡转向技术，有效解决了传统转向技术中钻孔质量差、井眼屈曲度高以及井眼轨迹偏差等问题。新技术为钻头提供精确的转向控制，使钻头破岩路径更加平滑、井眼位置更加精确，从而提升总体钻井性能。

连续平衡转向系统主要包括带有独立垫片的套筒、液压装置和电子信息处理机三部分，其中套筒周围安装三个独立的垫片用于转向控制。当钻头进入造斜段进行作业时，由电子信息处理机计算出三个垫片上需要分配的压力，再通过液压装置将压力精确地分配到垫片上，垫片在不同的压力下接触井壁，从而提供连续的转向控制。

与传统转向技术相比，连续平衡转向技术具有明显优势。一方面，钻头在转向过程中不受压力、流速和钻井液性能等钻井作业参数影响，能够保证钻进过程中精确的方位角控制；另一方面，系统操作灵活性强，作业人员可以根据不同的地层条件设计钻头结构，提高钻机效率和机械效率。

目前，中东地区的作业人员已经在3口水平井中部署了连续平衡转向系统。结果显示，与传统转向工具相比，该系统减少了4~6倍的井眼曲折度，提升了水平井段的井眼质量（图7）。同时，新技术降低了卡钻和钻具组合失效的可能性，缩短了钻井周期。未来随着油井生产进入中后期，光滑的井眼轨迹也有利于修井和弃井作业。

3）智能钻头

2018年11月1日，哈里伯顿公司宣布推出Cerebro钻头内传感器组（图8），该项新技术可以直接从钻头获取数据，对切削齿的工作情况进行分析和优化，从而减少钻井中的不确定性，并提升钻井效率。该服务使数据测量和钻井效果获得大幅度提升。

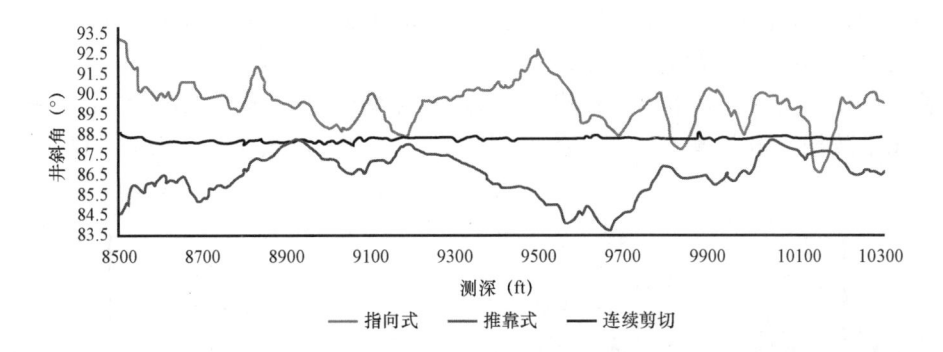

图 7　连续平衡转向技术显著降低井眼屈曲

该系统可以在下钻的整个过程中，连续不断地获取井下振动和运动数据，这些信息帮助作业者定位钻头损伤发生的位置，或者由于不一致的设计或操作参数造成的没有达到优化效果的情况。系统可以提供几种常见的钻头因素的识别，包括横向和轴向振动、抗扭强度、旋转和黏滑运动等，这些因素都有可能对钻井速度和可靠性产生负面影响。

Cerebro 通过获取最贴近于钻头的数据来增加对于钻头工况的了解，使作业者更好地了解井下发生了什么，可以帮助作业者优化钻进过程和钻头制造。

在美国陆上的一次下井试验中，该系统帮助作业者获取了大量数据，从而改进钻头使钻井效率提升，周期减少。通过数据分析，还证实了高钻速可以用于软地层，而不必受到振动的约束。

图 8　在钻头内部安装 Cerebro 传感器组

4）加速钻井服务系统

在陆上钻井过程中，作业方通常会根据区块特征、目标油层和油井工况选择合适的遥测方法。其中，钻井液脉冲遥测方法（MP）利用钻井液系统中的压力脉冲将井下数据传送到地面，适用于较深地层和复杂地层；电磁遥测方法（EM）利用电磁波来高速传输数据，有助于消除测量等待时间。两种方式都具有独特的优点，但在遥测方式选择上却存在一定的问题，当切换遥测模式时耗费的操作时间较长，同时一旦选择一种遥测模式，就失去了另一种遥测模式的优势。为解决这一问题，斯伦贝谢公司推出了 XBolt 加速钻井服务系统，简化了测量程序，提高了数据测量精度和传输速率，主要具有三方面的优势：

（1）在单个工具中提供多种数据传输选项，钻机可以在 1min 内切换不同的遥测模式，在信号友好区中采用高速的 EM 遥测方式，在较深和复杂的层段采用可靠的 MP 遥测方式。

（2）使用全景图和方位图的伽马射线功能，在 165℃ 条件下探测储层内部和边界情况。改进的成像系统增加了光栅化处理单元，并提高了操控精度，显著降低了井眼曲折度。同时，该服务能够提供成本效益的解决方案，增加钻井总进尺，提供更精确的井位。

（3）双遥测配置提供了单一灵活的操作系统，消除了 EM 模式下的测量时间，实现高达每秒 16 位的数据传输速率。MP 模式下通过强大的正交相移键（QPSK）技术，在同一时间单位传输更多的数据，提高信号强度。

作业人员在一项应用中部署了该服务，该服务减少了 EM 模式下的测量时间，在连接的同时发送测量数据，最终节省约 23h 的勘测时间，每 3048m 的横向连接时间减少了 7.5h（图 9）。

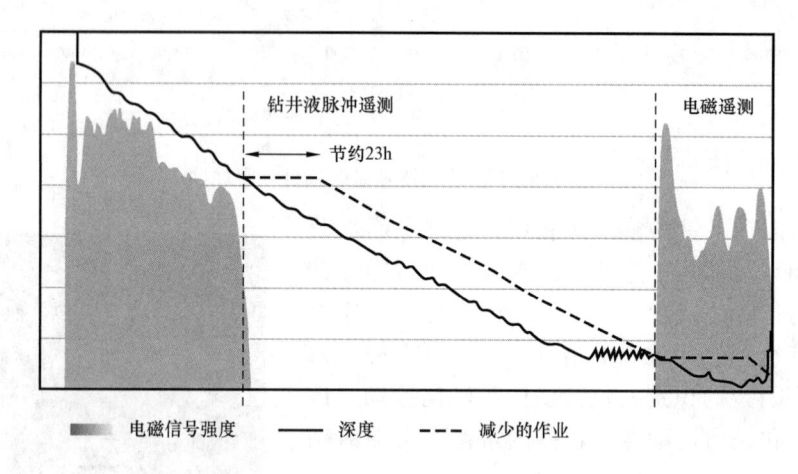

图 9 通过使用 XBolt 服务系统节省 23h 的勘测时间

2. 钻井数字化转型

长期以来，在钻井行业人们通过对绞车、铁钻工、顶驱以及防喷器等大型机械设备的技术改造与创新实现生产效率的提升和成本的节约，但在今天的数字化油田，井场发生最大变化的不再是硬件，预测分析、物联网（IoT）、机器学习以及人工智能等不再仅仅是几个流行词汇，数字化技术正在改变着油气井钻井规则。随着这些技术在钻井行业的应用越来越广泛，在不断降本增效的同时，还将带来更多的机遇与挑战，数字化转型将为未来开启一项完全不同的商业模式。

1）钻井数字化转型的定义

业界把数字化转型分为预测分析、物联网技术、机器学习和人工智能四个层级。

（1）预测分析。预测分析是一种统计或数据挖掘解决方案，包含可在结构化和非结构化数据中使用以确定未来结果的算法和技术。可为预测、优化、预报和模拟等许多其他用途而部署，也可为规划流程提供各种信息，并对企业未来提供关键洞察。

（2）物联网技术。通过射频识别（RFID）、红外感应器、全球定位系统、激光扫描器等信息传感设备，按约定的协议，将任何物品与互联网相连接，进行信息交换和通信，以实现智能化识别、定位、追踪、监控和管理的一种网络技术。

（3）机器学习。机器学习是人工智能的核心，是使计算机具有智能的根本途径，专门研究计算机怎样模拟或实现人类的学习行为，以获取新的知识或技能，重新组织已有的知识结构，使之不断改善自身的性能。

（4）人工智能。计算机或机器能够具有人一样的智慧，能够像人一样做出决定，并且能够像人一样进行推理。

钻井行业每天都会产生并获取数量惊人的数据，但是从数据集中提取有价值的信息需要付出努力，在未来几年里，钻井行业内或是在石油公司内部，将会有大量员工专门从事数据处理工作，进行数据的管理与分析，创建模型，并进行统计分析。

2）数字化在保障设备完整性中的应用

预测分析是数字技术在钻井行业的另一个应用，NOV公司的Rigsentry系统能够监测防喷器和钻机上部设备的状况，传感器能够从设备上获取稳定的数据流，传感器监测模式和异常现象，预测设备或部件的失效。该系统能够与现有的NOV公司设备配合使用，当设备监测到失误或潜在的失效风险时能够向用户发出警报，NOV公司的数据显示，有些预测模型能够提前14d给出提示。除了向用户发出警报之外，该系统还能够预测如果该问题没有正确解决会出现什么情况，这能够帮助用户做出更好的决策，以消除非生产时间。

预测分析在钻井行业应用的另一个例子是SparkCognition公司开发的SparkPredict分析软件，该软件整合了机器学习技术，能够从传感器数据学习，并在失效发生数日或数周之前就能够确定失效的发生。公司特有的Artemis算法能够自动确定传感器数据和异常之间的内在联系，公司的Pythia算法建立的模型能够预测设备部件何时会失效。使用这种方法，各家石油公司将不再局限于每3个月或每6000h进行设备维护，而是在设备失效之前进行维护，这种做法与根据时间进行维护的方法相比，极大地降低了维护成本。

尽管预测分析是避免非生产时间非常有效的工具，业内人士希望能够更进一步进行指定分析的研究。预测分析只能够分析接收到的数据，并预测未来，指定分析平台不仅仅会提示失效，同时为如何应对这种失效提供方案。指定分析的技术基础是神经语言程序学（NLP），采用计算机语言来理解并分析人类的语言，iPhone手机的Siri等虚拟管理采用的就是NLP技术。在指定分析的背景下，NLP能够利用软件程序检索用户的维护记录和使用手册，甚至是电子邮件，以确定如何采用最佳的解决方案来处理即将出现的设备失效，并为用户推荐应该选用的设备。借助软件程序抓取各家公司在电子邮件、文档以及钻井报告中的信息，并对这些信息进行分析。除了指定分析之外，下一步是实现机器自身针对现场情况采取措施，而不仅仅是做出推荐。

3）数字化转型中的新挑战

尽管钻井行业可以利用数据改善钻井性能，但是，数字技术与钻井技术的互联意味着会引入新的问题，网络安全问题就是其中之一，为了减轻网络安全风险，SparkCognition软件再次借助机器学习和人工智能技术。传统的防火墙不能够满足行业现在面临的网络安全风险，人工智能和机器学习是应对当前不断进化的网络攻击的最有效方式。

石油天然气公司（尤其是小型的石油天然气公司）改善网络安全的另一个方式是使用网络云服务。尽管很多人对在网络云上存储敏感数据仍然持谨慎的态度，但是，大型科技公司，例如亚马逊、谷歌以及微软等运行并维护的网络云服务能够提供更加安全的数据存储，原因是网络安全是这些科技公司的核心竞争力，这些大型科技公司每天都有数以百计的科技人员对他们的网络防火墙进行加固，不断提高其安全性。随着网络安全风险的增加，对员工进行技术培训的重要性也变得越来越重要，员工必须要学会如何分辨可疑邮件、附件或文档。

4）数字化转型催生新的商业模式

利用数字技术不仅会帮助石油行业减少非生产时间，改善性能，而且还会催生出新的商业模式。安装在飞机发动机上的大量传感器能够帮助制造商分析发动机的状态，在飞机降落前就能够确定需要维护的部件，使设备制造商能够实现飞机的整体销售，而不仅仅是销售设备部件。这种情况在石油行业也在发生，尤其体现在 Diamond Offshore Drilling 和 GE Oil & Gas 2017 年发布的压力控制器传感器上。尽管该传感器使用的主要对象是海底防喷器，但这一概念可以延展应用到其他设备上，例如旋转导向系统和 MWD 系统等。服务公司能够参与从钻井开始一直到结束阶段，不仅提供设备，而且还能够针对设备提供服务，并根据这些服务所带来的钻井效率提高收费水平，只有借助预测分析技术、传感器和 IoT 才能实现这一目标。威德福公司未来可视化数字油田是智能油田生态系统，通过软件连接地面和井底传感器（图10），通过整合钻完井、开采技术服务引入这些技术，通过降低 HSE 风险、减少非生产时间、提高整体作业效率，为石油公司带来非常大的价值。

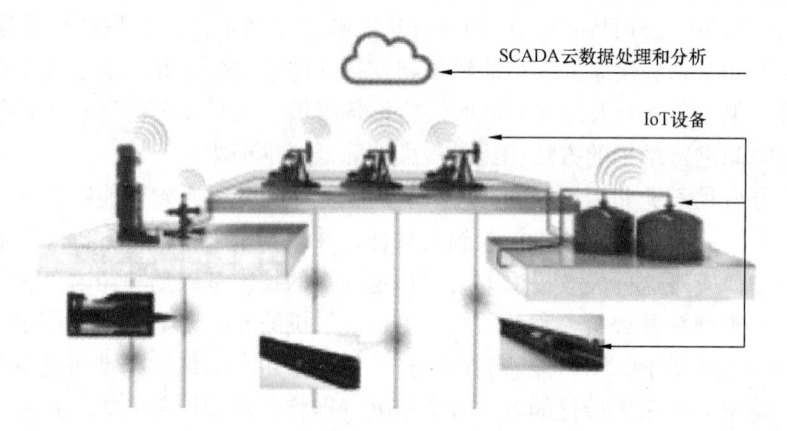

图 10 威德福公司未来可视化数字油田通过软件连接地面和井底传感器

3. 微机电技术在导向钻井中应用

石油天然气行业经历了长时间的低谷，目前正处于缓慢恢复期，对钻井智能化技术需求迫切，要求钻井技术具有更高的可靠性，更快的钻井速度，更低的成本。这些需求推动定向钻井传感器技术进入了一个新时代，那就是基于微机电系统（MEMS）的井底传感技术新时代。在油气钻井历史上，钻井传感器的工作原理改变过 2 次。第一代井底仪器出现于 19 世纪 20 年代，技术简单，借助能够蚀刻玻璃的酸液，或利用其他简单的机械原理，来测量井眼的偏斜；第二代工具出现于 19 世纪 70 年代，磁导向工具的发明为整个行业的发展带来革命性影响，当前世界范围内应用的绝大多数定向钻井工具仍然基于电磁原理；基于 MEMS 技术的井底工具属于第三代，该技术目前正在逐渐被行业所接受，并被认为是井眼测量的可靠替代技术。

1）MEMS 优越的工作性能

利用 MEMS 技术，可以将所有的齿轮、变速器、离合器、制动器，甚至是微观的涡轮发动机整合到一个只有指甲盖（图11）大小的范围内，秘密就在于对半导体制造技术的创造性再利用。利用微型晶体管工具，通过一层层地重建来制造微观机械，材料的沉积、分层和光刻技术蚀刻出图样是制造 MEMS 设备的关键。将 MEMS 制造与半导体技术相结合，不仅实现了设备的小型化，而且价格低廉，坚固耐用。半导体工厂数以百万或数十亿美元的芯片或 MEMS 设计生产规模，使得 MEMS 成为一项具有极大吸引力的技术。MEMS 设备极小的尺寸使得其具备与生俱来的可靠性，设备使用的耐疲劳配件能够承受数十亿次甚至数万亿次的冲击而不会失效，MEMS 设备的微观尺寸意味着可移动部件非常少，这使得其在受到冲击和振动时具备极高的可靠性。

2）MEMS 技术导向钻井降本增效成效显著

目前几乎所有的基于电子学基础的 MWD 系统都以某种形式配备了 MEMS 传感器，MEMS 传感器天然适合于感应和量化诸如钻井动力学和功能障碍等次要参数。然而，MWD 系统坚持使用传统的传感器技术来进行关键的井眼参数的测量，原因就是传统的电磁技术测量结果非常准确，能够在数十次的温度变化中保持测量结果的稳定。长期坚持使用 MWD，行业内也在积极寻求一种可以替代标准化导向传感器的技术，传统的传感器具有体积大、脆弱而且成本高（通常要比同样的 MEMS 传感器高 100~1000 倍）等缺点。

图 11　MEMS 组件的微观结构

当前传感器的市场需求量非常大，客户需要更多的定向钻井传感器，对可靠性和性能的要求更高，并且价格更低。传统的传感器技术由于其高昂的成本、极长的研制周期以及在多种工况下相对脆弱的缺点，都与市场需求相左。这为传感器制造商投资开发和生产新的现代化传感器提供了机遇，MEMS 定向传感器将会迎来发展机会，并取代传统传感器。

3）MEMS 技术有望取代传统导向技术

提高系统可靠性行之有效的方法是设置冗余系统，在体系内设置两个甚至更多的相同部件，首先使用第一个，当第一个部件失效时，自动启用备用部件。但是，这一方法在传统的传感器上几乎是不可行的，原因就是传感器的成本和尺寸受到限制。MEMS 传感器尺寸小、成本低，可以实现冗余设计。使用 MEMS 传感器能够设计 2~3 个冗余定向传感器，而且花费的成本比一个传统的导向传感器成本更低，可以采用一系列的排列设计来提高设备的可靠性，达到测量精度以及工作性能的要求。

定向钻井领域当前面临的问题不再是 MEMS 技术是否可以取代传统的导向技术，而是 MEMS 技术将于何时取代传统导向技术。尽管当前市场上制造的绝大多数传感器都是基于传统技术，但是，已经有数个制造商开始提供部分或全部基于 MEMS 技术的井眼测量导向传感器，这些传感器已在不同的温度区间内使用。随着行业自信心的增加，会有越来越多的制造商进入这一市场。尽管 MEMS 传感器最初开发出来是用于其他行业，后期才被引入油气行业，但是新兴公司不断涌现，并将大量精力集中于设计、研发、制造 MEMS 传感器，以用于油气钻井的井底导向作业。

4）MEMS 技术市场前景广阔

当前，定向钻井服务公司要用更少的资源来做更多的事，设备制造商要在不提高价格的前提下，持续不断地为客户提供技术更先进、解决问题能力更强的设备。MEMS 传感器技术能够确保制造商提供的产品达到甚至超过传统产品的性能，并带来超额的经济效益。目前，MEMS 单个传感器的售价仅为数美元，甚至不足 1 美元，随着 MEMS 技术应用领域的不断扩大，其市场规模也在不断增大。Yole 公司在 2016 年 5 月公布的《MEMS 产业地位研究》报告显示，MEMS 市场在 2018 年达到 150 亿美元，而到 2021 年，其市场规模将达到 200 亿美元。

4. 钻井新技术、新工艺

1）负压连续管脉冲钻井技术

连续管不能旋转是连续管钻井遇到的最大技术难题，摩阻大导致机械钻速低，钻深能力下降，不能钻达设计目标井深等。负压脉冲能够更加高效地使用系统压力，适用于漏失钻井、高固相含量、气体钻井及固井作业。

负压脉冲钻井技术利用特殊的井下工具，在连续管或钻柱内产生一个负压脉冲，引起钻柱内的水击效应，使钻井液低频、高速喷射到环空中，从而起到降低摩阻的效果，增加滑动钻进的钻深。连续管利用管内的压力来提高压力脉冲，这个压力脉冲使负压脉冲保持动态，通过释放多余的压力，能够产生一个更大的脉冲幅度。通过负压，一方面能改善螺旋弯曲效应，促进钻井液从工具内循环至井口；另一方面，通过低频振动帮助加快岩屑上返，从而使连续管钻井更加高效。

传统正压脉冲与负压脉冲的性能对比（图 12）显示，应用负压脉冲方式，不会对随钻设备造成伤害，还可降低钻具在水平段钻进时的摩阻近 17%。负压脉冲钻井技术有望成为连续管钻井技术发展的助推器。

2）环氧树脂密封剂固井

在宾夕法尼亚东北部的马塞勒斯页岩气田，一家石油公司在进行水平井分段压裂过程中遇到了井筒完整性问题：在第 12 段压裂过程中疑似井眼底部接头出现漏失，急需可靠的解决方案进行修复，且修复井筒需能够承受超过 10000psi 的压力。考虑到井场位于山区，面积受限，石油公司决定采用连续管（CT）钻井技术 + MetalSkin 膨胀管技术进行修井（图 13）。

威德福作为服务公司，首先进行了井径测井，结果证明确实是由于接头泄漏导致井眼完整性出现问题。由于修井作业的井口压力达到 4000psi，威德福的工程师设计了一套高压套管修复流程，能够实现井场的压力控制，还能够协助 CT 作业，同时提高设备的完整性和井场人员的安全。根据 5.5in 的井眼选择了 4.25in 的设备，利用 MetalSkin 套管高压防渗系统进行破裂套管的修复，成功恢复了井眼的完整性。这套系统借助衬管或金属保护层来实现对破损套管或穿孔的永久封隔，与持续效果短暂的修井方式（例如挤水泥作业）相比，采用可膨胀管柱具有非常高的可靠性，并且消除了进行重复修井作业的必要。

MetalSkin 套管防渗系统与跨座封隔器或常规的防渗系统相比，对套管内径的影响最小，这就使得后续的钻井、完井、生产或射孔作业更加容易进行，并能够实现采收率的最大化。

(a) 正压脉冲与负压脉冲

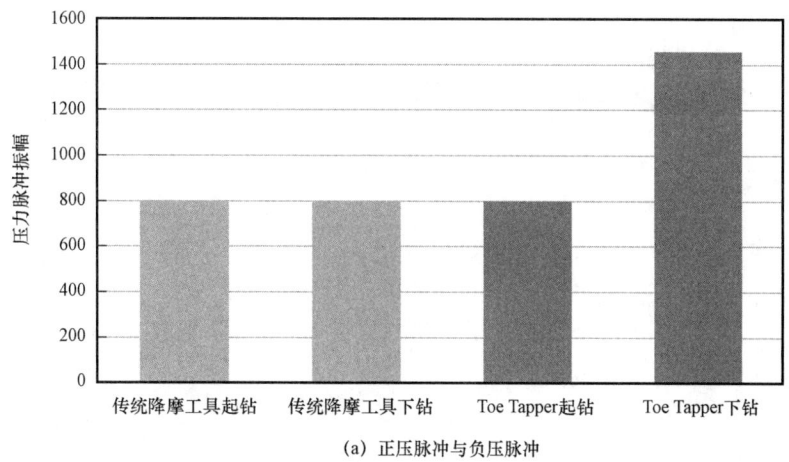

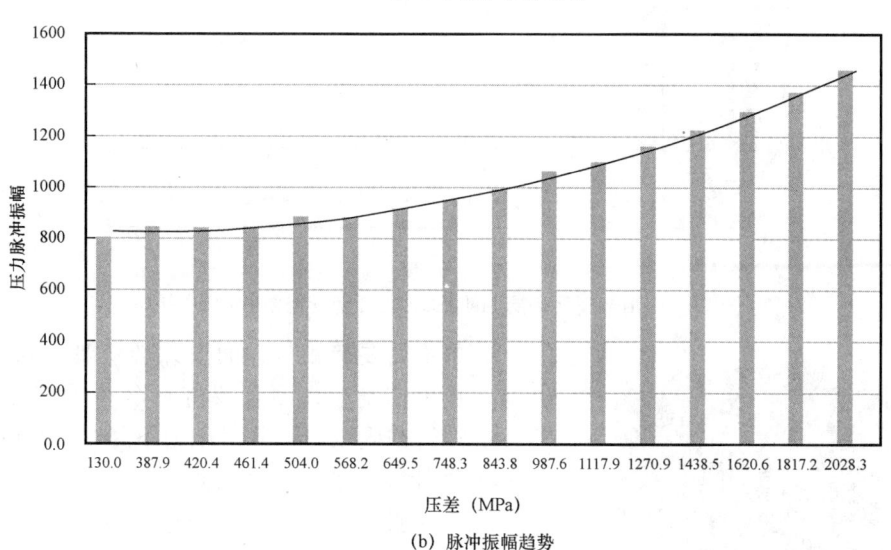

(b) 脉冲振幅趋势

图12 传统正压脉冲与负压脉冲的性能对比

防渗系统设计要能够承受非常高的压力，并提供更强的抗外挤强度，该系统使用的固相弹性涂层能够沿着可膨胀管柱填充在 MetalSkin 和套管之间（图14），可压缩的弹性涂层将防渗管柱附着到套管内壁上，能够为两层管柱之间提供支撑，提高了防渗系统的耐压能力。

使用 CT 钻机进行井眼修复施工，成功解决了时间限制和后续需要面对的 10000psi 的压裂压力问题。服务商和石油公司紧密配合，确保可膨胀尾管系统和润滑器能够安全地接到 CT 钻具上，并成功应用于井下。套管防渗系统和润滑器在地面一起的长度超过 36.5m（120ft），为了避免设备组合过程中可膨胀尾管系统被破坏，在钻柱上安装叉型接头，接头在地面进行设备组合。

作业队在井口安装润滑器，并借助连续管向井底输送可膨胀尾管至预定深度，之后从地面提供液压来启动可膨胀工具，工具开始膨胀，然后锚固。随后通过水力循环来结束膨胀作业。使用 MetalSkin 体系相比投镖或投球启动的可膨胀尾管系统适用性更好，因为使用 CT 钻

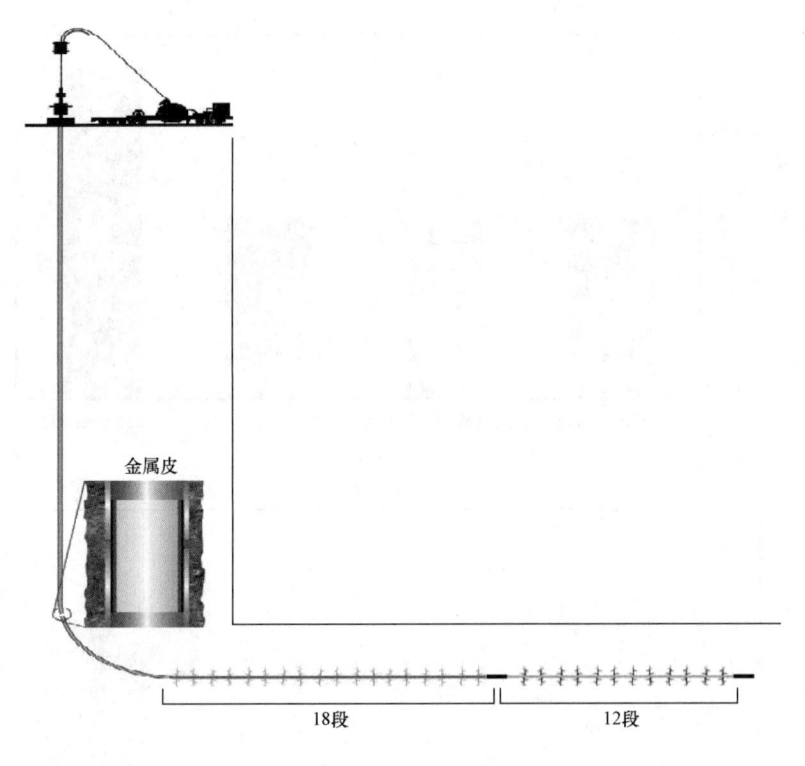

图 13 利用金属保护层 MetalSkin 实现套管修复和地层封隔

图 14 MetalSkin 膨胀管修补结构示意图

井不需要接钻杆，而投镖必须要下到位置，操作更加复杂，而且要进行全井眼的循环作业。尾管锚固以后，井口压力下降至 2500psi，这说明可膨胀尾管完全封隔了漏失段，一旦尾管完全膨胀，其余的压力通过井口释放，井底设备起出井口。并对修复过的井眼进行试压，测试压力 10000psi，稳压 30min，确保井眼完整性得到修复。

CT 钻井的可膨胀尾管系统操作快速且效果很好，井眼清洗、施工、压力测试等作业在 24h 内全部完成，可膨胀尾管系统不需要钻水泥塞，这使得在 CT 设备起出井眼以后就可以马上进行压裂施工，剩余的 18 段采用可钻桥塞的方式进行后续完井作业，尽管出现了套管漏失的问题，但仍然提前 2d 完成压裂施工。最终，成功的完井作业确保能够完全发挥油藏潜力。

3）计算机可视化起下钻

在起下钻操作中，铁钻工必须要从停靠位置移动到井口中心，铁钻工的大钳必须要完全垂直，这样才能准确夹紧工具接头的下部位置，工具接头的位置取决于举升系统的停靠位置，使得起下钻系统的效率降低，除此之外，钻杆盒使用常规的排管器，如果能够确定接头的特定位置，这也是可以进行优化的一个方面。NOV 公司设计的 Strix 可视化解决方案是为了应对自动化、钻井优化并提高安全性而做出的改进，解决方案通过使用图像传感器和计算机可视化技术提高了效率和安全性。目标可以动态识别，对图像结果进行分析实现准确测量，并在钻机上对目标进行追踪。Strix 高度位置监测（SHD）技术独立于机器模型，在起下钻杆和套管的过程中，为钻具控制设置一个精确的高度点来解决起下钻效率低下的问题。

传统情况下对铁钻工的定位通常需要石油公司的员工进行手动确认，并输入调整数据。由于员工与员工之间的经验差距非常大，单次起下钻的性能难以得到保证，作为一种替代手段，机器安装的传感器要求铁钻工的位置要低于钻杆高度接近 30cm，一旦系统的设定高度可用，各种设备可以为起下钻作业优化运动轨迹。通过使用一个自动化的可视系统，传感器不必安装在钻杆旁边，系统能够测量钻杆的高度，反馈到控制系统，并对设备的自动化和运动轨迹进行优化。

在此基础上，NOV 公司开发并测试了一款定制的计算机可视化系统（SHD）进行钻杆和套管的起下钻作业。该系统由多个部分组成，首先是一个高性能的数字摄像机组，该机组安装在一个远程静态的位置上，对主井眼中心有非常好的视野。摄像机至少要比可能的接头位置高出 1m，不会对司钻的视野或设备操作造成干扰，需要测量时摄像机就会自动启动，摄像机数据流图片就会传输到工业计算机（IPC）中并进行图片处理。IPC 是整合的钻井控制网的一部分，为机械及其他控制系统提供起下钻的同步信息和测量信息，每一个设备由可编程的逻辑控制器（PLC）进行控制。在安装过程中，摄像机通过使用一个直观的工具估算显示器和钻机坐标之间的关系来进行校准，一旦校准完成，目标的准确位置就可以从相对位置坐标中推导出来，对相机中的图像进行连续的数据流分析，根据钻杆特征进行区分，同时忽略掉背景噪声。传感器算法的标准化对钻机环境变化遇到的挑战进行补偿，该系统确定钻杆空间位置以实现对钻杆顶部的监测，钻机的移动或振动不会影响到该解决方案，原因是相机的位置相对于井口中心而言是固定的。测量高度分配到控制网络及其他控制系统的机械设备上，并将其作为设置点。这一度量标准与高度设置点一起送至接收控制系统，图片数据流与监测到的高度数据能够一起显示到控制屏幕上。作为开发和确认程序的一部分，该系统被安装在自升式平台上，对系统的测井结果及相关的机械数据和图片进行数据处理和分析，实现了对结果的确认。

NOV 公司的 DHS 系统配置在海洋钻井钻机上，用于验证能否达到预定的效率，模拟过程中使用最大化的铁钻工移动速度，两种常规方法作为对比进行测试（人工方法和其他的自动化方法），可视化系统设备同时在垂直方向和水平方向移动，使用钻机上使用的机器模式，并提供精确的高度设置点。模拟结果证实，当使用可视化系统时，铁钻工到达井眼中心时不需要再进行额外的高度调整，图 15 对使用精确的高度设定点得到的三种模拟结果进行了详细的展示。左侧的曲线显示目标高度比默认的初始位置要低的情况，铁钻工在到达井眼中心时达到了目标高度；中间的曲线显示了从初始位置到目标高度需要进行一个 15cm 向上调整的情况，由于高度在水平运动的过程中已经进行了调整，铁钻工到达井眼中心时，高度位置也到了设定的位置；右侧的曲线显示了目标位置要比默认位置高接近 1m 的情况，尽管如此，通过使用可视化系统，当铁钻工到达井眼中心时，其高度仍然是准确的。这三种情况下所需的时间仅仅是铁钻工到达井眼中心的时间。

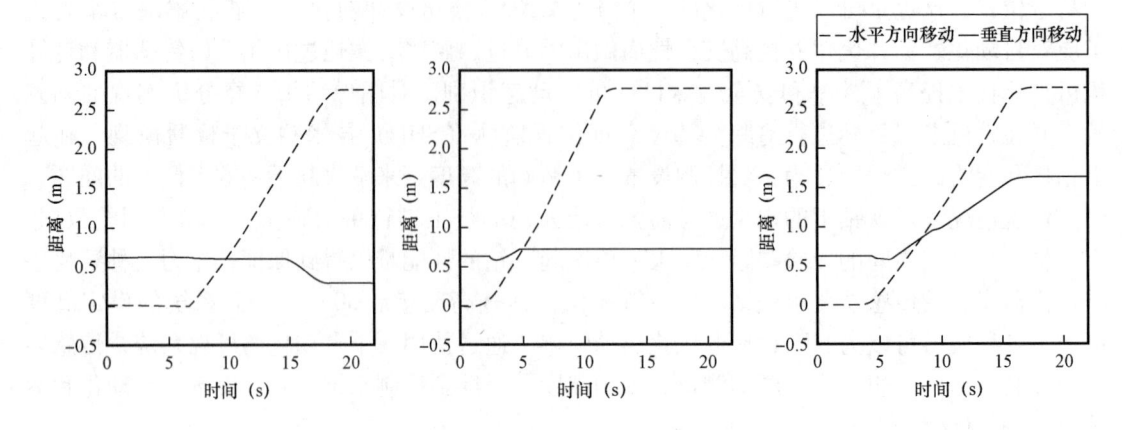

图 15　对人工方法和现有的自动化方法进行对比测试

与每次标准的接单根作业相比，该系统平均每次可以节约 4.23s，每年每台钻机可以平均节省 16h，对排管器进行优化，每次接单根可以再节约 2s。假设钻机日费是 414000 美元，那么每年可以节约近 40 万美元。NOV 公司目前计划发布的 Strix 钻台位置检测（FLD）系统能够在钻台区域内进行安全的排管操作，StrixFLS 将会基于图像捕捉技术对钻杆盒进行实时状态的监测，从人员监测转化为图像监测，该系统目前已经进行了大量的测试，将会在海上钻机展开应用。

4）新型电动防喷器

Noble 公司推出新型电动驱动防喷器（eBOP），从最初的设想到实现花费了超过 10 年的时间。电动防喷器模型在展示过程中成功剪断了一根 $6\frac{5}{8}$in S-135 钢级、线重 27lb[1]/ft 的钻杆。Noble 公司认为，电动防喷器是降低系统复杂性的关键，通过使用 eBOP，能够提高钻井作业的可靠性和钻井效率。

eBOP 的构想最初形成于 2003 年，最初的设想是开发一种电力驱动的剪切闸板，该电动剪切闸板能够在任意水深提供 200×10^4lbf[2] 的剪切力。通过简化的控制系统驱动闸板，而不会向海洋环境中排放流体。尽管公司认为该想法具有非常大的潜力，但是在当时的条件下，行业内仍然缺少相关的部件，因此该项目并未受到重视。到 2014 年，Noble 公司的研发团队重新审视电动防喷器项目，此时，开发电动防喷器的必要部件，包括电池技术的发展能够提供可靠的动力以后，研发人员开始认真进行电动防喷器的开发。

尽管行业内其他公司也曾经提出过电动防喷器的概念，但是 Noble 公司更进一步，目标是开发出一种系统更加简单的电动防喷器，包括简化的控制系统、提供更高的可靠性和闸板运动的准确性。常规的防喷器通过液压驱动，结构复杂而且设备的维护也非常烦琐，防喷器失效往往是自身造成的，例如紧密度公差、部件太多等。钻机上最复杂的设备就是液压防喷

[1] 1lb=0.4536kg。
[2] 1lbf=4.448N。

器的 MUX 控制系统,这也是防喷器失效的热点原因。

第一代 eBOP 模型使用带有两个电动机的滚珠丝杠,能够产生 $50 \times 10^4 \text{lbf}$ 的闭合力,在此基础上发展形成了目前的版本。eBOP 的关键特征是其简化的机械设计、新型的电池技术以及气体推动技术,能够保证设备提供 $200 \times 10^4 \text{lbf}$ 的闭合力,投入生产的版本可用于遥控作业(ROV)。

eBOP 与液压防喷器相比,部件的数量大大减少,eBOP 总共只有 131 个部件,其中只有 17 个是专门设计的,除此之外,驱动和充电系统不含有可移动部件,这通过将多个部件整合到一个更大的模块上来实现。Noble 公司的一个关注点是简化设计,以提高闸板的准确性和可靠性,如果能够减少部件的数目,就能够减少施工时出错的点。eBOP 具有分散的控制系统,能够通过多种方式实现与 ROV 的交互,利用电池取代海底液压蓄能器,常规的开环控制系统所采用的液压机液体在使用过之后会直接排放到环境中,使用电池则能够实现完全的零排放。

eBOP 的剪切力是由氮气增压缸和滚轴螺旋传动产生的,Noble 公司将其称为"eBOP 的心脏",氮气是一种储存的能量,任何少于 $100 \times 10^4 \text{lbf}$ 的剪切力都能够通过电池来提供。对 eBOP 进行的滚轴螺旋传动和承重优化均由 SKF 制造公司执行,该公司是一个滚动轴承、密封、机电一体化、服务以及润滑系统提供商,不同行业之间的相互合作能够达到非常好的效果。

该项目的下一阶段,Noble 公司计划与设备制造商、权威机构以及感兴趣的石油公司合作,eBOP 系统的最终配置需要这些合作伙伴的支持,以确保其能够以正当的途径进入市场。Noble 公司强调将继续全力从事其核心的海洋钻井业务,并在现代化的超深水和高度专业化的自升式平台上提供高效和安全的钻井作业。Noble 公司并没有兴趣作为一个制造商进入防喷器领域,公司的目标是为现有的防喷器设计提供一项可替代技术,并与业内合作,在适当的时候实现 eBOP 的商业化应用。

(三)钻井技术展望

展望未来,受多重因素的影响,低油价或将存在相当长的时期,钻完井相关企业须从长计议,积极采取对策,主动适应低油价,在低油价下努力求生存,走出行业低谷。

1. 钻井技术继续向智能化方向发展

智能钻井的主要特点是:数字化、信息化、可视化、自动化、智能化、远程化、网络化。其中,网络化是指物联网和移动互联。通过物联网,可实现井场与远程实时智能控制中心的互联,井场与井场之间通过远程实时智能控制中心实现互联,便于井场之间相互学习借鉴。通过移动互联,可以在石油公司、技术服务公司和钻井承包商的项目负责人和技术专家之间使用移动终端(手机、平板电脑或笔记本电脑等),随时随地监控钻井现场和钻井过程,借助虚拟现实技术将井下情况实时以 3D 的形式呈现在眼前,并通过此移动互联网平台进行交流互动,完善决策,提高决策效率和质量。

2. 油气钻井系统性互联将大幅度提升效率

油气行业是一个以资产为中心的行业,拥有大量设备的油气钻井领域更是如此。一个标准的海上石油钻井平台上有 30000 个传感器不断生成百万级别的数据，陆上钻井过程中也会产生成千上万的数据，这些数据不仅能够用于设备的维护、控制，更有可能影响钻井的决策。大数据时代，通过数字解决方案，将实物资产与数字世界相连，搭建共用标准的工业互联网平台，将使油气钻井行业迈入一个崭新的时代。未来，在勘探、钻井、油藏、生产等不同的专业领域之间实现无缝协作，利用不同专业的实时数据，以及历史数据管理油气田勘探开发作业，将有效实现油田生产成本最低化、产能最高化、运营最优化、操作灵活化、效益最大化等目标。工业互联网在油气行业前景广阔。

3. 低油价后深水油气将存在机遇

据统计，全球深水原油储量占全球原油储量的 15%，低油价时期，受到高成本的影响，一些深水油气项目被搁置，但是随着油价的攀升和技术的进步，深水油气项目的经济性也将显现出来，低油价后将成为深水领域的战略机遇期。目前，在深水防喷器、隔水管以及控压钻井等专业领域，不断出现新技术，刷新作业的成本底线，未来，在这一领域，必将迎来更大的发展。

参 考 文 献

[1] Bruce Beaubouef. Gulf E&P remains active despite falling oil prices [J]. Offshore, 2015, 75 (1): 44–47.

六、油气储运技术发展报告

2018年6月26日，IEA发布最新报告《2018天然气分析及预测报告》。报告预测，2017—2023年中国的天然气需求将增长近60%，达到$3760\times10^8m^3$，其中LNG进口从2017年的$510\times10^8m^3$增加至2023年的$933\times10^8m^3$。2019年中国将成为全球最大天然气进口国。到2023年，全球的LNG进口量将从2017年的$3910\times10^8m^3$增加至$5050\times10^8m^3$，增幅为$1140\times10^8m^3$，其中包括中国的增长$420\times10^8m^3$。全球LNG出口将增长30%，美国将成为全球第二大LNG供应国。2018年，天然气基础设施建设再次驶入快车道；智能管道、智慧管网建设是大势所趋，将为油气管道运营管理注入新动能。

（一）油气储运领域新动向

1. 全球天然气长输管道建设持续推进

截至2017年底，全球油气管道的总长度已达233.92×10^4km。其中，天然气管道所占比例最大，其长度占总长度的60%左右，长度为142.5×10^4km；原油管道次之，占总长度的24%左右，长度为56.2×10^4km；成品油管道总长度最短，只占管道总里程的16%左右，总长度为35.1×10^4km。北美地区原油管道185410km，成品油管道15478km，天然气管道712438km；欧洲原油管道149674km，成品油管道53449km，天然气管道545416km；南美地区原油管道38204km，成品油管道21733km，天然气管道74964km；中东、中亚及非洲原油管道97639km，成品油管道31433km，天然气管道159397km；亚太地区原油管道61309km，成品油管道32687km，天然气管道187325km。可以看出，北美地区的管道总里程和所占比例最大，分别是105.3×10^4km和45%，这和此地区经济较为发达密切相关，此区域内原油、成品油以及天然气管道的总长度也较长，分别是18.5×10^4km、15.5×10^4km和71.2×10^4km；欧洲的管道总长度和所占比例屈居第二，分别是74.9×10^4km和32%，此地区的经济也较为发达。非洲及中东地区的管道总长度及所占比例处于第三位，这主要是此区域内盛产油气资源所导致。

2. 管道自动化市场值得关注

根据国际咨询公司Technavio发布的2018—2022年全球油气管道和输送自动化市场报告。截至2022年，全球油气管道和输送自动化市场的复合年增长率（CAGR）将超过7%，而推动这一增长的最大动力是已从低谷中走出并呈现出强劲发展趋势的油气管道市场。自2017年起，原油和天然气市场逐步走向复苏，之前已经宣布推迟或取消的许多项目宣布重新启动。未来几年，中东管道市场的大部分增长将来自新建原油管道。非洲新气田的发现将催生新建天然气管道数量的增长。亚洲不断增长的能源需求将推动多条跨国和国内管道的开通。美洲市场份额最大，2017年市场份额超过37%，其次为欧洲、中东、非洲和亚太。在未来5年，美洲市场仍呈领跑势头。

3. 智能管道实现全生命周期管理

智能化是世界科技发展的大趋势，也是世界石油石化工业持续提质降本增效的有效途径。工业自动化、信息化、智能化带来的科技变革有目共睹，在石油石化领域智能化技术也得到了大量应用。油气管道已经进入数字化管道阶段，并在大数据、云计算、物联网等新一代信息技术的推动下，油气管道运营在智能化道路上向前发展。

2016年，美国哥伦比亚管道集团（Columbia Pipeline Group）成为首家部署"智能管道解决方案"的企业。该方案能够让管理者掌握比以往更多的数据，充分了解管道的安全性和资产完整性状况，从而做出更科学的决策。目前，哥伦比亚管道集团在整个企业范围内，对其超过24000km的州际管道实现了实时监测，包括管道威胁监测和风险管控。"智能管道解决方案"对多项数据源进行了整合，既包括企业内部的地理信息系统、工作管理系统、调控中心、直呼系统（One-call System），也涵盖了美国国家海洋、大气管理局（NOAA）和美国地质勘探局（USGS）等外部数据源。该解决方案还集成了管道本体属性、风险评估结果、管线内检测结果、计划性评估、高后果区定位、泄漏历史记录、直呼系统标签、应急阀门位置、地质沉降与断层等数据。该解决方案的用户能通过分级筛选功能，从不同的角度查看数据，快速定位到所关注的重点区域及问题，评估威胁或施行补救措施。

BP利用物联网技术提高管道资产与人员的安全性，通过先进的无线智能终端应用，实现设备、仪表的位置标记与识别，资产周期、历史数据与关联性查询，包括现场操作工人操作规程指引，现场工单提示与任务分配，以及现场工作状态、进展、规程与位置跟踪；通过使用带有高清晰度摄像头及热力传感器等的无人机（UAV）技术，对复杂自然环境中的管道进行泄漏检测与安全监控。

加拿大Enbridge公司通过智能移动终端，实时收集、汇总、传输仪表与资产数据，包括现场维修维护数据与工单处理、管道巡线数据处理、HSE检查以及合规性检查等资料。

4. 储气库迎来建设高峰

近年来，伴随中国天然气产业快速发展，储气库建设得到了跨越式发展，自2000年大张坨储气库投入运营以来，截至2018年底，全国已建成地下储气库25座，天然气年调峰能力由 $5.2\times10^8 m^3$ 业已接近 $100\times10^8 m^3$，为调峰保供和保障国家能源安全发挥了重要作用。中国储气库建设起步晚，储气库工作量仅占天然气消费量的3%左右，与中国快速发展的天然气产业不匹配，同国外12%的平均水平相比也存在很大差距。国家能源局在《2018年能源工作指导意见》中明确，要建立天然气储备制度，落实县级以上地方人民政府、供气企业、城燃企业和不可中断大用户的储气调峰责任和义务，提升储气调峰能力。中国石油明确至2030年，将扩容10座储气库（群），新建23座储气库。按照"先东后西、先易后难"的布局原则及"达容一批、新建一批、评价一批"的方针，充分挖掘储气库建设潜力，加快推进储气库建设。特别是对新纳入规划的23座储气库，以提质、提速、降本增效为中心，制定针对性措施，系统优化设计，确保储气库建设组织到位、措施到位、运行到位，达到快速建产、效益运营的要求。

（二）油气储运技术新进展

2018年，油气储运行业在储存和运输领域均取得了多项科研成果，对推动储运科技的发展具有重要的促进作用。

1. 油气管材技术进展

1) 可延长寿命的石墨烯管道

英国曼彻斯特大学和英国焊接学会（TWI）的研究人员发现了使用石墨烯延长石油和天然气输送管道寿命的方法，即将石墨烯纳入聚合物衬里，该聚合物衬里用于从海底输送原油和天然气的管道。

海底的输油和输气管道通常由聚合物或复合材料的内层材料和强化钢制造的外层制成。在这些管道内，流体可能处于非常高的压力和温度。在二氧化碳（CO_2）、硫化氢（H_2S）和水渗透通过管道的保护性阻挡层的情况下，钢材可能腐蚀，导致管道逐渐失去强度，存在产生灾难性故障的风险。

如果将石墨烯与塑料机械混合，或如果使用单层石墨烯，气体分子仍然能够通过。然而，通过将一层薄薄的石墨烯纳米片和聚酰胺11（PA11，通常是石油输油管道内衬使用的塑料）材料叠压在一起，可以制造出一种效果特别好的阻隔结构，阻止气体分子渗透，如图1所示。将该多层层压结构在60℃和高达400atm❶下进行测试，与单独的PA11相比，结果显示CO_2渗透率降低了90%以上，而H_2S的渗透率降低到不可检出的水平。

石墨烯是世界上第一种二维材料，柔韧、透明，比铜导电性更好，并且可以阻隔氦气这种很难阻挡其渗透的气体通过。据统计，每年仅美国石油和天然气行业输送管道的腐蚀成本就高达14亿美元。该技术有可能延长输送管道的使用寿命，从而缩短维修间隔时间，降低成本。

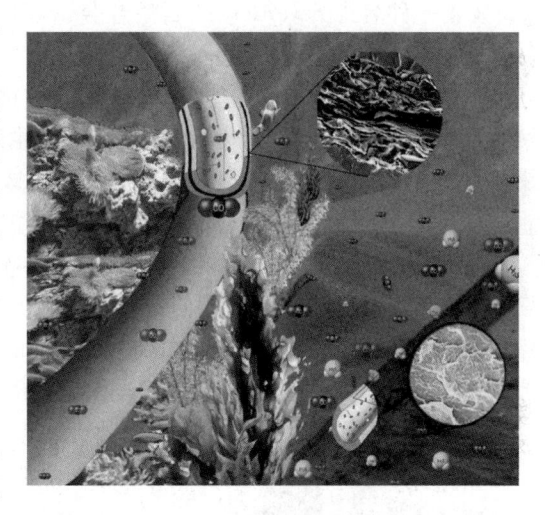

图1 海底石墨烯管道示意图

2) 低温钢焊接材料

南钢研究院成功研发了25Mn低温钢焊接材料，填补了中国25Mn钢焊接材料的技术空白，打破了韩国相关企业对该技术的封锁，将对南钢25Mn低温钢的推广应用起到重要的推动作用。

高锰低温钢具有高性能、低成本的优势，是今后极具竞争力的液化天然气储罐首选材

---

❶ 1 atm = 101325 Pa。

料,其应用前景广阔,已成为世界各国的研究热点。20世纪六七十年代,美国和日本的相关机构开展了中高锰系低温钢的冶金理论研究,并掌握了25Mn钢冶金特点,但没有实际的工程应用,其技术瓶颈之一是没有匹配的焊接材料。2010年11月,韩国大宇造船海洋工程有限公司与浦项制铁公司,以及国际五大主要船级社共同成立了"极低温用高锰钢材与焊接材料共同开发"项目组,在研发钢铁材料的同时,进行匹配的焊接材料的开发。2017年5月,25Mn钢及其焊接技术开始应用于韩国液化天然气工程。

科技部在"重点基础材料技术提升与产业化"重点专项钢铁材料方向"先进能源用钢"任务中,设立了"超低温及严苛腐蚀条件下低成本容器用钢"的研究项目。依托该项目,南钢在国内率先开始25Mn低温钢的研究,与武汉科技大学合作开展了25Mn低温钢焊接材料的理论研究和产品试制工作,并于近期取得突破性进展。南钢研发的25Mn钢药芯焊丝,采用电弧焊接方法,其焊缝金属的屈服强度、抗拉强度、塑性、低温冲击韧性等完全达到液化天然气工程使用要求。

3)可延长输油管道使用寿命的新型钢材

莫斯科国立科技大学(NUST MISIS)研究人员针对俄罗斯油田当下的石油开采技术特点研发了一种名为SeverCorr的新型合金,该合金制成的石油管道可降低石油生产的环境风险,并提高生产效率。

俄罗斯现有的油田管道长期处于与高腐蚀性石油水乳混合物和高浓度盐溶液接触的状态,会导致油田出现无法预测的管道泄漏及生态污染风险。莫斯科国立科技大学的研究人员提出了一种用于生产轧制钢材的新技术,以改进输油管道的耐腐蚀性,进而延长其使用寿命。为了保证新型合金钢的高耐腐蚀性和高耐寒性,研究人员研发了合金炼制的新工艺流程(如在配料中使用添加剂,以优化合金的基本性能),从而保障生产卷轧钢和钢板过程中所需的相位结构组成。同时,为使钢材等合金产品达到所需的力学性能,国立科技大学研究得出了熔体与铬、铜和镍等微量元素掺杂熔炼的技术要求。

这项技术制成的合金钢管道,其使用寿命可提高两倍以上,将大幅度降低石油开采中的运营成本和所造成的生态环境风险,降低开采的成本并提高采油效率。

2. 油气管道施工技术进展

1)新型CleanWeld激光焊接技术

Coherent公司开发了新型CleanWeld激光焊接技术。新技术加载了Coherent公司最新的"ARM"光纤激光技术,可以减少高达80%的激光飞溅,除了可以减小焊缝的宽度和孔隙度外,还可将执行同类焊接操作的激光功率降低40%,如图2所示。

Coherent公司专注于激光焊接技术中各项技术性能的研发和改进。新型CleanWeld激光焊接技术的改进包括改变聚焦激光光斑的强度分布、光束轨迹牵引以及蒸汽排空控制等技术,提高了焊接过程中锁孔和熔池的稳定性。其输出功率

图2 ARM系统

从 500W 到 10000W，允许以在高达 5kHz 的重复速率下以 CW 或脉冲模式操作，所有激光器都配备了控制单元（RCU），该单元提供了许多监控任务和 E-Service 功能，基于以上各项技术性能的改进，是 CleanWeld 激光焊接技术突破原有技术性能的原因。

2）新型自动吊管机

PLM 公司吊管机产品系列新发明一款产品 Cat®PL61，该产品专为复杂且极具挑战性的施工现场而设计，具有更高的性能、安全性和可运输性，如图 3 所示。Cat®PL61 最大负载能力为 18145kg，其宽度为 3240mm，易于运输。采用 Acert™ 技术的 CAT 柴油发动机，燃油系统十分可靠，具有先进的过滤功能，可更好地耐受劣质燃油，排放符合美国 EPA Tier 4 Final/欧盟 Stage Ⅳ 排放标准。Cat®PL61 采用静液压变速箱，提高了吊管机的转向速度。

图 3 Cat®PL61 吊管机

Cat®PL61 驾驶室设计采用防滚翻保护结构，可有效保证驾驶员和机器安全。驾驶室配备空气悬浮座椅和符合人体工程学设计的控制装置，以及一个带有专用显示的后视摄像头，提高了驾驶员的操作舒适度且视野开阔。

Cat®PL61 配有窄履带和宽履带，可以针对作业现场的地面条件进行相应选择。重负荷底盘系统设计，使其能适用于崎岖不平的地形。随机配有负载监控指示器，以便满足施工现场当地要求。

3. 油气管道安全技术进展

1）用于防止非金属罐与内衬罐放电的新型装置

非金属罐和内衬罐常用于储存和分离水力压裂等过程产生的采出水等具有极强腐蚀性的产品，因此非金属罐常用玻璃纤维或 PVC 制成，内衬钢储罐以非导电材（如环氧树脂）做内衬材料。这类储罐的普遍使用，使其内部放电和罐内蒸气的易燃易爆特性受到越来越多的关注。

在正常操作过程中，罐内液面之上会积聚易燃易爆蒸气，罐内的静电积聚或直接雷击会导致罐内放电，点燃蒸气造成严重后果。非直接的雷击也会造成不良影响，包括接地电流瞬变、储罐周围电场变化、接地电位的变化，而其中任何一种都会触发罐内放电。

美国 LEC（Lightning Eliminators & Consultants）公司研发的 IPE 装置（图4）可有效防止非金属罐和内衬罐放电，防止储罐爆燃。

将 IPE 置入储罐，外部接地可以释放罐内静电，使储罐电位恒等于接地电位。接地后还会形成局部法拉第笼，进一步限制罐内电场强度，最大限度降低罐内放电和蒸气燃烧的可能性。

IPE 装置具有以下优势：

（1）锚固：工作表面最大化，移动量最小化。

（2）耐腐蚀：全不锈钢结构。

（3）成本效益：成本低廉，只占核心成本的一小部分。

（4）无尖点：表面光滑，电阻—电容（RC）放电风险小。

（5）API 2003：满足非金属罐和内衬罐的 API 2003 设计要求。

（6）安装快捷简单：可在法兰处快速手动安装。

美国航空航天局的研究表明，低至 200μA 的电流足以点燃易燃蒸气，而尖点处的电流远高于该值，因此安装时应避免尖点。

图4 IPE 非金属罐与内衬罐防放电装置

IPE 装置已由第三方进行了实验雷击模拟测试和竞争力分析，能安全有效地保护非金属罐和内衬罐。

2）防坠落管道隔离器

海上施工活动中或在繁忙海运航线中由货物（如集装箱）脱离导致的坠物，可造成管道损坏甚至破裂。为了降低风险，T. D. Williamson 公司提供其专有的 SmartPlug® 管道压力隔离技术（图5），对处于风险区域的管道进行隔离。SmartPlug® 工具是一种非侵入式压力隔离工具，不会破坏管道完整性，无须对管道进行开孔，可在工作压力或接近工作压力的情况下隔离管道。

图5 SmartPlug® 隔离工具

SmartPlug® 工具是一种非侵入式无线远程控制系统，具有以下主要特点：可以进行双向通球；具备控制和通信功能；可通过压差进行失效保护时的自我锁定，除此之外，还具备应急复位系统；可以密封住高达35MPa的作业压力；密封的完整性可以通过实时监控两个封堵模块之间的压力来进行验证，具有明显的安全优势；消除了对整个管道进行泄压（停运和重新调试）的必要，大大减少了管道的停工时间和生产损失时间；无须清除管道介质、火炬气或对受污染的水进行处理。

T. D. Williamson公司海底管道技术服务专家对SmartPlug®工具的应用效果进行了研究。主要包括以下4个应用案例：（1）对于在缅甸近海的一次作业，SmartPlug®工具安装在距离平台500m的位置，以便在安装两条管段时保护一条36in管道。（2）在距离澳大利亚海上平台400m的安装和打桩工程中，使用30in SmartPlug®工具隔离和保护现场天然气管线。在施工活动进行的同时，该管线成功隔离6个月。（3）在澳大利亚近海14in出口管道上方，将600t生活模块搬运至海上平台期间，14in SmartPlug®工具用于隔离一条300m长的管段。（4）SmartPlug®工具安装在距北海平台700m的位置，用于在从船到平台的起重作业过程中保护一条36in的干气管道。

结果表明，通过在海上重型起重作业中划定影响区域，SmartPlug®技术可成功应用于管道资产的保护。鉴于政府和运营商在海上施工活动中对风险控制的严格规定，这些应用具有重要意义，消除了压力管道失控泄漏导致大规模灾难的可能性。

4. 油气管道检测、监测技术进展

油气管道的检测和监测技术是保障管道安全运行的重要因素，相关的新技术层出不穷。

1）新一代管道泄漏光纤预警系统

Fotech公司推出了新产品LivePIPE Ⅱ，这是一项基于LivePIPE的技术升级，借助Helios X3分布式声传感器（DAS）和增强型数据与声学管理（EDAM）系统的先进技术和强大功能，首次将光纤传感技术的范围扩大至100km。Fotech公司表示，该技术的引入大大简化并降低了在管道上部署分布式光纤传感解决方案的成本。

LivePIPE Ⅱ的设计目的是更方便地检测长距离泄漏和第三方入侵。Helios X3双通道技术可同时处理2条长达50km的管道光纤的实时数据，通过1个数据采集单元实现长达100km管道的监测，而不会牺牲检测精度或灵敏度。

增强型数据与声学管理（EDAM）技术使运营商对其管道的完整性有了更深入的了解。EDAM允许操作人员实时监听已安装的光纤指定位置上的活动，为识别潜在威胁的确切性质提供新的帮助；同时，它也可以识别以及记录数据段，存储数据时间可以长达3个月，从而实现事件回溯与核查，有助于分析并加强LivePIPE的事件检测算法。

上述新特点使得LivePIPE Ⅱ成为世界最先进的全自动光纤传感解决方案之一。光纤传感技术对于运营商安全策略的重要性日益增强。管道偷盗、意外损坏以及环境破坏等问题不可能完全消失，LivePIPE Ⅱ可有效提升运营商在避免和缓解此类事故导致的经济和环境损失的应对能力。借助LivePIPE Ⅱ，Fotech公司扩大了分布式光纤的应用范围，展示了其在该领域的技术领导地位，这对于管道运营商而言也是重大的技术突破。

2）新型高压天然气管道清管工具

高压天然气管道作为最有效的天然气长距离运输方式，其管内气体流动速度通常在8m/s以上，由于小的管壁沉积会引起流体扰动，管道内壁是否光滑是决定管输成本的重要因素之一，这意味着最佳的清洗技术和性能是保持，甚至提高运输效率的关键。但与其他油管道和低压气体管道不同的是，高压天然气管道内的气体流速较大，使得清管器在管内推进速度过快，导致清管效果不够理想，而减压推送清管器则会影响管道正常运行，给管道运营商的经营活动带来损失。

针对上述技术难题，德国 Rosen 公司开发了新型 EcoSpeed 清管器（图6），在不影响天然气管道高压运行情况下，保证清管器可以在管内低速运行，达到预期清管效果。其主要有以下四方面的优势：（1）在不妨碍正常气体流量的情况下对管道进行最佳清洗；（2）较好的流动保障；（3）节省运营成本；（4）提高资产效率。

通常情况下，当清管器以较低的速度行进，即速度低于 5m/s 时，可达到理想的清洗性能。EcoSpeed 清管器配有可主动控制的减速阀，实现管输介质旁通功能（图7），让高压天然气绕过清管器主体，显著减少其对清管器施加的过大推进力，可确保清管器以 3～5m/s 的可控速度减速运行，在不影响高压天然气管道气体输送的情况下保持清管器稳定行进速度，提高清管效果。

图6　EcoSpeed 清管器产品结构图　　　　图7　EcoSpeed 清管器减速旁通阀结构图

EcoSpeed 清管器内置的传感器可检测并存储清管全过程的运行和清理效果以及清洁部件磨损情况，为技术人员了解管道沿线内部情况、合理配备下一次清管工具设置提供参考。

3）场涡流管线内外壁检测系统

带保温层与防腐层的铁磁性金属管道外壁腐蚀通常都是由于水渗透保温层或防腐层而产生的。这种情况下，通常需要拆除外包裹层，进行内外壁腐蚀检测，效率低且成本高。远场涡流检测技术（Remote Field Testing，RFT）可用于石油天然气管道、城市地下管网以及化工行业的锅炉管道、热交换管等碳钢管道的在线检测。可以在不拆除保温层及保留防腐层的情况下，采用专门设计的可变径检测器，利用电磁波的高穿透力，直接在管道外对金属管道内外壁腐蚀进行检测成像。加拿大 Russell NDE 公司是 RFT 技术研究和设备开发的先驱。由该公司研发的 Ferroscope 308 远场涡流管线内外壁检测系统（图8），符合美国材料与试验学会（ASTM）E2096－00 标准要求。

Ferroscope 308 配备各类高灵敏度、分辨率的内置探头及外爬式探头，并可根据现场需求定制变径探头、柔性探头、自动爬行器等，检测速度可达 10m/min，采样率可达

图 8　Ferroscope®308 检测系统主机与计算机、外置式探头

2000 次/s。产品系统应用双频、混频等技术有效抑制各种干扰信号。拥有波形、相位、幅度、磁强、X 轴和 Y 轴信号图谱、立体管状图等多种显示模式，实时读取壁厚减薄、缺陷周向及长度位置等检测信息，并直接写入 Office 报告。产品设备检测厚度可达 12.7mm（碳钢）、19.05mm（铸钢），可穿透保温层厚度最大 60mm，操作频率范围 10Hz～12MHz 双频，有 16 组检测线圈通道，具有现场适用性强、检测灵敏度高、效率快等特点。

针对长输管道检测，该产品利用手持外置式、有线内置式或无线式多通道探头，配合多通道波形及彩色成像分析软件，即可实现对地埋、长输管线进行扫查，可实时显示管内外壁减薄腐蚀、点状腐蚀、裂纹等缺陷的大小、位置、深度等数据，一次性检测可覆盖管道 360°圆周壁面，同时可以配备各种口径、刚/柔性及通道数量的探头，以满足不同检测要求。

5. 油气管道维抢修技术进展

油气管道的失效给财产和安全造成极大损害，维抢修技术对于降低危害极为重要，尤其是海底管道，一旦破坏可能对环境造成不可逆转的损害，经过多年研究和实践，多项管道维抢修技术得以研发和应用。

1）使用远程控制的封堵工具

随着管道服役年限的增加，管道失效事故频发，典型的管道失效包括第三方破坏、滑坡、腐蚀、疲劳应力开裂等。对承压管道进行维修或改造工作是非常危险的，如果维修过程中封堵不够充分，后果将非常严重。

某些情况下，现有的系统阀门不能提供有效的封堵，必须借助于临时的封堵装置。若管道有清管装置（发球筒和收球筒），则可以使用远程控制的 Tecno 封堵球，降低带压管道维修过程中的风险，其主要结构如图 9 所示，主要参数见表 1。远程 Tecno 封堵球由通球组块、Tecno 封堵球组块和控制组块 3 部分组成。

（1）通球组块通过提供动力使设备穿过管道。

（2）Tecno 封堵球组块主要包括两层弹性密封（提供双密封、双排泄的隔离）以及锁定块（将设备固定在所需的位置）。

（3）控制组块提供 Tecno 封堵球安全操作所需的定位、监测和驱动系统。

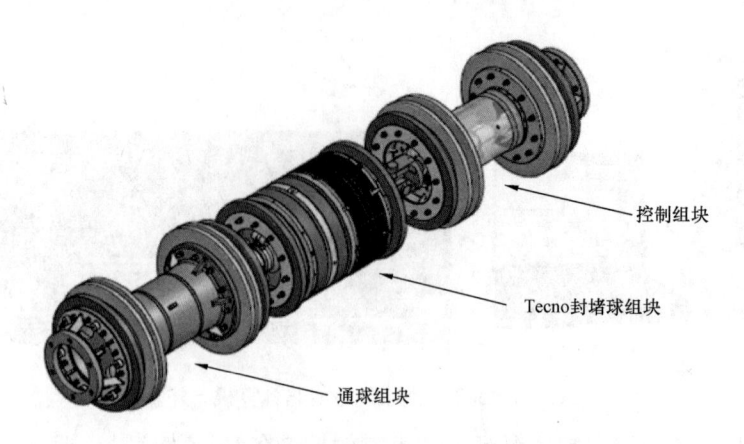

图 9 远程封堵球 Tecno 结构示意图

表 1 Tecno 封堵球规格及操作参数（标准）

名称	主要参数
管道材料	碳钢、双相不锈钢、不锈钢
管径	3~48in（小于或大于此范围的也可以操作）
管壁厚度	至 65mm
最小弯曲半径	以 3 倍管径为标准（1.5 倍管径也可操作）
椭圆度、口径限制	标准情况下 2%，不标准情况下可达 10%
管道长度	Tecno 封堵球可通过 1000km 的通球距离
最小/最大通球速度	1~300m/min（对每个应用进行通球评估）
管道介质	水、含碳氢化合物的油气（含硫化氢的酸性环境）、二氧化碳、乙二醇
最大封堵压力	220atm 标准设计压力（已完成 12in 管线在 598atm 下的封堵）
最小/最大温度	-20~60℃
电池容量	在 100% 容余下可达 30d（通过增加电池模块，可延长工作时长）

2013 年 10 月，从崖城平台到香港的 780km 28in 输气管线被航行船只锚链拖拽受损。受损部位位于水深 90m 处的阀组橇出口管道的位置，如图 10 所示。2016 年，深圳海油工程水下技术有限公司代表中国海油，成功修复了崖城输气管道。这次修复的项目使用了 STATS 公司的 Tecno 封堵球以及带压开孔安装的 BISEP 封堵装置，在 28in 管线仍是带压状态（780km@50bar/725psi）的情况下远程操控完成了管道更换，取得了良好的成效。未来，远程封堵技术将在恶劣复杂环境地区的管道维修中发挥更大的作用。

2）碳纤维复合材料补强修复技术

上海金艺检测技术有限公司研发了一种管道焊接缺陷的不停输修复及评价方法——碳纤维复合材料补强修复技术，并通过修复实例验证新方法的可行性。碳纤维复合材料补强修复方法具有不需动火焊接、工艺简单、施工迅速、操作安全、不停输修复且成本相对较低等优势。

碳纤维复合材料补强修复主要是利用碳纤维复合材料的高强度特性，采用黏结性树脂在

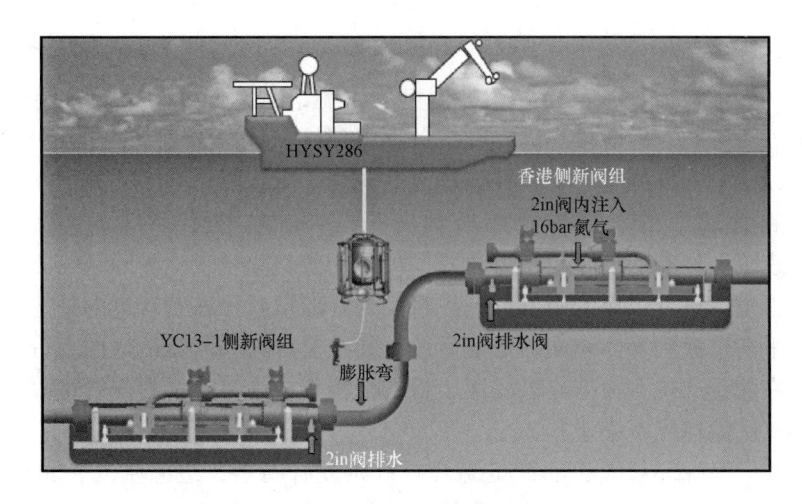

图10 经典案例——崖城海底管道维修项目

含缺陷管道部位上缠绕一定厚度的纤维层，树脂固化后与管道结成一体，从而恢复含缺陷管道的承载能力。碳纤维复合材料弹性模量高，与钢的弹性模量较接近，有利于碳纤维复合材料尽可能多地承载管道压力，降低含缺陷处管道的应力集中程度，补强层与管道具有非常好的变形协同性。碳纤维复合材料修复系统性能指标见表2和表3。

表2 双向碳纤维复合材料 PerpeWrap ST85 修复系统主要性能指标

性能	指标
每层碳纤维复合材料名义厚度（mm）	0.50~0.55
最大运行温度（℃）	85
单层碳纤维布的最小抗拉强度（MPa）	344.75
层间剪切强度（复合材料与钢）（MPa）	15.1
环向弹性伸长率（%）	>1.45
环向弹性模量（GPa）	70.5
轴向弹性模量（GPa）	36.4
疲劳寿命（经1600h室温试验和1000h加速试验验证）（a）	50

表3 专用修补剂性能指标

项目	性能指标
抗压强度（MPa）	103
基本固化时间（min）	25
运行温度（℃）	-30~260
洛氏硬度（HRB）	99
抗拉强度（MPa）	17
弯曲强度（MPa）	69
层间剪切强度（MPa）	21
固化收缩率	可忽略

应用实例：管道工作压力为 2.75MPa，管材牌号为 20#，管道规格为 ϕ426mm × 10mm，输送介质为氧气，敷设方式为架空，设计温度为常温，工作温度为常温。经全面检验后发现，该管道某处直管与直管对接焊缝存在一条埋藏裂纹，埋藏深度为 4mm。

管道焊接缺陷的碳纤维复合材料补强修复共分为 5 个步骤。

第一步：将含缺陷的对接焊缝处沿轴向正反两个方向各 200mm 范围内（即总长 400mm）的管道表面原有的防腐层全部清除，可采用机械除锈或喷砂除锈等方式。

第二步：管道焊缝处填充专用修补剂，将混合好的填料涂在管道焊缝处，并且使其在管道焊缝边缘处平滑过渡到管体表面，保证后续碳纤维复合材料与管体表面充分接触。

第三步：在除锈部位上涂抹环氧底漆，目的是将碳纤维复合材料与管壁隔离，防止发生电偶腐蚀。环氧底漆厚度不小于 0.2mm。

第四步：在已涂抹环氧底漆的部位缠绕碳纤维复合材料，边缠绕复合材料边刷环氧树脂，保证复合材料层与层之间的环氧树脂涂刷均匀，直至碳纤维复合材料的缠绕层数达到要求。缠绕完毕后，应确保碳纤维复合材料层与层之间、材料与管道外表面之间没有空鼓、气泡存在。

第五步：在碳纤维复合材料外侧，刷涂防紫外线、抗老化的外防护层，以减缓碳纤维复合材料在使用过程中的老化速度。

结果表明，在管道不停输工况下，通过碳纤维复合材料缠绕补强修复管道中的焊接超标缺陷，可以恢复缺陷位置的承载能力，保证管道在原工况条件下，稳定、安全地运行。需要说明的是，要慎重使用碳纤维复合材料修复裂纹类缺陷。修复前需要分析管道的工况条件、裂纹的成因及其扩展的可能性，修复后应定期对缺陷进行检测，及时掌握管道缺陷的变化情况，如发现缺陷有扩展，则需对管道的安全状况重新进行评定。

3）新型紧急泄漏修复工具

Clock Spring 公司作为一家管道关键基础设施维修和修复工程产品制造商，近期发布了一款用于在线泄漏修复工程的紧急夹固工具 Leak Stopper™。

Leak Stopper™ 易于安装且经济高效，可提供安全、简便的维修解决方案，可在各种工程应用中进行部署。Leak Stopper™ 的夹紧强度为 2689kgf❶，适用于长输油气管道、炼油厂和石化厂以及市政供水和燃气管道，用于替代传统的夹具固定螺栓。传统的夹具固定螺栓昂贵且笨重，需要更多时间安装，且操作工程存在较大风险。技术人员利用 Leak Stopper™ 专用的高强度薄型带扣，可在几秒钟内将夹具装置紧固在管道泄漏处，如图 11 所示。

Leak Stopper™ 卓越的断裂强度经过了广泛的工程实际检验，该产品作为一种非常实用的工具，可提供可靠、耐用的临时修复方案，对于管道维修工程减轻环境影响、提高操作安全和维修效率具有重要作用。

6. 防腐技术进展

对于全球管道运营商来说，不论是从投资的角度，还是从公众安全和环境保护的角度来看，维护油气管道的完整性都是最为关切的任务。

---

❶ 1kgf = 9.80665N。

图 11　紧急夹固工具 Leak Stopper™ 安装及机构图

1）新型蒸气防腐抑制剂

管道腐蚀存在于管道全生命周期内，传统的腐蚀抑制剂通常通过溶于输送介质中来减少管道腐蚀，但对于管道不满流、顶部有空隙的管道表面，传统腐蚀抑制剂难以提供保护，而这种空隙会聚集腐蚀性蒸气，导致管道腐蚀。为应对这一问题，美国 Cortec 公司研发了蒸气态腐蚀抑制剂（VpCI）。VpCI 采用相对高的蒸气压，使抑制剂充分扩散到管道整个密闭空间，在管道顶部内表面形成保护膜，实现腐蚀防护（图 12）。另外，该抑制剂也可溶于输送介质，为介质液面下管体提供防腐保护，兼顾位于介质与顶部空隙接触界面上的腐蚀薄弱点。与传统腐蚀抑制剂相比，该抑制剂防腐效果更完善、使用更安全，也不会对环境造成污染。

图 12　蒸气防腐抑制剂保护原理示意图

蒸气防腐抑制剂还可以应用于施工期间尚未敷设的管段，对于现场堆放未使用的钢管，可在管段中注入可溶性蒸气防腐抑制剂，并封闭钢管两端。抑制剂挥发成蒸气，在钢管内表面形成保护膜，实现钢管防腐。

另外，对于管道穿越段，为防止机械损伤，管道需要加装套管，并采取外加强制电流阴极保护，但这种传统的防腐方法需要持续用电，且有时会发生短路，影响防腐效果。针对这一情况，美国 Cortec 公司研制出适用于套管的防腐抑制剂（包括两种蒸气防腐抑制剂凝胶填料产品）。使用时，先将该蒸气防腐抑制剂浓缩液与水和胶凝剂混合，然后注入套管与管道之间的环形空间，通过直接接触，为管道表面和套筒提供防腐保护。该抑制剂填料导电性良好，可与外加电流阴极保护装置相连。抑制剂蒸气可以保护难以到达的区域，如剥离防腐层下的管体。抑制剂使用环保，可以降解、无毒且不产生亚硝酸盐和磷酸盐。

某条管径 18in 的管道，其有 200km 穿过位于阿拉伯半岛的沿海国家。阿拉伯半岛地处高温、高湿且空气中含有氯化物的沿海地区，该地区土壤中的腐蚀性元素或地下水都会影响金属材料的使用寿命。考虑到经济性和实用性，在两个清管器之间封装包含 VCI 抑制剂混合物，实现对管道顶部空间、介质液面及其下部管体的全方位腐蚀防护。

蒸气防腐抑制剂可以多种方式实现对管道全生命周期的腐蚀防护，能对难以到达的区域提供更充分的防腐，蒸气防腐抑制剂厂商还可根据客户的特殊需求（如需要考虑介质化学相容性、经济性和实用性），进行抑制剂使用方案设计且该抑制剂不会对人员健康和环境造成危害，具有一定的适用性和推广性。

2）延长管道防腐涂层寿命新方法

管道的腐蚀问题是影响管道系统可靠性及使用寿命的关键因素，管道防腐涂层作为管道重要防腐措施，对管道的安全运行、使用寿命及降低经济成本都具有十分重要的意义。针对管道施工现场经常出现的管道防腐涂层失效问题，美国 CHLOR RID 公司推出一种延长管道防腐涂层寿命的新方法。

通常情况下，管段在进入施工现场前不会完全涂敷涂层，会在尾部预留 3~5in 距离，以便完成现场管段焊接及涂敷作业。而管道在真正交付现场使用之前会有很长一段时间，其间管道涂层区域及环焊缝区域容易受到盐类腐蚀环境的影响，如大气酸雨沉积、海洋空气盐分及在运输过程中出现的盐雾。野外作业地区一般位置较偏，无法使用磷酸清洗剂对管道表面进行进一步清洗，清除表面残留的可溶性盐，同时用于处理这些清洗剂的费用也很昂贵，现场的管道表面深层清洁作业经常被忽略，管道表面清洁作业的不彻底极易导致管道涂层，尤其是焊接接头附近涂层损坏或过早腐蚀。因此，现场管道涂层防护的重点是对管道表面进行彻底清洁。

针对上述问题，美国 CHLOR RID 公司推出了 CHLOR*TEST 试剂盒，该试剂盒可精确测定管道表面残留氯化物（硫酸盐和硝酸盐）的组分，并且不会出现错误计算。一旦确定管道表面盐含量超过了规定的限量，就使用环保酸性溶液 CHLOR*RID 冲洗管道表面吸收的盐，清除腐蚀源。该产品操作简单，只需将溶液在饮用水中稀释，再用高压清洗机对管道表面进行清洗，即可达到清洁要求。CHLOR*RID 为一次性产品，易于使用，环保，无须收集和特殊处理，不会对环境产生副作用，可有效去除管道表面目测无法发现的残留可溶性盐。图 13 是工作人员利用 CHLOR*RID 产品对目测已经非常干净的焊接接头区域表面管道进行表面清理作业。

该方法可用于管道施工以及维修过程中焊接完成后、涂覆防腐涂层前的焊接接头及其附近区域的管道表面清洁工程，在涂层分层或连续涂层断裂区域进行喷砂处理后，使用 CHLOR*RID 溶液对管道表面进行清理，以避免该区域在管道投入使用后出现失效状况。

7. 智能储运技术进展

1）管道数字孪生技术

随着管道在线监测技术的日渐成熟，管道运营人员可对管道进行实时监测，获取大量管道在线运行数据。然而，面对如此繁复庞杂的数据，如何实现数据的可视化一直困扰着管道行业。为解决这一难题，加拿大 Enbridge 公司联合微软和 Finger Food 公司开发了管道数字孪生技术。

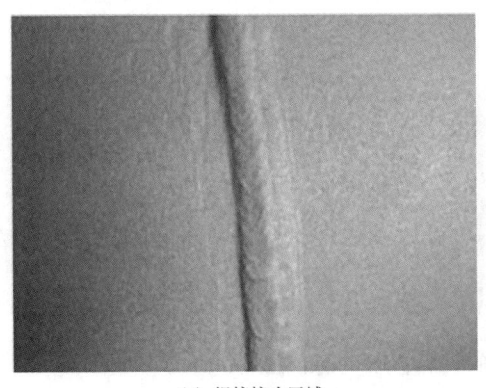

(a) 焊接接头区域　　　　　　　　　　(b) 清理焊接接头区域管道表面

图 13　焊接接头区域和清理焊接接头区域管道表面

管道数字孪生技术是一项虚拟现实技术，可将管道数据以 3D 形式呈现（图 14）。用户可通过 3D 视图实时检测管道及管道周边区域发生的任何变化，更好地发现管道存在的潜在危险，包括小凹痕、裂缝、腐蚀区域以及由地面移动引起的管道应变。

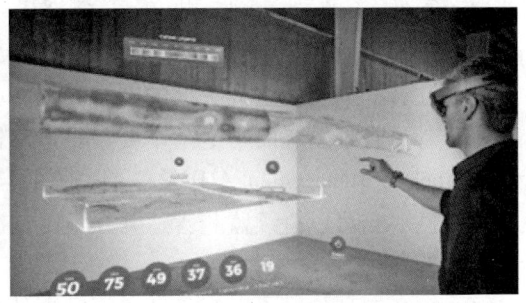

(a) 管道及管道周边区域展示　　　　　　(b) 管道虚拟图像旋转、伸缩功能展示

图 14　3D 管道虚拟图像

用户戴上微软公司的全息透视眼镜，就可对管道的虚拟图像进行旋转、放大和扩展，视图缩小的最大范围达 300m^2，放大的最大范围为 2m^2。对管道附近的一些重点区域则以热图的形式呈现，热图信息包括区域内地质情况以及随时间移动的地质变化状况。用户可对这些重点区域的地形显示信息进行操作，包括升高、降低和旋转该处地形。

此外，管道数字再现技术还可对管道周边的每一个边坡测斜仪进行全息展示，边坡测斜仪用于检测管道附近的地面运动，通过该技术，用户可清晰观测管道随地面运动而发生的移动情况。管道的管径数据变化也可通过 3D 视图直观显示出来，Enbridge 公司将该技术应用到了其管控的 6 条管道上（图 15），将 132 个独立的 Excel 数据集进行合并分析，采用虚拟现实技术，呈现了 2.25mile^2[1] 范围内的地理信息情况，每条管道的管径变化都通过一个高分辨率热图呈现。在用户界面，用户就能借助于高分辨率热图检测管道管径出现的任何异常状况。

---

[1] 1mile^2 = 2.589988km^2。

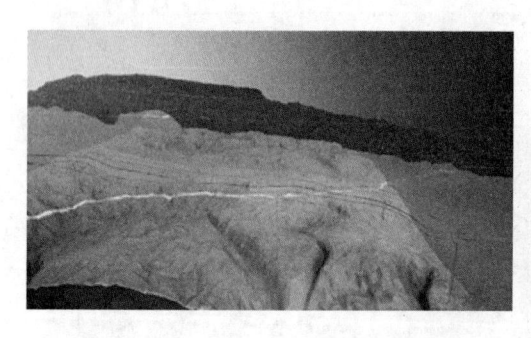

图15　6条管道走向及管径的高分辨率标识图

该技术节省了用户研究管道数据的时间，有助于用户更好地监控管道运行状况，能够快速准确地评估管道完整性，极大地减少由于地质和环境条件造成的管道灾难性故障的威胁。

2）新型管道管理系统

为协助能源公司安全运营管道以及网络安全，HIMA 公司将硬件和软件相结合，通过组合泄漏监测和安全系统，研发了新的管道管理模式——Pipeline Management 4.0。该技术首次将准确可靠的泄漏监测与符合 SIL 3 标准的紧急关闭系统集成在一起。Pipeline Management 4.0 通过在紧急情况下自动关闭任何受影响区域，实现最大限度的安全性和可靠性，并提供了最大限度的网络安全，为防范网络攻击提供了强有力的防线。

每个管道管理系统的一个基本要素是泄漏监测。有别于传统系统只能监测泄漏而不采取行动，Pipeline Management 4.0 是一个完整的自动化系统，旨在帮助管道操作人员提高安全性和可靠性。它可以持续监测管道并在危险情况下自动关闭它们，从而大大减少甚至消除直接和间接的损害。

该系统在规划阶段可以定义针对特定事件的自动操作序列，即管理系统的行为可以准确地匹配单个应用程序的需要。智能多步关闭序列具有显著优势：在发生泄漏时关闭管道并不意味着立即关闭受影响地区的所有阀门，在立即关闭一个阀门时，可以延迟关闭第二个阀门，这样可以清空一部分管段，以尽量减少泄漏量。这种类型的解决方案特别适用于管道倾斜段。

Pipeline Management 4.0 在应用实例中，流量监测由 SIL 3 安全硬件处理，压力和温度数据通过安全兼容的以太网协议传输到控制中心进行可视化处理。管道沿线不同位置的安全硬件采用相同的协议互联，使每个系统都了解整个管道的状态。如果发生泄漏，安全硬件中的控制器会自动调整流量，并在紧急情况下立即关闭管道。

用于泄漏监测和定位的软件功能确保了管道流量、压力和温度对于操作员来说是持续可见的，并且能够可靠地识别异常。此外，软件支持批量和测量跟踪以及数据归档和分析，还可进行压力和温度校正计算。同时，该软件还可以监测管道破裂，并确保受损管段自动快速隔离，从而将产品泄漏量降至最低。

运营商可以根据其具体需求调整监测算法。在系统运行期间，按照 SIL 3 标准，无限变化、修改、扩展、改进甚至规定验证测试都是可行的。通过开放接口，系统可以很容易地与几乎任何现有的自动化环境集成。

为确保持续可用性，该系统采用了多种方法对泄漏进行分析和定位。增强压力波法、体积平衡法和压降法分别或组合使用，取决于泄漏的性质和管道的运行状态（静态、瞬态或关闭）。这样不仅可以确保监测可靠性，即使是最小的泄漏，减少错误警报，还可以对泄漏进行准确定位。例如，增强压力波法提高了系统的监测灵敏度，允许监测出的泄漏量只有 0.35% 的压力变化。

综上所述，这种新的混合管道管理解决方案使运营商能完全控制其管道，无论运行状况如何，都能迅速自动处理潜在的危险事件，如重大泄漏和破裂。使用后降低了产品损失和环境损害的风险，这两者都一致直接转化为成本节约。无须中断的安全管道运营也对管道运营商的声誉和地位做出了积极贡献。Pipeline Management 4.0 已成为一项非常合理的投资，能够可靠地将人为和意外事件的影响降至最低。

3）涡流先导加热器

在天然气输配调压站，巨大的压降容易导致先导燃气冷凝冰堵，进而导致调压设备失控。现有的防护手段包括电热带加热和水套加热，不仅消耗能源，需有人员值守和维护，还存在安全隐患，加热效率低，在极冷温度下不能根本解决冷凝冰堵问题。

美国通用涡流公司（UVI）研发的涡流先导加热器（VPGH）专门用于解决天然气输配调压站内先导气的加热问题。该产品仅采用天然气自身调压过程产生的涡流热，无须外加任何热源，即可完成对先导燃气的加热，从而保证天然气调压装置平稳运行。VPGH 的核心部件是涡流加热器，即一种专门设计的气体降压装置（图 16），气体在装置内减压后经过动能交换（涡流现象）分离成温度不等的冷气流和热气流，通过涡流管控制气体降压过程产生的涡流冷能和热能是"免费"的。

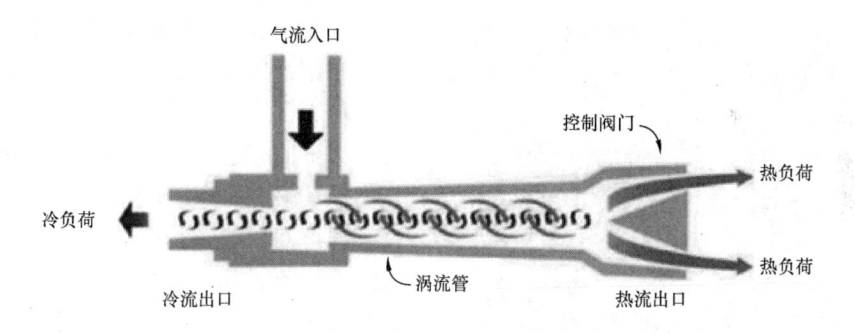

图 16 涡流管工作示意图

VPGH 的主要特点包括：(1) 可将先导燃气加热到 32℃；(2) 无运动部件；(3) 燃气在减压的同时加热先导燃气；(4) 无燃气损失；(5) 不会因过热引起设备性能改变；(6) 不需要定期维护；(7) 易于安装或对现有设备进行更新改造。VPGH 装置可在调压站代替或配合水套炉使用，通过独立可靠的自加热系统将气体温度提高到与安装水套炉相同的效果，从而节约燃气。

应用案例如图 17 所示，土耳其两个相同的调压站，进气压力 5.5MPa，出站压力为 2.35MPa，进气温度为 7℃。为了克服节流效应导致的温降（16℃），两站水套炉全年使用。实施 VPGH 方案，气体预热燃气总成本为 247000 美元。在每个站安装一套双通道 VPGH 装置后，UVI 的客户可以在夏天的几个月内停用水套炉，在冬季也可以降低气体加热温度，年节约燃料气成本 15 万美元。

图 17　VPGH 现场安装图

8. 油气储存技术进展

1）新型储罐自动清洗系统

当储罐内出现固体沉积或需要更换液体避免掺混时，需要对储罐进行清洗作业。目前，储罐清洗通常是用软管、压力冲洗器、铲子和刮刀等工具人工完成。这项作业不但耗时耗力，而且安全风险很大。为此，斯伦贝谢旗下的子公司 M-I SWACO 公司研发出新型储罐自动清洗（ATC）系统（图 18），该系统可对储罐进行自动清洗，能够有效缩短清洗作业时间，减少作业人数，大大提高作业安全性。

ATC 系统拥有一套自动清洗程序，储罐清洗器会按每个储罐的形状进行配置，清洁喷嘴根据预编路径实施清洗作业，无须人为干预，清洗过程中，多个清洗器可同时运行，作业时间缩短 70%，极大缩短了储罐停运时间。此外，工作人员还可对储罐内不同区域定制不同的清洁方案，比如在储罐内污垢最多区域，就可将 ATC 系统设置成高密度清洁模式，对该区域进行集中清洗。同时还能根据储罐内不同介质选择不同的清洁剂。ATC 系统在清洗作业中采用了闭环系统，清洁液体可实现循环使用。

图 18　新型储罐自动清洗系统

该系统适用于海上和码头上。ATC 系统在英国北海 Premier Oil 公司一座半潜式平台上的钻井液池清洗作业中得到实际应用。之前在该钻井平台更换钻井液时,通常采用传统的人工清理方法对钻井液池进行清洗,这个过程不仅耗时还会产生大量的废弃清洁液。而在使用 ATC 系统时,整个清洗过程只用了 7m³ 的清洁液,同时,这些液体还不停地被连续净化和再循环,从而减少了废水的产生。通过清洗系统自带的程序设置,清洗器还可以到达难以接触的地方,对钻井液池底部的沉积物进行了清洗和移除。Premier Oil 公司利用该系统清理了 6 个钻井液池,只花费了 56h,与以前传统的作业相比减少了 90% 的清理时间。工作人员只需要待在密闭空间 1h,废水量减少了 56%。

2)储油罐无人机 3D 检测技术

Odfjell 公司无人检测研发团队开发了全球首个储油罐无人机 3D 检测技术,该技术具有极高的检测精度和安全性。经过试验验证后,向全球石油终端产业推出这项新的技术服务。

该技术的首次应用安排在由 Odfjell 公司在鹿特丹运营的储罐。根据 Odfjell 公司油库安全维护相关做法,需定期对储罐进行目测检查,以便于完整性、损伤评估和等级鉴定。这类检查通常需要由专业的绳索吊装人员操作完成,它们悬挂在绳索上检查罐体结构,其检测重点主要集中在高应力区域,如增强板、支架、紧固装置、网格区和纵梁等。储油罐 3D 无人机检测外观如图 19 所示。

图 19 储油罐 3D 无人机检测外观示意图

无人机搭载了 120W 的 LED 照明设备,保证储罐内部昏暗条件下 3D 摄像机扫描的光线需求。机身配有双轴万向架,保证摄像机拍摄角度的灵活性。为无人机提供动力的螺旋桨安装在可移动的摇摆上,使得无人机可进入最小直径为 24in 的狭窄空间。无人机具备完善的飞行控制和自我诊断功能,通过移动电脑可在检测过程中实时观察拍摄画面,了解无人机运行状态,并通过配套的遥控器调整无人机飞行路径,完成检测需求。检测数据可在电脑上进行视觉检验,针对危险隐患进行 3D 建模和有限元分析。危险隐患的拍摄情况和 3D 建模分析演示情况如图 20 所示。

Odfjell 公司的主要目标是降低因绳索吊装带来的人工风险因素,包括减少持续高空作业时间和密闭空间作业。与传统的方法相比,使用无人机技术进行储罐检测,不但保证了作业

(a) 无人机拍摄　　　　　　　　　　　　(b) 3D建模分析

图20　无人机拍摄情况和3D建模分析情况

人员安全，还可大大降低作业成本。此外，3D建模技术可能实现全面的"线传飞控"检测，在这种情况下，无须工作人员实际进入储罐。该检测技术可应用于陆上和海上的所有大型钢制储罐。

（三）油气储运技术展望

随着深海油气和页岩油气的开发，未来管道长度将持续增加，以适应海上油气及页岩气的输送需求，亚太地区依旧是管道增长的活跃地区。美国、欧洲等成熟管网将进入管道更换的大建设时期，相关管道技术将随之兴起。

1. 天然气基础设施建设和相关技术将再次驶入快车道

近两年，天然气市场消费呈超预期增长态势，天然气基础设施建设也进入快车道，与天然气有关的技术层出不穷，具体体现在高钢级、大口径、高压力天然气管道技术的突破以及检测、监测技术的完善。另外，随着中俄东线管道的推进以及北极油气资源的开发，低温冻土区的油气储运技术正在成为研究热点。在欧美发达管网，由于油气资源的变化，相关的反输技术和混输技术日益成熟，尤其是多气源的天然气同质输送技术的解决成为日益迫切的需求。

2. 智能管道、智慧管网建设是大势所趋

人工智能、智慧化等是目前全球各行业发展的一个重要热点和趋势。所谓智能管道，就是在标准统一和管道数字化的基础上，通过"端+云+大数据"的体系架构集成管道全生命周期数据，提供智能分析和决策支持，实现管道的可视化、网络化、智能化管理。智慧管网技术是以物理管网为载体，以管道本体及周边环境的全生命周期数据为基础，将自动化控制、物联网、云计算、大数据分析、模式识别等信息化技术与油气管网高度集成，形成管网的高度智能管控系统。智慧管网是通过管道全生命周期数据融合、共享及深度挖掘应用，使得油气管网调运、监测等各项功能协同配合，实现油气管网管控一体化、监控预警集中化及决策分析智能化。

与传统管道相比,智能管道、智慧管网将引领管道数据向集中化、数字化转变;风险管控模式向主动化、自动化转变;运行管理系统向智能化转变;资源调配向整体优化转变;管道信息系统向集成化转变。可以想见,借助智能化建设持续推进,在"全国一张网"的布局下加以集中调控,未来油气管网将更加"智慧",逐步实现整体优化管理与安全高效运行。

3. 中国储气库技术将快速发展

近两年全球发生了几起重大的气荒事件,天然气储备能力在全球范围内引起重视,尤其是中国,展望2020年,国家将规划建设地下储气库30座以上,可调峰总量达$320 \times 10^8 m^3$。随着国家经济的高速发展和对能源需求的日益增长,地下储气库将在中国的油气消费、油气安全领域发挥更加重要的作用,建库目标将从目前的调峰型向战略储备型方向延伸及发展,建库技术水平也将在实践中不断提高。

参 考 文 献

[1] 刘朝全,姜学峰. 2017年国内外油气行业发展报告[M]. 北京:石油工业出版社,2018.

七、石油炼制技术发展报告

当前，在世界经济发展持续复苏、能源结构加快转型的新形势下，全球炼油行业的发展呈现出炼油格局持续调整、产业集中度进一步提高、油品质量升级加快、石化产品高端化趋势明显、技术创新驱动作用显著增强等新动向。围绕扩大资源、降低成本、生产清洁化和实现本质安全等方面，全球炼油技术在清洁燃料生产、炼油化工一体化、重质/劣质原油加工利用等方面取得持续进展。

（一）石油炼制领域发展新动向

1. 世界炼油能力继续增长，运行情况总体处于较好水平

2018年，全球炼油能力净增 4530×10^4 t/a，总能力升至 49.64×10^8 t/a，增量主要来自中国、越南等国。亚太地区在全球炼油总能力中的占比进一步提升，达到36%，超过北美与西欧之和（33%）。全球炼油行业总体运行较好，炼厂原油加工量再创历史新高，达到 8188×10^4 bbl/d，与2017年相比增长1.8%。全球炼厂平均开工率略降，至84%，其中北美由2017年的88.3%下降到85.4%，西欧持平于88%，亚太（不含中国）略降至91.1%，中国炼厂平均开工率从2017年的70.2%升高至72.9%。主要炼油中心毛利升降各异，西欧、新加坡分别下降28%和13%，美国墨西哥湾地区上升3%。各国加快推进清洁燃料生产，积极应对2020年世界船用燃料升级。

2. 中国炼油能力结构性过剩日趋严重，地方炼厂分化发展

2018年，中国原油一次加工能力继续加快增长，净增 2225×10^4 t/a，其中新增 3390×10^4 t/a，淘汰 1165×10^4 t/a，总能力增至 8.3×10^8 t/a。国内炼油能力结构性过剩日趋严重，国内炼厂平均规模仅 412×10^4 t/a，远低于 759×10^4 t/a 的世界平均规模。从规模、产品质量、能耗和一体化水平的综合情况看，中国炼油能力至少过剩 9000×10^4 t/a。国家加大环保整治和督查力度，对环保指标提出更高、更严的要求。炼化行业积极调结构、强管理、盯市场、搞优化，生产运行总体良好。国Ⅵ汽、柴油质量升级完成并按时投放市场；炼厂平均开工率略有回升，达到72.9%，与2017年相比提高2.7个百分点；二次加工能力对一次加工能力之比超过100%，达到105%。地方炼厂分化发展加快，2018年底，恒力石化公司 2000×10^4 t/a 大型炼厂投产，标志着地方炼厂升级转型加快。山东地方炼厂已开始按照"优化重组、减量整合、上大压小、炼化一体"的原则，针对炼能在 500×10^4 t/a 及以下的地方炼厂分批分步进行减量整合转移，计划到2025年压减炼能1/3。

3. 炼油工业持续转型升级，技术创新向跨学科融合发展

炼油工业作为技术密集型工业，技术创新在推进行业转型升级、提高经济效益、降低生产成本、提升产品质量等方面发挥着重要作用。近年来，炼厂大型化和装置规模化的发展趋

势对炼厂整体技术水平和运营管理的要求正在迅速提高，为了充分发挥规模效益，有效利用资源，必须从总体上合理布局装置结构，采用先进技术，提高经济效益。因此，炼油行业技术除对传统的单元技术继续进行催化剂和工艺操作方面的改进外，与其他能源技术、网络技术的跨学科、跨领域的融合与集成技术的研发已经成为一种趋势，如分子炼油、催化材料、能源基础材料、能源多元化利用形式等，结合原子经济反应、分子管理技术及网络技术、大数据处理技术，开展分子炼油、智能炼厂等革命性技术创新。

（二）石油炼制技术新进展

当前，炼化结构转型升级是解决矛盾，实现炼化行业绿色、低碳、可持续发展的必然选择。炼化结构转型升级的主要方向包括炼油从生产燃料为主向生产燃料/化工原料为主转型，化工从石脑油生产烯烃为主向原料多元化/低成本化转型，炼化产品向清洁化/高端化转型，炼化生产向安全清洁、绿色高效转型，从单厂发展向园区化、基地化、一体化、集约化区域发展转型，企业生产控制模式从信息化向智能化转型等。

技术创新在推进炼化行业转型升级、提高经济效益、降低生产成本、提升产品质量等方面发挥着重要作用。本报告重点对2018年石油炼制领域的新技术进行介绍。

1. 清洁油品生产技术

1）低成本生产高辛烷值汽油新工艺

新气体技术合成公司（NGTS）研发的Methaforming一步法新工艺，能够以较低成本将石脑油和甲醇转化成为苯含量较低的高辛烷值汽油调和组分，并且能在脱硫的同时联产氢气。该工艺仅用一套装置，替代了传统石脑油脱硫、催化重整、异构化和脱苯等工艺，使投资和生产成本降低了1/3以上。

该项新工艺以石脑油和甲醇为原料，进入Methaforming固定床反应器后，在10atm和370℃条件下进行反应，经稳定塔分离后，可以得到氢气、硫化氢、C_1—C_4气体烃，以及硫含量10~30μg/g、苯含量低于1.3%的高辛烷值汽油调和组分。这项新工艺的主要创新突破是开发了一种专用沸石催化剂，催化剂采用稀土金属，替代了传统贵金属铂和钯。甲醇阶段性注入固定床反应器，在强烈的放热反应中脱水释放出甲基，使苯生产甲苯、直链烷烃转化为双支链异构烷烃、正构烷烃和环烷烃转化为芳烃，并在此过程中释放出氢气。阶段性注入的甲醇可以在反应过程中平衡反应温度，使反应更加优化。与常规催化重整工艺不同，Methaforming工艺能够处理硫含量为500μg/g的原料油，实现脱硫率90%。此外，烯烃和二烯烃的存在对催化剂寿命影响不大，催化剂活性可以通过原位再生，运转周期通常是一个月；为了生产连续运行，可设置两套反应器和再生装置。

第一套Methaforming示范装置已在俄罗斯建成投产，采用石脑油和甲醇为原料，汽油调和组分的生产能力为150bbl/d，在产品收率和辛烷值方面，与异构化和连续重整相当，比半再生式重整高得多。该工艺灵活性大，可用于新建装置，也可以用于改造石脑油加氢处理或重整装置，具有良好的应用前景。

2）新型硫酸法烷基化技术

2018年6月18日，由中国石化石油化工科学研究院联合石家庄炼化分公司和洛阳工程公司等单位合作开发的新型硫酸法烷基化技术 SINOALKY，在石家庄炼化分公司的 20×10^4 t/a 硫酸法烷基化装置投料试车成功并产出合格产品，标志着中国具有自主知识产权的硫酸法烷基化技术工业推广应用取得重大成果。

SINOALKY 硫酸法烷基化技术采用新型高效酸烃混合反应与分离技术，具有投资低、酸耗低、产品质量优、装置易维护等特点。该技术的主要创新突破包括：（1）开发了 N 型多级多段静态混合反应器。多组特殊结构静态混合器与自汽化分离器集成，针对烷基化反应特点匹配混合强度，酸烃相混合充分，酸烃液滴分布均匀，碰撞动能高，加快反应速率；单台反应器加工能力可达 35×10^4 t/a，该装置没有搅拌设施，没有机械密封，容易维护。（2）创新性地采用烯烃多点进料方式。多点进料能够降低反应器内丁烯局部浓度，提高内部烷烯比，抑制副反应的发生；同时通过减少外部循环异丁烷返回量，降低整套装置能耗；多点进料方式促进解决反应器内传热问题，使反应更趋完全，反应温升不再集中于反应器前段；此外，也有助于降低硫酸的局部高浓度，减缓设备腐蚀。（3）采用自汽化制冷移除反应热技术。该技术移热效率高，减少了气液夹带现象的发生，而且反应流出物中酸烃相分离度更高，减少了副反应的发生，烷基化反应器入口温度可稳定控制在 0℃ 左右。（4）采用高效酸烃聚结器，取消酸碱水洗流程。与传统搅拌釜式反应器相比，酸烃粒径更窄，有利于反应流出物酸烃相的分离。2018 年 11 月 15 日，中国石油组织专家对 SINOALKY 硫酸烷基化技术进行鉴定，专家一致认为，该技术自投产以来，装置运行稳定，酸烃分离效果好，可取消传统工艺的碱洗、水洗流程，大幅度降低装置废水排放和碱液消耗，有助于清洁化生产。标定结果显示，酸烃比、产品辛烷值、酸耗等各项指标均优于设计值。

烷基化油品是一种清洁、理想的高辛烷值汽油调和组分。SINOALKY 硫酸法烷基化工艺的开发与应用，将对形成具有自主知识产权的全套炼油加工工艺具有重要的支撑作用，也填补了国内硫酸法烷基化没有国产技术的空白，具有重大的经济效益、社会效益和环境效益。

3）催化裂化烯烃转化技术

中国石油围绕汽油质量升级开展联合攻关，研发了催化裂化烯烃转化技术（CCOC），开辟了一种新型降烯烃反应模式，成功破解了降烯烃和保持辛烷值这一制约汽油清洁化的科学难题。在庆阳石化、兰州石化等企业成功实现了工业应用，油品质量满足国ⅥA和国ⅥB车用汽油标准，实现了中国石油国Ⅵ标准汽油生产成套技术的自主创新。

CCOC 的主要创新突破包括：（1）开辟了一种新型的降烯烃反应模式，将烯烃与环烷烃在催化剂的作用下发生氢转移反应，生成高辛烷值的芳烃和异构烷烃，降低了汽油烯烃含量；（2）开发了一种大孔酸性基质材料，与分子筛具有良好的协同作用，可显著提高催化剂的活性中心可接近性和催化剂微反活性；（3）开发了催化剂抗重金属技术，在原料重金属含量大幅度增加的情况下，催化剂的剂耗降低且平衡剂上重金属含量未见明显变化，抗重金属污染能力较强；（4）开发了一种斜向下进料的工艺技术，强化了油剂混合，抑制了两相返混；（5）开发了新型喷嘴装备，显著提高了轻汽油雾化效果，加强了油剂混合接触。总体来讲，该技术可以将烯烃含量高的催化汽油在催化提升管的特定位置，与新型高活性催化剂在高温段进行大剂油比的裂解反应，实现了汽油烯烃定向转化和对重油裂化反应的调控，在降低汽油烯烃含量的同时，保持汽油辛烷值基本不变。2018 年 5 月和 7 月，先后在庆阳石化 185×10^4 t/a 重催装置、兰州石化 120×10^4 t/a 重催装置成功完成了工业应用，运行期间的总液收基本不变,在催化汽油烯烃含量下降3.5个单位以内时,可保证汽油辛烷值不损失,操作平稳率100%。

CCOC助力中国石油炼化企业在国Ⅵ汽油质量升级中掌握制高点,保障中国石油国Ⅵ标准汽油合格投放市场,为中国石油提质增效、灵活应对市场变化和转型升级提供了技术支持,为国家油品质量升级工程做出了重要贡献。

4)间接烷基化技术

中国车用乙醇汽油相关政策接连出台,按照车用乙醇汽油(E10)(ⅥB)技术要求,乙醇汽油中除乙醇外,其他有机含氧化合物含量不大于0.5%(质量分数),这就意味着以MTBE为代表的醚化产品无法作为调和组分加入汽油。如何对碳四资源尤其是异丁烯进行利用,如何衔接碳四上下游装置,最大限度上利用现有资源减少损失,将是炼油企业面临的首要问题。2018年6月,由中国石化石油化工科学研究院自主开发的间接烷基化技术,即C_4烯烃选择性叠合技术解决方案,成功地在石家庄炼化分公司选择性叠合工业示范装置上应用,一次投料开车成功并生产出合格的叠合油产品。

间接烷基化技术是指C_4烯烃叠合生成异辛烯,然后异辛烯加氢得到异辛烷的过程,因此也称为C_4烯烃选择性叠合技术。C_4烯烃中以异丁烯最为活泼,间接烷基化反应主要是异丁烯与异丁烯叠合,少量异丁烯与正丁烯叠合,间接烷基化油比烷基化油辛烷值更高,一般在99左右。间接烷基化技术具有如下几方面优势:(1)原料适应范围广,炼油C_4和化工C_4均可作为为叠合原料。(2)一厂一策,量体裁衣。无论是新建装置还是老装置改造,均能提供一厂一策、符合用户需求的技术路线。(3)利旧率高,提高经济竞争力。石家庄炼化分公司这套叠合装置改造的利旧率为100%,能耗为175.14kg(标油)/t(叠合油)。

间接烷基化技术能够充分利用C_4中的异丁烯,在当前中国全面推广乙醇汽油的情况下,该技术是理想的改造MTBE装置的工艺选择。石家庄炼化分公司的这套示范装置是目前中国唯一在运的以生产汽油为目的的异丁烯选择性叠合装置,装置的成功运行为国内炼化企业应对MTBE困局提供了参考,具有良好的应用前景。

5)催化柴油加氢转化技术

随着各国对环保要求的日益提高,催化柴油通过传统加氢等工艺加工而成的普通柴油的市场需求日趋减少。为了彻底解决催化柴油的出路问题,由中国石化石油化工科学研究院开发、中国石化工程建设有限公司设计、具有中国石化自主知识产权的催化裂化柴油加氢转化技术RLG,在安庆石化成功实现工业应用,为催化柴油的高效转化提供了成功示范。

RLG技术充分利用催化裂化柴油芳烃含量高的特点,在中低压、高裂化反应温度、高氢油比的条件下,通过控制芳烃加氢饱和、裂化,将其转化为小分子的芳烃。该技术研发的精制催化剂,能够实现精制段双环以上芳烃部分加氢饱和为单环芳烃,同时脱除有机氮化物;专用裂化催化剂,能够促进烷基侧链的断链,环烷基侧链的异构、开环或断链。RLG技术有效解决了压减柴油、提高汽油产率、创造经济效益等问题。安庆石化催化柴油加氢转化装置是采用此项技术的第一套新建装置,于2018年1月1日建成投产,5月25日完成标定,实现了装置"安稳长满优"运行,装置汽油产率、转化率、产品质量和氢耗等指标均优于设计值,并且各项指标在同类装置中位于前列。该装置的投用显著改善了安庆石化的产品结构,将催化柴油转换成优质的高辛烷值、低硫汽油组分及低硫柴油调和组分,在消化普柴、提高高辛烷值汽油比例的同时,也有效降低了车用柴油产量,柴汽比从 1.03 降至 0.7 左右,辛烷值高于 92 的优质汽油收率达到 48%,柴油产品的十六烷值增加了 12 个单位,硫含量指标满足了国Ⅵ汽油和车用柴油的标准。据估算,该装置全年可创效 1 亿元以上,实现了提升油品质量、增加经济效益的目标。

安庆石化采用催化柴油加氢转化技术生产高辛烷值汽油,实现了高值化、资源化应用,为压减柴油、解决中国传统催化柴油的出路问题、提高经济效益提供了有力的技术支撑,对催化柴油加工途径的选择具有重要的借鉴意义和示范作用。

2. 新型催化剂技术

1) 化工原料型加氢裂化催化剂

现阶段炼化企业普遍面临着降低柴汽比、炼油结构调整、炼油向化工转型升级等难题。中国石油自主研发的化工原料型加氢裂化催化剂(PHC–05),不仅可以最大量生产重石脑油,还能兼产优质航煤和低 BMCI 值的尾油,是炼厂提质增效、转型升级的重要手段,具有原料适应性强、反应活性高、重石脑油选择性好、液体收率高、生产方案灵活等特点,技术水平达到国际先进水平。

PHC–05 的主要创新突破包括:(1) 创新性地采用多元酸离子改性和流化态水热超稳化组合技术,开发出具有高分散强 B 酸位和介孔结构的 MSY 分子筛,解决了二次裂化反应过程中有效抑制过度裂化的技术难题,大幅度降低气体小分子等非目的产物,实现高重石脑油选择性和高 C_{5+} 液体收率兼顾性的目标;(2) 采用载体多元复配技术,开发出孔径和孔体积梯级分布的催化剂孔道体系,解决了芳烃大分子空间位阻效应和重石脑油等目的产物快速扩散的技术难题,有效抑制重石脑油裂化开环,实现重石脑油高收率和高芳潜兼顾性的目标。2017 年 12 月,采用 PHC–05 催化剂数据包,中国石油华东设计院和石油化工研究院联合完成大庆石化 120×10^4 t/a 加氢裂化装置增产重石脑油的改造设计;2018 年 9 月 28 日,加氢裂化装置一次开车成功,投料 21.5h 生产出合格产品,产品性质优于技术协议指标要求。PHC–05 催化剂运行多产重石脑油方案时,重石脑油收率可达 45%~46%,运行多产航煤方案时,航煤收率可达 34%~35%,液体收率在 97.5% 以上。与上周期中油型方案相比,柴油收率可由 34% 降至 8% 以下,重石脑油芳潜提高 5~7 个百分点,使重整装置氢纯度提高 2 个百分点,成功实现了大庆石化炼油结构调整转型升级的关键目标,得到企业高度认可。

PHC–05 技术的成功应用是中国石油炼油系列催化剂研制开发的重大突破,形成了中国石油自主研发、自主设计和自主应用的成套技术,填补了该领域的技术空白,应用前景十分广阔,为中国石油炼油结构调整转型升级提供了新的自主技术利器。

2) GARDES–Ⅱ和 M–PHG 系列硫化态催化剂

2018 年 7 月和 11 月,中国石油首次采用满足国Ⅵ标准的 GARDES–Ⅱ及 M–PHG 系列硫化态催化剂,先后在呼和浩特石化 120×10^4 t/a 和庆阳石化 100×10^4 t/a 催化汽油加氢装置成功应用,产品硫含量小于 10mg/kg、烯烃降幅 10%(体积分数)以上、辛烷值损失小于 1.5,同步实现了催化汽油深度脱硫、降烯烃和保持辛烷值,整体技术达到国际先进水平。

中国石油石油化工研究院自主研发的免活化、高活性、低放热、储存安全的硫化态加氢催化剂制备技术，是指在器外使用硫化剂和氢气将氧化态催化剂完全转化为具有加氢活性的金属硫化物后，再装填到反应器中，无须额外的活化步骤，只需要升温进油即可完成开工过程。与传统的器内硫化和载硫型器外预硫化技术相比，该技术具有环境友好、开工时间短、经济效益显著等明显优势。该技术创造性地将催化剂硫化过程与钝化工艺有机耦合，在制备具有高加氢活性硫化态催化剂的同时，创新性地利用硫化反应产物的副反应，在硫化态催化剂表面适度积炭，丝状炭可以部分覆盖加氢活性超高的配位不饱和硫原子，又不会造成催化剂失活，实现了硫化态催化剂加氢活性不降低、开工和催化剂钝化时间大幅度缩短，运输装填过程无安全风险的"三元一体"效果。工业应用结果表明：（1）开工过程省去氮气干燥和器内硫化等环节，缩短开工时间120h以上；（2）开工过程安全环保，无酸性废水、酸性废气的排放；（3）与传统器内硫化方式相比，一套百万吨级装置节约开工费用500多万元，在开工时间、安全环保、开工成本等方面优势显著。

免活化硫化态加氢催化剂制备技术可推广应用到加氢裂化、加氢精制、渣油加氢等全系列加氢催化剂硫化生产领域，尤其适用于催化剂撇头等快速换剂场合，具有广阔的应用前景与市场潜力，其大规模推广应用将有助于加快中国石油国Ⅵ油品质量升级步伐，为炼化企业提质、增效、保安全、促发展提供了技术保障。

3）低浊点重质润滑油基础油加氢异构催化剂

大庆高含蜡原料是生产Ⅲ类高档润滑油基础油的宝贵资源，但长链蜡分子异构转化困难，易导致基础油浊点超标，低温下浑浊，影响了油品的外观和用户体验。中国石油自主开发了生产新型低浊点重质润滑油基础油加氢异构催化剂PHI-01，攻克了高含蜡石油基蜡油加氢异构深度转化这一世界难题。

PHI-01的主要创新突破包括：（1）基于正构烷烃异构化反应"锁—匙"理论及"孔口限域"作用，创新性地采用了高分散纳米微晶生长技术和晶面择形控制技术，优化调整了一维中孔沸石的轴向与径向延伸比例，增强了异构性[1，0，0]限域晶面在单位空间内的裸露程度，提高了异构深度，实现了高选择性分子筛催化材料的开发；（2）为了克服非限域酸性位产生裂化副反应的弊端，采用金属"固热离子"交换技术，对固体酸外表面非限域活性位点进行选择性"屏蔽"，增强了对分子筛孔口位点的极化作用，降低了非限域空间内的裂化反应概率，从而提高了催化剂抗积炭能力，延长了催化剂使用寿命。2017年9月，在大庆炼化20×10⁴t/a润滑油异构脱蜡装置开展了PHI-01的工业应用试验；2018年4月，进行了工业运行标定。标定结果显示，加工200SN原料时，重质6cSt❶基础油倾点为-21℃，浊点为-21℃（指标不大于-21℃），黏度指数为110；加工650SN原料时，重质10cSt基础油倾点为-25℃，浊点为-7℃（指标不大于-5℃），黏度指数为131，彻底解决了对重质基础油"浊点"的技术指标要求。截至2018年底，装置已平稳运行1年，已处理原料油近18×10⁴t，生产高档润滑油基础油近15×10⁴t，10cSt基础油浊点稳定在-7～-5℃，为企业创造了巨大的经济效益。综上所述，该技术具有原料适应性强、加氢异构深度转化能力强、液体收率高、催化剂稳定性好等特点，可以向国内外多套润滑油加氢装

---

❶ $1cSt = 10^{-6} m^2/s = 1 mm^2/s$。

置推广应用,市场前景十分广阔。

PHI-01 的成功应用,标志着中国石油在生产低浊点重质润滑油生产技术领域取得了重大突破,显著提升了润滑油基础油的品质和生产技术水平。

4)新型催化汽油加氢改质催化剂

为满足国Ⅵ汽油标准烯烃含量小于 18% 指标要求,中国石油在 FO-35M 催化剂基础上改进,开发出新型催化汽油加氢改质催化剂 FRG-M6,并于 2018 年 8 月 23 日,在抚顺石化公司催化剂厂全自动化生产线上完成首次工业生产,共生产氧化态成品 48.5t。

FRG-M6 催化剂采用了纳米分子筛载体,通过载体表面酸性调控技术、活性组分高度均匀分散技术,突出了催化剂芳构化、异构化及抗积炭性能,显著提高了催化剂的选择性及使用寿命。为适应催化剂厂全自动化生产线的需求,在催化剂改进配方的基础上,同时改变了加料方式方法,调整了干混、混捏、碾压时间。与以往生产的催化汽油加氢改质催化剂相比,载体外观光滑,粉尘少,收率提高 2%;成品催化剂色泽均匀,收率提高 1%,平均强度提高 10 个单位,其他各项物性指标均达到控制指标要求。

5)炼厂制氢高活性转化催化剂

炼厂氢气主要用于汽柴油加氢以提高油品质量,特别是随着原油重质化、劣质化趋势的加剧,加氢处理的汽柴油比例不断提高。在此形势下,提高氢气产量、降低能耗成为中国石油制氢面临的主要问题。2018 年 5 月 18 日,由中国石油研发的炼厂制氢高活性转化催化剂 PRH-01,顺利完成首次工业化生产,共生产 19.5t 催化剂,各项技术指标均优于行业一级品标准,为该催化剂今后的工业应用和市场推广奠定了坚实基础。

目前,蒸汽重整工艺是炼厂的主要制氢技术,进行制氢新技术及高性能制氢催化剂研究势在必行。从 2013 年起,中国石油石油化工研究院大庆中心着手开发炼厂制氢转化催化剂,经过不断探索和创新,先后经历小试、中试、百千克级放大等阶段研究。2014 年在大庆石化公司炼油厂进行了催化剂装量 1L 的工业侧线 500h 稳定性试验,结果显示,此催化剂具有高活性、高强度、原料适应性强的特点,兼具氢气产量高、能耗低等优点,具备了工业化条件。2017 年底,大庆石化公司针对其 40000m^3/h 制氢装置实际需求,提出与大庆中心联合开展 PRH-01 催化剂的工业生产。为完成这项生产任务,项目组技术人员从原料配比称重到混料、压环,从养护到煅烧、浸渍,对每一个环节步骤都精准控制,成功完成催化剂工业生产任务。

PRH-01 的工业化生产,进一步促进了中国石油形成具有自主知识产权的炼厂气制氢转化成套技术,对于推动企业降本增效具有重要意义。

6)煤间接液化新型费托合成铁基催化剂

煤间接液化技术可以实现煤向石油产品与高价值化学品的转化,是多相催化领域的研究热点。费托合成催化剂分为铁基与钴基两类,其中费托合成铁基催化剂具有硫耐受性高、成本低、操作弹性大、高附加值化学品选择性高的优点,特别适用于煤间接液化技术,即煤基费托合成技术。传统费托合成铁基催化剂,通常会有 30% 以上的 CO 反应物转化为 CO_2,这些 CO_2 在费托合成阶段不仅难以捕获利用,反而会消耗大量能源,浪费操作成本。

有鉴于此,荷兰埃因霍温理工大学与北京低碳清洁能源研究院的科研人员合作研究,在世界范围首次合成了以稳定纯相 ε-碳化铁为活性相的新型费托合成铁基催化剂,其本征

CO_2选择性为零。该研究提供了一种分步合成纯相ε-碳化铁的策略,主要步骤分为还原、前处理和碳化。研究人员采用程序升温氢化测试与原位X射线衍射(In-situ XRD)在线观测了纯相ε-碳化铁的形成过程,证明了纯相ε-碳化铁成功合成,且可以在250℃、23bar❶工业费托合成条件下稳定催化400h以上。

为了进一步证明纯相ε-碳化铁的纯度与稳定性,该研究采用现场原位穆斯堡尔谱(Operando Mössbauer Spectra)技术,对ε-碳化铁的合成过程、实际工业条件下的反应过程、苛刻工业条件的长周期模拟过程做了全程观测(图1)。实验结果证明,合成的ε-碳化铁纯度为100%,且经过长周期高温高压工业条件实验,其纯度依然保持为100%,即本研究合成的纯相ε-碳化铁催化剂可以安全稳定适用于工业应用条件。

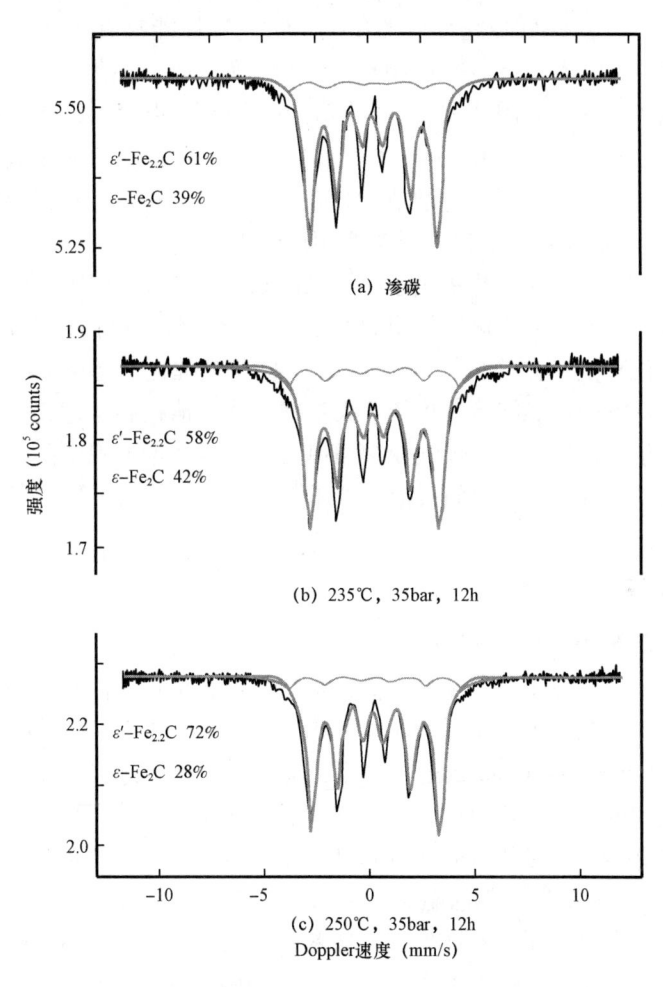

图1 现场原位穆斯堡尔谱证明了ε-碳化铁物相纯度与稳定性

该研究利用球差环境电镜(ETEM)在特定温度与气氛下,实时观察到α-Fe相在催化剂表层碳化生成ε-碳化铁的过程。借助原子级高分辨率成像,观测到大约3nm厚的ε-碳

---

❶ 1 bar = 10^5 Pa。

化铁，外延生长在纳米铁颗粒表面。通过傅里叶变换得到的衍射图样证明，其特征晶格常数为 2.1Å[1]，这正是 ε - 碳化铁的 101 晶面。而纳米铁 100 晶面的特征晶格常数是 2.0Å，因而两种晶体之间有 13.6°的错层。经过图像过滤，得到晶格图像（c），可清楚观测纳米铁与其表面 ε - 碳化铁的界面所在，以及两者因为晶格常数的不同所产生的差排。

经过工业条件费托合成测试，催化剂保持了 400h 以上的稳定期，经历 235~250℃ 的超温，并保持 24h 后，再降回原温度 235℃，依然保持性能不变。因此，纯相 ε - 碳化铁催化剂可保持在工业条件下稳定长周期运行，且对温度骤变并不敏感。这项研究不仅提升了费托合成铁基催化剂的经济与技术应用价值，也为费托合成铁基催化剂提供了新的发展方向。

研究人员以 Aspen 模拟计算了 CO_2 选择性与操作成本的关系，阐明了降低费托反应器中 CO_2 选择性的意义：（1）降低费托反应器中的 CO_2 选择性能够有效降低工业运行能耗与成本；（2）可使 CO_2 集中产生于水煤气变换单元，从而使 CO_2 的捕集变得十分容易，为煤间接液化技术与 CO_2 捕集、储存利用技术联用提供了经济可行的路径。据研发人员介绍，若应用新型铁基催化剂，一个年产油 $400 \times 10^4 t$ 的煤液化厂每年可在压缩加热能源消耗和 CO_2 分离等方面节约成本约 8 亿元人民币，吨油省省 200 元。这项新技术还将促成煤间接液化技术与 CO_2 捕集、利用与储存技术结合，高效清洁利用煤炭资源。

总之，这项研究在世界上首次提供了一种 CO_2 选择性接近于零的费托合成铁基催化剂，其中的关键技术在于纯相 ε - 碳化铁的稳定合成。研究打破了以往认为 ε - 碳化铁在 200℃ 以上费托合成中无法稳定存在的观点。全新的 ε - 碳化铁催化剂理论上可以使费托反应器中几乎不产生 CO_2。一方面为煤间接液化产业大量减少能源消耗和运营成本；另一方面，在传统工艺中 CO_2 产生于费托合成 + 水煤气变换两单元，在新技术下则全部产生于水煤气变换单元，这使 CO_2 捕集非常容易，为煤间接液化技术与 CO_2 捕集、利用和储存技术的结合扫平了障碍。

3. 劣质重油加工利用技术

1）渣油悬浮床加氢裂化技术新进展

渣油悬浮床加氢裂化技术是一种新型渣油加氢技术，可加工高硫原油、稠油和油砂沥青等劣质原料，是当今炼油工业的研发热点。2018 年，意大利 Eni 公司开发的渣油悬浮床加氢裂化技术 EST（Eni Slurry Technology）技术工业推广取得新进展，先后与茂名石化和浙江石化签订了 3 套装置的技术转让协议，建成投产后，该技术的总产能将达到 $860 \times 10^4 t/a$。

EST 技术的主要创新性突破包括：（1）使用了纳米分散的高浓度 Mo 基催化剂。通过在原料中加入油溶性的 Mo 基催化剂前驱体，可以实现催化剂在反应器中原位制备；（2）催化剂颗粒呈层状分布，在反应器中不容易发生堵塞，且没有焦炭和金属沉积，经过多次循环后催化剂的形貌不发生变化，活性也不衰减；（3）使用了悬浮床鼓泡反应器，实现了反应器内部均匀等温，轴向温差小于 0.3℃，径向温差小于 2℃。EST 技术的工业应用表明，该技术可根据原料的性质优化反应苛刻度，脱金属率大于 99%，脱残炭率大于 97%，脱硫率大于 85%，转化率大于 90%。对劣质原油进行改质时，生产的合成原油的 API 度相比原料油

---

[1] $1Å = 10^{-10} m = 0.1 nm$。

可提高20个单位以上。与此同时，劣质重油悬浮床加氢技术也已经成为中国炼化产业的研发热点，在催化剂、关键工艺技术、核心设备研发设计等方面都取得了新进展，可以有效解决重劣质原油轻质化加工的难题。

渣油悬浮床加氢裂化技术的原料适应性强，适合于加工高金属含量、高残炭、高硫含量、高酸值、高黏度劣质原料，轻油收率高、产品质量好、未转化油产率低、加工费用低，技术优势明显，具有更广阔的发展前景。

2）大规模超临界连续分离油浆制备高性能针状焦技术

催化裂化油浆是重油经多次反应仍无法转化为理想产品的低价值副产物。中国石油大学（北京）和山东益大新材料有限公司联合攻关，开发了超临界连续分离油浆制备高性能针状焦技术，实现了"废物利用"，解决了长期以来的"卡脖子"问题，荣获了2018年度中国石油和化学工业联合会技术发明一等奖。

该技术的主要创新性突破包括：（1）利用特有的超临界精细分离技术，结合先进的高分辨率质谱表征手段，多层次揭示了催化裂化油浆的复杂性质与化学组成结构；（2）原创性提出催化裂化油浆超临界连续分离"拔头去尾"新工艺；（3）开发出部分逆流大规模超临界连续萃取分离工艺技术。此外，该项目组还牵头制定了油系针状焦国家标准。目前，该技术在山东益大新材料有限公司 20×10^4 t/a 油浆超临界连续萃取装置和 15×10^4 t/a 针状焦装置已稳定运行一年多，生产出7万多吨高质量针状焦产品，广泛用于负极材料及电极两个领域。超临界连续分离油浆"拔头去尾"技术得到的副产品催化原料和沥青调和组分，可分别生产汽油、柴油以及高等级道路沥青等产品，实现了"变废为宝，循环利用"。

超临界连续分离油浆制备高性能针状焦技术，已获国际发明专利6项，中国发明专利6项。2018年4月25日，中国石油和化学工业联合会组织专家鉴定认为，大规模超临界连续分离油浆制备高性能针状焦技术处于国际领先水平，符合国家绿色、环保、循环经济发展理念。

4. 炼化反应系统优化技术

1）微界面传质强化反应—精细分离集成系统

炼化企业中有很多慢反应过程，这些反应体系的气液相界面积很小，传质效率较低，制约了反应效率的提高，直接影响产品生产过程的能耗、物耗和产品竞争力。南京大学提出微米尺度气液界面反应系统构想，自主研发了微界面传质强化反应—精细分离集成系统，并通过成果鉴定。专家一致认为，该技术具有原创新和自主知识产权，多项关键技术已达到国际领先水平。

该技术的主要创新突破包括：提出了微界面传质强化反应的理论，同时开发了微界面传质强化反应器构效调控系统（MTIR系统），建立了整套构效调控数学模型，这些模型可依据输入的能量调控气泡直径和气泡个数，从而调控气液界面和传质速率，在反应过程的催化剂、物料配比、操作条件等不变的情况下，实现反应效率成倍提高，能耗、物耗、水耗、污染物排放等大幅度降低的目标。以二甲苯空气氧化制甲基苯甲酸生产为例，与传统的塔式鼓泡反应器（CBR）生产系统相比，该技术在原料利用率、节能和减排方面显示了突出的综合性能：反应效率是原来的2.77倍，主产品收率净提高34个百分点，吨产品原料消耗从

1.3t 下降到 1.1t，综合能耗降低 11%，水耗下降 93%。

截至 2018 年底，该技术已获国内外发明专利授权 30 项，在 10 家企业实现了推广应用，成功打破了欧美发达国家同类技术的封锁和垄断。据估算，该技术已累计新增产值 53.9 亿元，减排化学污染物 82675t，节能 10000t 标准煤，具有良好的工业应用前景。

2) 炼化能量系统优化技术

炼化企业能源管理水平是决定企业效益的重要因素之一。中国石油自主研发的炼化能量系统优化技术从炼厂加工流程及原料优化、装置内部操作及换热网络优化、装置间热联合及热进料、蒸汽动力及瓦斯系统优化、全厂低温热综合利用等方面开展了企业能量系统优化分析和生产过程优化分析，开发了炼化重点装置、换热网络等模拟模型 130 余套，识别各类节能增效优化机会 340 余项，通过模拟计算和优化分析，研究制订原料优化、装置操作优化、换热网络优化、热联合等各类优化方案共 130 项，并在 8 家重点推广企业取得显著的阶段成果。例如，抚顺石化连续重整及乙烯装置原料联合优化、辽阳石化 138×10^4 t/a 歧化装置塔群操作优化、宁夏石化燃料气系统优化和催化裂化装置原料换热流程优化等。此外，还编制了国家标准 GB/T 31343—2014《炼油生产过程能量系统优化实施指南》，对炼油能量系统优化的技术路线进行了详细阐述，目前已发布实施。

借助炼化能量系统优化技术，现已建成了一大批技术示范和推广工程，取得了显著的节能效果和经济效益，共计实现节能 35.2×10^4 t（标煤）/a、增效 7.1 亿元/a，全部优化方案实施后预计节能 54.4×10^4 t（标煤）/a、增效 9.9 亿元/a。炼化能量系统优化技术为切实突破企业当前节能降耗共性瓶颈、推动企业节能增效提供了强有力的技术支撑。

（三）石油炼制技术展望

当前，炼油行业正在面临不断严格的油品标准、不断变化的油品结构等挑战，如何提高原油资源的利用率、提高油品附加值、降低能耗、低碳环保等已成为炼油工业持续发展、提高盈利水平的主要举措，也是炼油技术发展的主要方向。

1. 高品质清洁油品生产技术仍将是炼油行业的技术创新重点

在当前全球油品质量日趋严格，产品标准中硫含量等关键指标限值逐严的大形势下，世界各国均加快了油品标准升级的步伐。生产低硫/超低硫清洁燃料的现实需要，将使高品质清洁油品的生产继续成为炼油工业发展的创新重点。

新型加氢催化剂的研发是关键任务。在世界范围内，催化裂化汽油、催化裂化柴油在汽柴油调和池中占据一定比例，用于改善催化裂化原料以及后处理的加氢技术正逐渐增多，加氢催化剂的应用成本也成为直接影响炼厂经济效益的指标之一。加氢技术的更新换代已经成为油品质量升级的关键技术，研发新型加氢催化剂、降低加氢催化剂成本、提高加氢催化剂性能必将为炼厂降本增效做出重要贡献。

制氢装置将成为保证炼厂可靠高效运行的关键装置。随着全球炼油能力、重劣质原油供应量的逐年提升以及对高品质清洁油品的需求增长，必将引导炼厂采用更高标准的加氢装置，对氢气的需求也提出了数量更多和品质更高的需求，以目前炼厂内部的氢气供应将很难满足未来氢气增长的需求。因此，炼厂必须根据装置结构、投资规模、制氢原料的可获得性和实际成本等因素重新评估氢气的获取策略，如：若氢气需求提升幅度较大时，可适宜选择新建制氢装置或扩能方案；若氢气需求增幅不大时，可以通过加强氢气管理、优化装置操作、扩大原料范围等途径提高氢气的生产和利用效率等。此外，还需储备石油焦等劣质原料制氢等低成本制氢技术。

2. 劣质渣油加氢裂化技术仍将是炼油技术创新突破的主要难点

固定床渣油加氢处理技术仍将是渣油加氢的主流工艺技术，固定床渣油加氢脱硫—催化裂化组合工艺也将被广泛应用，从而实现超低硫汽油质量升级。然而，突破加工劣质渣油和实现长周期运转将是渣油加氢技术的瓶颈。

沸腾床加氢裂化技术作为目前实现渣油最高效利用的工业化技术，在原料适应性、转化深度、催化剂寿命和消耗等方面还有待进一步提高。同时，还需开发和应用沸腾床与其他技术的集成工艺以及转化尾油的处理工艺。

悬浮床加氢裂化技术是目前炼油工业世界级的难题和前沿技术，具有较好的推广前景，但仍需开发高活性的分散型催化剂，并着重解决装置结焦等问题。

3. 智能石化工厂的建设将对炼化行业的未来发展产生深远影响

炼化企业适应未来发展需要具备四种能力——数据传输及交流的畅通性、清晰的企业文化、打造高效小规模的核心团队以及人才培养。数据传输及交流的畅通性被列为炼化行业发展的首要必备因素，数字化技术的发展速度将不断加快，应用范围将会更加广泛。大数据、云计算、分析预判、动态模拟、人工智能、物联网等数字化技术对炼油行业的影响正在不断加大，比如UOP与霍尼韦尔（Honeywell）联合开发的Connected Plant系列服务技术，通过采集过去100多套炼化装置应用的实际数据，经过云计算可以提前发现炼油装置可能出现的问题、分析问题产生的原因并给出解决方案的技术，诸如此类的技术将不断涌现，智能石化工厂的建设将对炼化行业的未来发展产生深远影响。

八、化工技术发展报告

2018年，国际油价波动加大，全球能源转型仍主要依靠化石能源清洁低碳发展，乙烯装置平均开工率仍保持较高水平。目前高科技革命、新材料革命、信息革命和"绿色"革命是世界石化工业进一步发展的主要驱动力。石化工业正在向着技术先进、规模经济、产品优质、成本低廉、环境友好的方向发展。

（一）化工领域发展新动向

世界石化工业的全球化是经济全球化发展的必然趋势，传统石化业阵营将发生较大分化。2018年，在新经济和高科技产业迅速发展的影响下，一些传统的石化公司将逐渐退出大宗化工品生产领域，进一步向专用化、特色化和高附加值化方向转变。从工业布局来看，世界石化工业将进一步趋于全球化、大型化、集中化、炼化一体化。石化公司的生产将更加集中、规模更大、核心业务将更强，成本进一步降低，也将更加注重优势核心业务技术创新和全球化及上下游一体化经营。

2018年，全球石化工业既面临着难得的发展机遇，也面临着严峻挑战。在新一轮科技革命浪潮的推动下，全球石化产业发展呈现一系列新的变化和新的动向。

1. 乙烯原料更加多元化和轻质化

21世纪以来，全球石油化工产业向原料多元化和低成本方向发展，特别是中东轻烃资源丰富地区石油化工产能的快速扩张、北美页岩气和中国煤化工产业的快速发展等，给以石脑油为原料的传统石化产业带来了巨大冲击。亚太，尤其是东北亚具备装置灵活性的乙烯生产商将更多地以LPG为原料，西欧和亚太将进口更多美国乙烷为原料，乙烷基乙烯占全球乙烯产能比例将继续提升。预计2020年，美国乙烷裂解制乙烯占比将超过80%。

2. 原油直接制化学品将给世界乙烯行业带来重大影响

由于车用燃料需求将逐渐减少，而化学品需求有望持续增长，炼油商寻求提高化工品收率，提高化工品用量。沙特阿美和沙特基础工业公司规划建设原油直接生产化工品的大型联合体项目，中国一些民营资本计划或在建一些旨在多生产化工品的炼化项目和进口乙烷制乙烯项目。这些项目势必导致乙烯产量大幅度增长，全球化工品供应将大幅度增加，石化市场供应格局将发生重大变化。

3. 甲烷制乙烯酝酿突破

各大石油石化公司和研究机构正继续开展以甲烷制乙烯的研究，包括雪佛龙、埃克森美孚、壳牌、巴斯夫公司、沙特基础工业公司、美国西北大学和弗吉尼亚大学、中科院大连化物所等。各种迹象表明，甲烷直接制乙烯技术正在酝酿工业化的突破，日益受到全球的关注。

4. 绿色低碳发展新动向

当今世界，绿色发展、低碳发展已经成为国际公司的发展潮流，也是各国政府加快转变发展方式、打造战略性新兴产业的重要举措。中国政府高度重视生态文明建设，修订出台了更加严格的环境保护法，对排污、碳排放的标准和要求也越来越严格。这些都与石油化工产业紧密相关，必将对产业发展带来重大影响和挑战。

（二）化工技术新进展

石油化学工业采用新型基本化工原料生产技术、催化技术、生物技术、纳米技术、清洁能源技术、燃料电池技术等最新科学技术可进一步提升产业水平；随着石油化学工业发展，必须努力增强科技原创力，吸收当代真正最先进的高新科学技术；应用绿色化工技术和可持续发展战略，进一步推动石油化学工业迈上新台阶。

1. 基本化工原料生产技术

1）原油直接裂解制烯烃技术

原油直接裂解制烯烃省略了常减压蒸馏、催化裂化等主要炼油环节，使得工艺流程大为简化。最具代表性的技术是埃克森美孚的技术、沙特阿美/沙特基础公司合作开发的技术。

埃克森美孚的技术路线省略了常减压蒸馏、催化裂化等主要炼油环节，将原油直接进入乙烯裂解炉，并在裂解炉对流段和辐射段之间加入一个闪蒸罐，原油在对流段预热后进入闪蒸罐，气液组分分离，76%的气态组分进入辐射段进行蒸汽裂解生产烯烃原料。采用新工艺的装置是迄今为止最灵活的进料裂解装置，可以加工轻质气体，还可以加工原油这样的重质液体原料，而且该裂解装置还可以生产燃料组分。据IHS Markit估算，该工艺采用布伦特原油作原料的乙烯生产成本比石脑油路线低160美元/t以上。2018年9月，埃克森美孚公司在广东惠州建设了一套 120×10^4 t/a 的原油直接裂解制乙烯项目，计划2023年建成投产。沙特阿美/沙特基础公司的工艺技术是将原油直接送到加氢裂化装置，先脱硫将较轻组分分离出来，较轻组分被送到传统的蒸汽裂解装置进行裂解，而较重的组分则被送到沙特阿美专门开发的深度催化裂化装置进行烯烃最大化生产。2018年1月，沙特阿美与CB&I、Chevron Lummus Global签署了联合开发协议，通过研发加氢裂化技术将原油直接生产化工产品的转化率提高至70%~80%。

原油直接裂解制烯烃新工艺，不需通过炼油过程，流程大为简化，建设投资大幅度下降，经济效益显著，具有降低原料成本、能耗和碳排放等优点，对于炼化转型升级将产生革命性的影响。

2）乙醇制烯烃新工艺

吉沃（Gevo）公司与美国国家可再生能源实验室（NREL）、美国阿贡国家实验室（ANI）以及美国橡树岭国家实验室（ORNL）合作，对乙醇制烯烃（ETO）工艺用催化剂进行合作开发。该项目旨在改进催化剂性能并加快该工艺的规模放大。

此项目将结合ANI的高能量X射线表征技术、ORNL的亚原子分辨显微镜技术以及NREL的高敏感振动光谱技术进行开发，在相关反应条件下从原子水平深入了解催化剂结构。通过对工况下催化剂"实时"结构的详细了解,可以设计和合成新的催化剂组分,从而显著提高 ETO 工艺的稳定性和寿命。Gevo 公司开发的 ETO 技术,是一个以乙醇为原料,产物为烃类、可再生氢及其他化学中间体的工艺,产物中异丁烯、丙烯、氢气和丙酮混合物的比例可调。它们既可以单独作产品,也可以作为生产其他化学品或长链烃的原料。目前,ETO 技术只达到实验室规模。如果该技术工业放大成功,可以为全球乙醇行业提供大约 2.5×10^{10} gal/a(1gal≈3.785L)的终端产品市场和盈利机会。ETO 工艺用催化剂也能将其他生物基醇、酸和含氧化合物组成的复杂混合物转化为丙烯或异丁烯,同时生产大量可再生氢气。可用原料包括发酵装置、生物质气化装置、合成气装置、市政或工业废物处理装置,或原油基化学物料中难以处理的副产物。

这种催化技术可以为工业装置提供一种极具成本竞争力的方案,以提升低价值产品和副产品的价值,扩大市场产品范围,包括可再生燃料和塑料、可再生氢和基于丙烯或丁烯的下游可再生化学品。

3)甲醇直接制乙二醇新技术

当前工业上 90% 以上的乙二醇生产是通过石油路线,即乙烯环氧水合路线,该过程效率不高,能耗大。此外,通过煤基合成气经草酸二甲酯合成乙二醇的路线工艺流程长,成本高。而甲醇可由煤、天然气、生物质乃至 CO_2 经合成气或直接制备,廉价易得,因此甲醇直接制备乙二醇意义重大。厦门大学与中科院大连化物所合作,在甲醇 C—C 偶联直接制乙二醇的研究上取得突破,相关研究成果发表在 *Nature Communications* 上。该成果同时也申请了中国发明专利和国际专利。

甲醇经可控的 C—C 偶联反应制备 C_2 或多个碳原子的化合物是化学领域极具吸引力和挑战性的反应。当前甲醇 C—C 键的偶联反应主要局限于羟基化反应和脱水偶联制备烯烃或芳烃,即 MTO 或 MTA 过程,其特点是难以高选择性获得特定的产物。保留甲醇分子的 C—OH 键,而选择性地活化 C—H 键生成乙二醇,被公认为化学领域最具挑战性的反应之一。课题组采用光催化方法,在 CdS 催化剂上首次实现了可见光照射下甲醇脱氢偶联制乙二醇和氢气的反应。在催化材料设计方面,成功构建 CdS 纳米棒催化剂,大幅度提升了可见光照射下乙二醇的选择性和生成活性,并通过设计反应分离的反应器,乙二醇选择性可达 90%,收率达到 16%,量子效率为 5%(450nm)。并且对反应机理也开展了深入研究,提出 CdS 上的光生空穴可以在不影响甲醇 O—H 键的情况下,通过质子和电子协同转移(CPET)过程选择性地活化甲醇的 C—H 键生成羟甲基自由基,羟甲基自由基从 CdS 表面脱附偶联生成乙二醇。

该可见光驱动的甲醇转化新过程,不仅提供了一种温和条件下乙二醇的高效制备方法,而且为存在羟基等官能团的小分子中惰性 C—H 键的选择活化开辟了一条新途径。

2. 催化剂制备技术

1)脱除烟气中 NO_x 的新催化剂制备新技术

目前,已商业化的烟气 NO_x 控制技术除低 NO_x 燃烧技术以外,主要还有选择性催化还原法和选择性非催化还原法。这两种方法都属于抛弃法,而且投资和运行费用较高。因此,研究和开发简单、廉价和适用的 NO_x 控制新技术,是近年来大气污染控制领域的一个热点课题。其中，日本 Chugoku 电力公司与东京都立大学合作，开发的用于脱除炼厂和发电厂烟气中 NO_x 的氧化钒（V_2O_5）催化剂具有很大优势。

这种新催化剂的比表面积达 $40m^2/g$，可以在 150℃ 下脱除 NO_x，远低于在 400℃ 脱除 NO_x 的常规催化剂（V_2O_5 沉积在比表面积为 $2.5m^2/g$ 的 TiO_2 上），而且低温有利于节能，延长催化剂使用寿命，降低生产成本。比表面积较大的 V_2O_5 催化剂是通过焙烧含草酸的偏钒酸铵母体得到的。试验表明，催化剂脱 NO_x 的选择性达 90%。在处理已将其他污染物（如 SO_x）脱除的烟气时，这种催化剂的效果好。试验表明，在 7d 内有效处理烟气，催化剂性能没有任何变化。

新催化剂的寿命试验计划 2021 年在燃煤电厂进行，预计 2024 年实现工业应用。这种催化剂也可以用于船舶烟气洗涤塔中的 NO_x 脱除。

2）全新结构分子筛材料制备新技术

由中国石化上海石油化工研究院杨为民团队开发的全新结构的分子筛材料 SCM-14（SINOPEC Composite Material 14），获得国际分子筛协会（IZA）授予的结构代码 SOR。这标志着中国石化成为中国首个获得分子筛结构代码的企业，实现了国内工业企业在新结构分子筛合成领域零的突破，意义重大。

分子筛是重要的催化材料，广泛应用于石油化工生产过程和环保领域。新结构分子筛的创制及工业应用往往带来石化技术的跨越式发展。例如，ZSM-5 分子筛作为固体酸催化剂，广泛应用于炼油化工生产过程，极大地促进了相关技术与工艺的发展。国际知名能源化工公司对此十分重视，投入巨大人力、物力致力于新结构分子筛的创制和应用研究，在该领域处于领先地位。在 SCM-14 获得国际结构代码之前，IZA 已授予 235 种结构代码，其中埃克森美孚获得 21 种，雪佛龙获得 18 种，中国工业界此前一直未开发出原创性新结构分子筛材料并获得结构代码。

上海石油化工研究院自 2013 年起，大力开展新结构分子筛合成的探索研究，利用先进的高通量分子筛合成与表征系统，实现了分子筛材料的高效合成与筛选。历经 5 年共计 2000 余次试验，先后合成出 21 个以中国石化命名的 SCM 系列分子筛。此次的 SCM-14 是一种全新结构分子筛，具有独特的 $12\times8\times8$ 元环三维孔道体系，且热稳定性优异，在催化与吸附等方面具有潜在应用前景。

3. 绿色化工技术

1）高温 CO_2 电催化还原技术

CO_2 电催化还原反应是以可再生电能或富余核电等洁净电能为能源，在温和的反应条件下将 CO_2 一步转化为 CO、甲酸、碳氢化合物和醇类等高附加值燃料及化学品，同时实现 CO_2 的高效转化和洁净电能的有效储存。当前，设计高效催化剂来降低过电势和提高反应选择性是 CO_2 电催化还原研究中极具挑战性的热点课题。2018 年 6 月，中科院大连化物所在高温 CO_2 电催化还原研究中就取得了新的进展，相关结果发表在《纳米能源》（Nano Energy）上。

固体氧化物电解池（SOEC）可将 CO_2 和水转化为合成气、烃类燃料并联产高纯度氧气。该电解池具有全固态和模块化结构，以及能量效率高、成本低等优点，在 CO_2 转化和可再生清洁电能存储方面表现出极具潜力的应用前景。钙钛矿型陶瓷阴极由于在氧化还原气氛下结构稳定，且可有效抑制积炭反应，是近年来 SOEC 领域的研究热点。然而，钙钛矿型陶瓷阴极氧空位浓度低、CO_2 吸附弱、CO_2 活化和转化困难，导致 CO_2 电催化还原性能较低。该研究团队制备了钒掺杂的镧锶铁与钆掺杂的氧化铈纳米复合材料（LSFVx/GDC），作为 SOEC 阴极应用于高温 CO_2 电催化还原反应。实验和理论计算结果表明，掺杂钒可增加阴极氧空位浓度，提高了阴极 CO_2 高温吸附活化能力和电催化还原性能。在 800℃和 1.6V 时，SOEC 的电流密度可达 $0.62A/cm^2$，比未掺杂时提高了 51.2%，电流效率接近 100%。该研究通过金属元素掺杂来调控 SOEC 阴极材料氧空位浓度和 CO_2 吸附活化能力，为提高 SOEC 阴极 CO_2 电催化还原性能提供了新思路。

此项研究成果提供了调控 CO_2 电催化还原性能的新途径，丰富和拓展了纳米限域催化概念，有利于构建可持续发展的碳资源循环利用网络。

2）对二甲苯"绿色合成"新技术

中科院大连化物所在绿色对二甲苯（PX）合成路线中取得新进展，设计出一条以木质纤维素资源生物发酵产物（生物基异戊二烯）和甘油脱水产物（丙烯醛）为原料，利用碳化钨催化分子内氢转移串联反应的合成路线。该反应的 PX 总收率高达 90%，相关研究结果发表在《德国应用化学》上。

研究人员选择具有特定结构的生物质平台分子异戊二烯和丙烯醛为底物，首先在路易斯酸离子液体催化作用下，通过狄尔斯—阿尔德反应，构建具有对位取代基的六元环中间体（4-甲基-3-环己烯甲醛）。随后，该中间体在碳化钨催化剂的作用下，通过连续气相脱氢—加氢脱氧反应生成 PX，两步反应的 PX 总收率高达 90%。此外，通过对底物分子取代基及官能团的改变，可拓展制备其他生物基芳烃，单一产物收率为 80%~92%。

该研究团队以碳化钨为催化剂，通过分子内氢转移，进而实现了脱氢芳化和加氢脱氧的高度耦合反应。该过程中的碳化钨表面剪切式反应机理完全不同于传统贵金属催化过程，且碳原子在产物中可 100%保留，主要副产物为水，便于 PX 产物分离。该研究成果为探索从生物质资源出发制备芳香化学品提供了新思路。

（三）化工技术展望

展望未来，石油化工技术的发展主要集中在两个方向：一是在现有的化工技术上进一步改造，实现绿色化工。通过发展低碳绿色化工工艺，实现原料从化工生产向产品全过程的绿色转化。二是大力发展和推广微化工技术。微化工技术是 21 世纪化学工程领域的共同基础和关键技术，将对传统化学工业产生重大影响，它将提高化学工艺的安全性，促进工艺的提高和小型化化学系统，提高能源利用效率，实现节能降耗。

1. 现有的化工技术进行"绿色化"改造

绿色化学涉及有机合成、催化、生物化学、分析化学等学科，内容广泛。绿色化学倡导用化学的技术和方法减少或停止那些对人类健康、社区安全、生态环境有害的原料、催化剂、溶剂和试剂、产物、副产物等的使用与产生。在现有化工技术基础上加以升级改造，在未来以"绿色化工"为重要发展方向。

为了加快化工行业的升级改造，必须取缔掉高能耗、排放不达标、低安全水平、严重危害工人身体健康、相对落后的工艺技术的化工厂。在现有化工设备的基础上，对重点污染单元逐一进行改造。自主研发相对先进可靠的环保技术十分重要，尤其是要注意如何从反应源头上消除污染。同时，也应该针对绿色化工过程技术的反应过程进行进一步的深入研究，包括单元操作如何改进以降低环境影响，减少"三废"的排放。在反应器设计方面，应当进一步优化换热网络，减小能耗，提高能量利用率。它还会产生废气、废液和废渣。因此，要真正实现化工生产的绿色化，一方面要尽量减少或消除污染，实现废弃物零排放。这是绿色化学的研究领域。要尽可能减少化工污染，选择适合的反应途径是很重要的，在进行工艺设计时，不仅要考虑化学反应的理论产率，同时要必须考虑不同途径的原子利用率，理想的原子经济性反应使其原子转化率达到100%，也就是说，所有的原料都将成为目的产品，中间过程不产生任何多余副产物和废料，从而实现了零排放、零污染的目的。

进一步实现和发展绿色化工技术的思路应该为：每个工艺段都按照绿色化控制的策略来要求，反应器的设计、生产产品时应当严格把关，杂料、废气排放时应严格控制出口指标。同时，在鼓励环保产业的大环境下，相关化工企业也需要积极响应国家政策，开展绿色化工的推广工作，定期学习绿色化工的理念、技术开发的最新动态，以此来培养相关技术人才，从而形成良性循环，推动化工产业向绿色化工的升级改造。

2. 大力发展和推广微化工技术

近年来，微化工技术日益成熟，而此技术也被视为未来化工发展的重要方向之一。众所周知，传统化工技术大多数需要利用设备的大型化来降低成本，然而，微化工技术的研究重点则是灵活、轻便，解决了传统化工不能顺利克服的诸多问题：装置装卸相对困难、生产过程控制相对复杂、出产地要求较高、运输不便等问题。微化工技术的出现对有效改善环境污染、确保安全生产、资源利用的合理化都有着非常重要的意义。目前，微化工技术的主要研究方向为微型化工设备的研发与应用。

微化工技术拥有诸多优点。第一，由于反应器体积较小、比表面积相对大，因此化学反应的用时短、用量少。不同于追求低成本的大型化传统化工，反应器的微型化也使得反应的精确度大大提高，获得的产品质量更高，同时也节约了能源。第二，微化工技术也更加安全可靠，不存在传统化工高危的工作环境，能成功控制爆炸等危险事件。最后，微化工技术是更为"绿色化"的化工生产方式。相较于传统化工的高污染、"三废"多、资源利用率低等问题，微化工技术的物料用量更少，因此生产过程中的废物也更少，运输过程中的潜在危险也更小。这些都是由微化工技术的微型反应设备的反应稳定、用料少的特点所决定的。目前来看，微化工技术非常符合现代社会要求绿色化工、环保节能的理念，既节约了成本，又不会带来污染，是一种非常有发展前景的化工生产方法。

目前来说，微化工技术的发展形式比较乐观，已经步入大规模化工生产阶段，这对解决现阶段传统化工产业中存在的诸多难题和一系列困扰很有帮助。我们仍需继续加快微化工技术发展的步伐，加强国际学术交流，加强与相关企业的合作沟通，相信在未来，微化工技术的全面产业化一定不会远。

参 考 文 献

[1] 骆红静. 2018 年石化市场回顾与 2019 年展望 [J]. 当代石油石化, 2019, 24 (5): 26-30.
[2] 袁晴棠. 新世纪石油化工技术发展趋势初探 [C]. 中国化工学会成立 80 周年庆祝大会, 2002.
[3] 李寿生. 跨国公司看中国石油和化学工业未来 [C]. 成都: 2018 中国国际石油化工大会, 2018.
[4] 戴厚良. 转型与创新 塑造中国石油化工产业新未来 [J]. 当代石油石化, 2014 (10): 1-3.
[5] 李琳. 绿色低碳时代石油化工资源和能源走势 [J]. 化工设计通讯, 2018 (4): 1-4.
[6] Chen J Q. Recent advancements in ethylene propylene production using the UOP/Hydro MTO process [J]. Chemical Engineering, 2018, 16 (1/4): 13-17.
[7] Liebner W. Attrition resistant catalyst for light olefin production: WO [J]. Nature Communications, 2018, 17: 26-27.
[8] Andrea Boonaccorsi. Nature of innovation and technology management in system companies [J]. Science, 2018, 29 (1): 57-69.
[9] Amidon Rogers D M. The challenge of Fifth generation R&D [J]. Hydrocarbon Processing, 2018 (4): 33-42.
[10] 脱除烟气中 NO_x 的新催化剂制备新技术 [J]. 自然·通讯, 2018, 27 (1): 82-88.
[11] Steve Coll. The private empire: Exxonmobil and American power [J]. Chemical Engineering, 2018, 13 (2): 23-27.
[12] 段启伟. 绿色技术在石油化工中的应用研究进展 [OL]. http://www.miit.gov.cn/n1146290/n1146402/n1146445/c5500867/content.html.
[13] Victor Gilsing. Trends in corporate R&D Ministry of Economic Affairs [J]. Chemical Engineering, 2018, 26 (1): 35-37.

专题研究报告

一、对区块链技术在石油石化行业应用情况的调研

近年来，国内外掀起的区块链热，也在石油石化行业成为关注的热门话题。区块链具有去中心化、防篡改、可追溯等技术特征，有助于解决互联网环境下的互信以及多边和多环节业务链条中的协作等问题，特别受到石油和天然气交易系统的青睐，并正在成为区块链技术应用的切入点。从前几年欧洲出现的石油交易区块链平台 Vakt，到最近国际七大油气巨头联合成立的海上运营商协会油气区块链联盟（OOC Oil & Gas Blockchain Consortium），显示出区块链技术在油气领域应用的不断推进。在国内，中化、中国石化等企业也对区块链技术应用进行了有益探索，相关应用陆续落地。经研院对此开展了专题调研，现将有关情况报告如下。

（一）国外油气领域开展区块链技术应用的新动态

区块链技术是一项革命性的创新，其最显著的应用优势是可以优化业务流程、降低运营成本、提升协同效率，而且这些优势已经在金融服务、物联网、公共服务、社会公益和供应链管理等领域体现出来。市场信息供应商 S&P Global Platts 曾在国际大型会议上做过调查，大多数参与调查者认为，到 2025 年区块链的相关应用程序将会被零售市场大规模应用。

国内外油气行业十分看重区块链技术的应用价值，在油气贸易领域的探索应用较为活跃，同时在油气生产、资产投融资、节能减排等领域也具有广泛的应用场景。目前，区块链技术与油气行业的融合应用尚处于探索尝试的进程之中，多数项目处于计划实施、小规模试验阶段，较少有落地效果突出、不可替代性的区块链应用案例。从跟踪的情况来看，前几年欧洲出现的石油交易区块链平台 Vakt 以及最近由国际七大油气巨头联合成立的海上运营商协会油气区块链联盟，具有代表性意义，预示着区块链技术在油气领域应用取得了实质性进展。相信，随着区块链技术的成熟和石油公司探索的应用项目落地，该技术在油气行业的应用将不断向纵深发展。

1. 基于区块链的能源大宗商品交易平台 Vakt

Vakt 是一个以区块链技术为基础的交易后处理平台，将大宗商品贸易业务从"烦琐"的文书工作转变为智能合约，旨在消除围绕石油交易的大量冗余工作，以减少交易时间、提高交易效率、降低融资成本。

2017 年，Vakt 解决方案被首次提出。2018 年 11 月，BP、壳牌和 Equinox 等大型石油公司与大型银行和贸易公司联合推出了 Vakt 平台，并在北海石油交易中采用；合作参与方包括荷兰银行、荷兰国际集团、法国兴业银行，以及贡沃尔、科赫供应与交易公司和摩科瑞。2019 年 3 月，道达尔和雪佛龙宣布加入或参股 Vakt。Vakt 2019 年重点关注 ARA 驳船、水运市场和美国原油管道，同时准备研究上线石化产品和美国的天然气。

Vakt 之前，由瑞士的一些国际银行、贸易公司和能源公司就联合成立了 Komgo SA 合资企业，负责监管一个为大宗商品交易提供融资的区块链平台。此举与 Vakt 平台的合作有共同之处。

2. 国际七大油气巨头成立海上运营商协会油气区块链联盟

近日，埃克森美孚、雪佛龙、康菲、挪威国油、赫斯、Pioneer 自然资源公司和雷普索尔 7 家大型石油和天然气公司宣布建立伙伴关系，在美国成立第一个行业区块链财团——海上运营商协会油气区块链联盟。

该联盟旨在推动区块链技术在油气行业的大规模应用，具体目标包括：通过技术评估、概念验证以及先导试验等方式，学习区块链技术并引导其在石油行业开展应用；根据区块链的技术优势，探索与石油行业的结合点；推动油气行业区块链技术标准和框架的制定，主要包括治理结构、智能合约、共识协议、加密需求等。此外，该联盟希望通过搭建业内的合作网络、建设区块链应用生态，推动该技术在油气勘探、生产、财务、IT、矿权管理及供应链等领域的应用，进而为整个行业发挥示范作用。

该财团董事会由 7 个创始成员公司的代表组成，负责监督财团资金，确保运营程序得到维护，并提供项目批准。采用会员参与制。

（二）国内中化集团推进区块链技术应用的探索与实践

1. 重视顶层设计，自上而下推动

2017 年，中化集团开始部署互联网发展战略，并成立了中化能源科技有限公司（以下简称中化科技），着力通过互联网科技重新定义石化行业运营模式，全面升级产业结构，重新构建商业模式；结合石化产业链特点，发展区块链应用，优化贯通炼厂、化工企业、贸易商、船运、金融机构、海关、国检等关键节点的流程，提高效率、降低风险。在 2018 年 7 月的亚太经济合作组织（APEC）会议上，中化集团董事长提出了用区块链引领国际大宗商品贸易变革的观点，受到了习近平总书记的肯定。在 2019 年 1 月的达沃斯世界经济论坛上，再次提出这一观点，获得了与会各方的广泛认同。

中化科技现有 40 人的专业区块链技术团队，近两年在区块链相关项目上的投资额约 3000 万元，计划引入国内外的风险投资。

2. 利用 BaaS 平台，成功试点进出口业务

中化科技基于多年企业级系统平台构建的技术积累，打造出提供企业级区块链服务的"中化 BaaS（Blockchain as a Service）平台"，主要应用包括提供完整的电子文档数据记录、提供司法有效的电子文件证据、提供身份互信的自组织交易平台、通过身份认证保证存储数据安全等，该 BaaS 平台也提供丰富的权限管理方式和二次开发工具。目前已在集团的能源、农业、金融等板块进行了应用尝试，构建了原油交易、成品油交易、供应链金融票据三条联盟链。

2017 年 12 月，针对从中东到中国的原油进口业务，成功完成中国第一单区块链原油进口交易试点。该技术应用的两大支撑——数字提单和智能合约，大幅度提升了原油交易执行效率，减少交易融资成本20%～30%。2018年3月，针对一船从中国泉州到新加坡的汽油出口业务，成功完成了全球首单有政府部门参与监管的基于区块链应用的能源出口交易试点，包含了大宗商品交易过程中的所有关键参与主体，利用区块链技术将跨境贸易各个关键环节的核心单据进行数字化、可信任化，对贸易流程中的合同签订、货款汇兑、提单流转、海关监管等交易信息进行全程记录，大大提高了合同执行、检验、货物通关、结算和货物交付等各个环节效率，降低了交易风险。2018年7月，又成功实现了化工品交易的区块链应用试点。作为客户预付账款融资的典型供应链下游场景，试点通过供应链资产数字化和智能合约，智能对接供应链下的基础资产和融资业务，为下游采购方在预付行为上享受更高效优质服务奠定了基础。

（三）思考与建议

（1）将区块链视为战略性技术，明确专业部门和人员超前谋划，尽早着手试探性应用。

中国石油作为创建世界一流示范企业，需要成为引领油气行业技术发展的标杆。开展区块链技术应用的研究探索，并将其纳入战略性技术超前布局范畴，有利于加速新技术与传统产业融合，推进企业转型升级和实现高质量发展。应密切关注技术进展，并选择合适场景，着手试探性应用。建议明确专业部门或成立专业队伍，提供稳定的经费支持，持续进行区块链技术发展及应用落地情况跟踪，积极开展试探性应用。

（2）选择合适场景开展区块链应用试验。

基于区块链的核心技术优势，中国石油可在以下领域进行探索。

① 电子文件/档案的可信认证。通过区块链技术实现对数据的安全真实有效验证、关键数据的管理与审计，在档案、合同、财务、电子商务、审计、知识产权、科研过程记录等领域，实现更安全、高效、可信的业务管理。

② 供应链金融。依托昆仑银行，建立融资平台，对于平台上的企业可以进行票据贴现兑换，方便平台内企业的贷款融资（信任传递），进而实现企业信用传递，打通供应链，为末端供应商提供证明，解决融资贷款等问题。

③ 上下游的衔接和专业服务的对接。通过带时间戳的双方认可标记，双方能对转让结果进行记录，减少中间环节的仲裁，防止抵赖事件发生。这一标记可用于物流追溯（油品、非油品等）、计量交接、质量追溯、项目控制。

④ 原油/油品贸易与合同履行。通过区块链智能合约功能，实现多系统之间自动判别并支付和监管，简化贸易和合同履行流程，提高工作效率，可用于在成品油销售和天然气销售中交易各方的身份确认、竞价防抵赖，油田工程合同中根据约定条件自动履行合同。

（3）充分评估区块链技术应用的风险与难点。

尽管区块链技术正持续引发广泛的热情，但仍然面临着较大的技术与应用风险。技术风险主要表现在：区块链技术尚未足够成熟，底层平台欠缺，性能不完善，兼容性不足，尚不能有效应对大数据量场景。应用风险主要表现在：区块链应用的参与方众多，可能带来责权利分配不清的风险；区块链技术应用的标准与监管滞后，存在政策转变带来的风险。

目前，区块链应用的主要难点包括：一是技术应用会带来业务流程的变革，由此将增加业务转换的成本;二是对新技术的认识、推广和广泛接受需要一个过程,造成员工学习适应的困难;三是区块链的记录方式会将业务信息及相关修改过程完全电子化记录,造成很多灰色地带透明化,可能损害应用方既有利益。因此,公司在实际应用中应谨慎起步,切忌追风和急于求成。

二、石油企业加快发展人工智能的思考与建议

人工智能是新一轮科技革命和产业变革的重要驱动力量,加快发展新一代人工智能是事关中国能否抓住新一轮科技革命和产业变革机遇的战略问题。要深刻认识加快发展新一代人工智能的重大意义,加强领导,做好规划,明确任务,夯实基础,促进其同经济社会发展深度融合,推动中国新一代人工智能健康发展。石油石化企业属于技术密集型产业,综合分析国内外石油石化行业数字化、智能化发展趋势,结合信息化建设基础和未来发展需要,中国石油企业必须抓住新一轮科技革命的有利时机,加快推进数字化、智能化建设。

(一)人工智能正在重塑油气工业新格局

当前,新一轮科技和产业革命正以前所未有的广度和深度席卷全球,大数据、云计算、虚拟现实、物联网、区块链等新型IT技术,给人们的生产、生活乃至思维方式都带来了前所未有的变化。人工智能,作为新一轮科技革命和产业变革的新引擎和核心驱动力,已经成为引领未来发展的一项重要战略性技术。

1. 跨界融合创新已经成为油气行业科技创新的主要途径

国际大石油公司和油服公司高度重视智能化业务,将智能化作为新的技术创新主攻方向之一和提升公司核心竞争力的重大战略,积极加大智能化领域的研发投入。壳牌、斯伦贝谢等公司先后与微软、谷歌等IT公司合作,将先进的信息技术与油气行业深度融合发展,引领油气技术颠覆性创新,持续加快油气行业的数字化和智能化进程。

中国海油、中国石化党组先后召开专题学习会,学习贯彻习近平总书记的重要讲话精神,深入思考如何把发展新一代人工智能作为加快新旧动能转换和产业转型升级、推动高质量发展的重要抓手,摆在更加突出的位置,加大支持力度,形成工作合力等。

2. 石油公司对智能化技术的应用速度与水平将决定未来能源版图

油气是同质产品,各公司之间的竞争主要是成本的竞争。然而,以常规手段降低成本的空间日渐收窄,新一轮成本竞争的支点将是智能化技术。智能化正在催生智慧地质、智能油田、智能物探、智能钻井等新一代油气技术,推动油气行业进入"智能油气"时代。

近年来,越来越多的国际大石油公司开始重视数字化、智能化技术的开发应用。比如,道达尔与谷歌携手将人工智能用于地震数据处理与解释;沙特阿美正致力于油藏纳米机器人的研究;壳牌、埃克森美孚、BP、埃尼等公司也根据自身业务特点,量身定制了不同的发展策略和重点研发领域(表1),力争在新一轮油气行业的竞争中掌握主导权。在智能化驱动下,油气行业的格局将被重新定义,敏捷性、适应性、竞争性、连接性和协作性将成为油气企业的成功要素。

表 1　石油公司在信息技术方面的发展重点

公司	发展策略	重点研发领域	研发方向
壳牌	聚焦于提高效率和降低排放的智能技术	(1) 地震采集和可视化； (2) 钻机设备； (3) 提高采收率	(1) 3D打印； (2) 油田机器人
埃克森美孚	聚焦于可平衡其资产组合的突破性智能技术	(1) 钻探和地下技术； (2) 天然气和设备	(1) 井下自动化工具； (2) 高性能计算
BP	聚焦于传统领先技术领域的智能化发展	(1) 地震成像和处理； (2) 提高采收率技术	(1) 实时数据分析； (2) 高性能计算
埃尼	聚焦于极端条件下的尖端技术、提升勘探经济性的智能技术	(1) 储层模拟； (2) 地球物理勘探； (3) 井完整性	(1) 海上机器人； (2) 自动化钻井系统； (3) 高性能计算
沙特阿美	聚焦于可提高发现率和采收率的技术	(1) 自动海上地震采集； (2) 原位放热化学压裂； (3) 油藏纳米机器人	(1) 自主水下机器人； (2) 管道检测机器人； (3) 高性能计算

（二）"智能油气"时代的颠覆性技术

"智能油气"是油气行业的一次全方位革命，将产生一系列颠覆性技术，激发油气行业发展新动能，也将颠覆油气行业传统的技术创新生态、管理生态和商业模式。智能化油气技术、装备及软件平台，必将有力地推动油气行业进一步增储上产、降本增效和安全生产。

1. 人工智能大幅度提高资源发现率和油气采收率

人工智能将进一步提高油气行业全产业链、全流程的效率、精度与质量，大幅度提高资源发现率和油气采收率。在目前的油气技术框架下，油气藏仍然是一个"黑箱"，不得不受困于提高资源发现率和油气采收率。人工智能可以成为照亮这个"黑箱"的一束"光"。随着新一代人工智能技术在油气行业中的应用，智慧地质、智能物探、智能油田、纳米智能驱油、高精准智能压裂等技术，将大幅度提高探井成功率和油气采收率。

（1）智慧地质。大数据、云计算、人工智能与地质勘探深度融合，催生智慧地质，可更高效地圈定最具潜力的区域、储层和井位，提高探井成功率，推进增储上产。

（2）智能物探。地球物理行业是"数据为王"的行业，随着大数据分析、机器学习和人工智能的快速发展，地震解释正朝着智能化方向发展，将大幅度提高地震解释和油藏综合描述的精度及效率。

（3）智能油田。以一个统一的数据智能分析控制平台为中心，结合人工智能、大数据、云计算等技术，通过分析海量数据，实时地在全资产范围内完成资源的合理调配、生产优化运行、故障判断、风险预警等，最终实现全部油田资产的智能化开发运营。

（4）纳米智能驱油。利用纳米级驱油剂在油藏中智能寻找和捕集原油，有望成为提高采收率颠覆性战略接替技术，预期最终采收率可大幅度提高。该技术适用于各种类型油藏，具有广阔的应用前景。

（5）高精准智能压裂。实现压裂段数少、精、准，是水力压裂技术的理想目标。随着"甜点"识别、压裂监测技术和人工智能技术的发展，未来的高精准智能压裂技术有望使每一级压裂都压在油气"甜点"上，对降本增效意义重大。

2. 人工智能助力油气行业降本增效

人工智能将助力油气行业在显著降低人工成本的同时，实现安全绿色生产。人工智能系统不仅大幅度降低了操作人员的劳动强度，全面实现现场少人化或无人值守，提升作业的安全性，还能够对各类风险做出实时识别、预警和自动处理，保障安全绿色生产。

（1）勘探开发一体化、智能化平台。可实现多学科交互融合和勘探开发一体化，包括地质—油藏—工程的一体化，从根本上改变勘探开发各个环节的工作方式，大幅度提高工作效率，实现综合效益最大化，开启勘探开发一体化新篇章。

（2）智能人工举升系统。依据变速控制器和传感器的实时操作数据，及时做出生产优化决策，将人工举升系统与数字通信网络连接，实现系统的远程操控，作业者可以在油井发生故障时更快、更准确地做出响应。

（3）智能钻井系统。未来的智能钻井将是石油钻井的一次全方位革命，涉及地面和井下，以及方案设计、现场操作和远程监控等，主要由智能钻机、井下智能钻井系统、现场智能控制平台和远程智能控制中心四部分组成，配备智能钻台机器人、智能铁钻工、智能排管机器人、智能吊卡等智能化设备，可实现各工序的无缝衔接，大幅度提高作业效率和安全性。

（三）思考与建议

"智能油气"时代正向我们走来，只有投身智能化大潮，才能赢得油气行业的未来。建议中国石油在发展新一代人工智能方面，加强领导、做好规划、明确任务、夯实基础，力争走在石油石化行业智能化发展的前列。

1. 高度重视人工智能的战略作用

随着人工智能技术的快速发展，人工智能与油气行业的融合渗透正在加速。中国石油企业应高度重视人工智能在推动油气技术颠覆性创新方面的战略作用，有必要将"智能油气"提升到公司战略层面，并作为未来增储上产、降本增效、安全生产，以及公司提升核心竞争力、建设世界一流综合性国际能源公司的重要抓手和突破口。

2. 强化顶层设计

将信息化、数字化、智能化作为公司当前和中长期技术创新的主线之一。围绕"信息化、数字化、智能化"这一主线开展系列关键技术攻关和超前储备技术研究，调整中国石油"十三五"后两年科技规划项目和科技重大专项，做好"智能油气"建设的顶层设计，制定"智能油气"中长期发展规划。可论证申请"智能油气"国家科技重大专项，或者设立"智能油气"中国石油科技重大专项，力争到2025年，使中国石油的"智能油气"建设取得明显成效，人工智能应用水平达到世界先进水平。

3. 加大跨界合作

加大与 IT 公司跨界合作，积极打造"智能油气"开放创新平台。人工智能需要数据、算法和硬件三个要素紧密结合。当前正值中国人工智能发展热潮，建议抓住机遇，从如下两个方面着手加快推进"智能油气"建设：一是加强中国石油与中国石化、中国海油等石油石化企业间的合作，联手成立"智能油气"技术创新联盟，共同研发智能油气的共性关键技术；二是石油企业与阿里云、华为等 IT 巨头牵手，开展更为深入的跨界合作，共同打造"智能油气"开放创新平台，建成一批智能油田、智能管道、智能炼厂、智慧加油站，力争在智能化这一新兴领域能与国际大石油公司齐头并进。

三、对国内先进民营油服企业的调研与启示

近年来,经研院研究团队持续跟踪国内民营油服企业发展情况,也先后深入多家民营油服企业调研交流,逐步加深了对民营油服企业的认识和了解,特别是他们在市场开发、用人机制、技术创新、装备制造、国际化经营等方面的独特优势,给我们留下了深刻的印象。今天的民营油服队伍,早已不再是过去的"农民钻井队"。目前,在中国石油的钻井工程承包市场上,民营油服占到30%~35%的份额。在川渝页岩气水平井压裂市场上,民营队伍占到1/3左右的工作量。在海外,民营油服已经进入伊拉克、哈萨克斯坦等70多个国家,国内排名前三的民营油服企业,平均利润率为8%~16%。民营油服企业高调吸引国企人才,一些优秀技术、管理人员纷纷"跳槽"。同时,部分先进民营油服企业积极布局产业链,在专业化服务的基础上,打造工程总包能力,甚至开始向油公司转型,在海外承包了多个油气区块。在国内油气政策不断放开的背景下,民营油服企业以滚雪球的速度不断壮大,在保持成本优势的同时,不断培育技术、人才、管理、国际化等新优势。

(一)经营规模不断壮大,市场地位和影响力明显提升

2000年以来,国内民营油服企业如雨后春笋般崛起,且规模不断扩大。在超过百家的民营油服企业中,大约有20家是上市公司,年均收入为20亿~40亿元。在国内,民营油服企业不断扩张市场,2018年中国石油国内区块中,由民营队伍完成的钻井数有8088口,占比41.5%(主要在长庆油田),进尺1894.99×10^{4}m,占比41.7%。在海外,民营油服企业的业务遍布世界主要油气产区。在部分民营油服企业的营业收入中,海外市场收入占比达到40%~70%。同时,民营油服企业的盈利状况总体较好,平均利润率也较高,市场竞争优势日益明显(图1)。

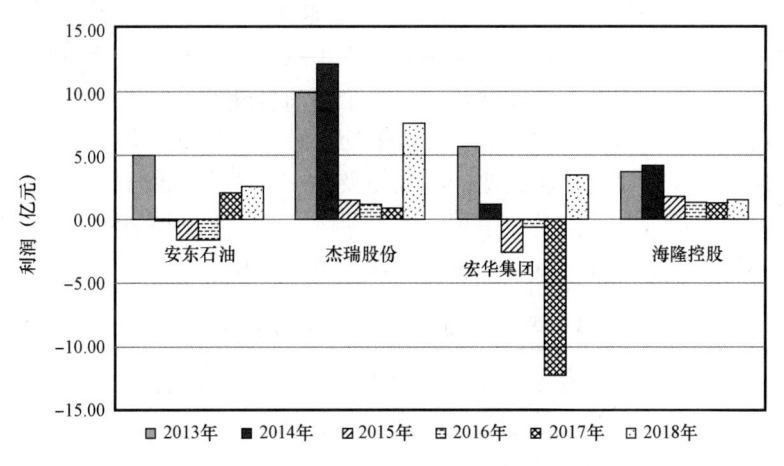

图1 主要民营油服企业净利润和净利润率情况

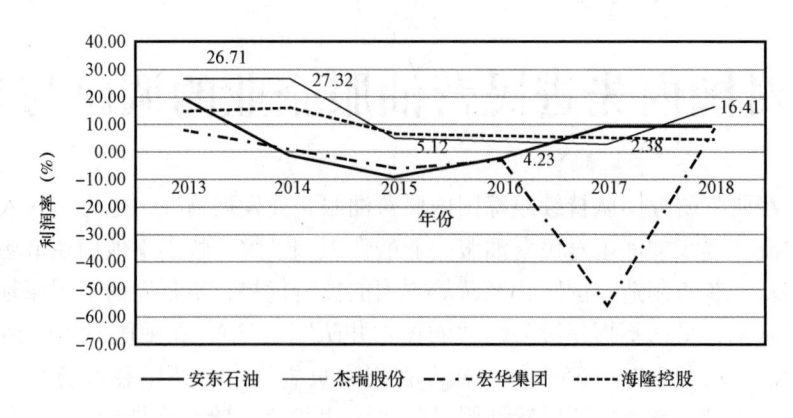

图 1 主要民营油服企业净利润和净利润率情况（续）

（二）民营油服企业的经验做法

1. 重视研发投入，并掌握了一些技术利器

民营油服企业在技术研发上舍得投入，努力打造技术优势。排名前 10 位的民营油服企业的研发投入强度超过 1%，最高的达到 4%，并普遍建有全球研发基地，设有自己的研究中心。像杰瑞股份的研发投入，每年以 30% 的速度增长，他们在大功率压裂车等领域，已经形成并保持了绝对的市场竞争优势；在中国石油川渝页岩气作业区高达 50% 的外部压裂设备中，大部分采购自杰瑞或由杰瑞提供租赁服务。在一些高端技术领域，如 MWD、LWD、旋转导向、压裂液、深井钻井液等，民营油服企业通过与国际油服巨头合作、联营，不断提升自身的服务能力和市场竞争力。部分民营油服企业资助在大学里建立实验室，开展前沿技术研究；在海外建立技术情报网，及时跟踪最新技术发展动态等。

2. 大力拓展海外市场，国际竞争力日益增强

在中国油气产业"走出去"的大潮中，民营油服企业成为一支重要的力量。民营油服企业机制灵活，具有人才和成本优势，在拓展海外市场时反应及时、决策快捷、方式灵活。目前，主要民营油服企业大多有海外项目，个别企业的海外业务收入达到 70%（表1）。他们通过设立全资子公司、营销与服务机构、办事处、研究中心和合资公司等多种方式，加快推进业务的全球化布局。民营油服企业的市场主要集中在南美、俄罗斯、澳大利亚、非洲、中东、中亚等国家和地区，尤其是在中东、中亚地区，由于市场拓展能力强，获得当地政府的大力支持，不仅业务多而且回款快，成为其重要利润来源。

表 1 四大民营油服企业的国内外业务占比

企业	杰瑞股份	安东石油	宏华集团	科瑞集团
国内业务占比（%）	56	37	26	30
国际业务占比（%）	44	63	74	70

3. 向全产业链、多元化发展，部分企业开始涉足油公司业务

大多数民营油服企业，早期的业务普遍比较单一，之后不断向全产业链拓展，向综合性油田服务乃至综合一体化公司方向转型。多数大型民营油服企业通过战略调整，已经从过去的贸易商（如杰瑞股份、科瑞集团）、设备租赁商（如安东石油）、装备制造商（如宏华集团）向综合油服企业发展，不断完善油气服务的产业链，可以提供物探、钻完井、测录井、修井等服务，向装备和服务一体化方向发展。部分企业已具备较强的一体化服务能力，在海外签订了大量一体化服务合同。少数企业开始转变角色，向油公司拓展，在海外开展油气区块总包，比如安东石油和中曼集团都获得了伊拉克区块的勘探和开发权。

少数民营油服企业也在拓展油气之外的业务。杰瑞股份在低油价时期把环保业务扩展到油气外市场，为公司贡献了7%以上的营业收入，形成了新的业务支柱。科瑞集团近年来抓住互联网发展机遇，利用遍布全球的技术、营销、供应、服务体系，发挥"产业＋互联网"的共享优势，建立了国内首个石油设备跨境电商平台——瑞基，在低油价时期帮助公司实现盈利。

4. 用人机制灵活，激励政策到位，吸引聚集了大批优秀技术和管理人才

民营油服企业普遍用人机制灵活，强调以人为本、以人才为中心的理念。一方面，部分民营油服企业坚持"尊重奋斗者""不让奋斗者吃亏"的文化，培育员工的责任感和荣誉感，成为创新创造的力量源泉；另一方面，在激烈的市场竞争中，又十分重视让员工时刻保持"危机感"，崇尚"客户三天不给钱，公司就会死掉"的"狼性管理"，使大家时刻保持警醒。有一家2000多人的企业，工程技术人员占比达30%以上，其中大多数人长期工作在市场开发、现场服务一线，尽职尽责。

在人才激励上，民营油服企业对优秀技术和管理人才不惜重金，不仅有年薪、奖金、股权等，还有一些福利性政策，甚至继承了国有企业的一些做法，比如有上下班班车、解决员工住房、协调家属就业和子女入托入学、改善职工食堂、假期旅游等。大多数民营油服企业设有党委、党支部、工会等，从国企聘请退休干部担任书记，提升了员工的忠诚度，并激发了人才的创新动力。这几年，从国有大型石油企业"跳槽"流向民营油服企业的优秀技术和管理人才比较多。

（三）对国有油服企业的建议

1. 正视民营油服企业的客观存在，探索建立既竞争又合作的关系

民营油服企业从无到有、从小到大的发展，是中国油气行业市场化改革的必然结果，他们已经成为国内油气勘探开发的一支重要补充力量。过去，人们习惯于用"农民钻井队"去描述民营油服企业的水平，今天的民营油服企业已成规模、成气候。在当前国内勘探开发力度不断加大，深井钻机、压裂车组等装备供应不足的情况下，可从过去"分蛋糕"转变为共同"做大蛋糕"，开放合作、取长补短、实现共赢。在实际运作中，既要利用好民企的优势，又要把好质量安全关。可择机收购或采取混合所有制方式控股一些具有尖端技术的民营油服公司，如掌握远程数字化技术、智能化技术的中小公司。

2. 完善人才激励机制并形成常态化

国有企业的人才制度不如民营企业灵活,但员工具有较强的归属感、荣誉感和自豪感,可以在政策允许的范围内采取相应的人才激励措施。近年来,国有油服企业在科技奖励方面出台了一系列政策,不少企业也进行了有益的探索,取得了一定的成效。比如,中油油服配套3000万元资金,用于奖励页岩气开发前线工作人员,使川渝页岩气水平井压裂效率从2段/d快速提升到6段/d。在国家不断推进国企改革、鼓励创新的大背景下,迫切需要加快各类创新激励政策落实落地。

四、未来油气工业颠覆性创新技术

创新是引领发展的第一动力。油气资源的高效开发离不开创新，包括渐进式创新和颠覆性创新，后者往往能突破一些"卡脖子"瓶颈，带来跨越式发展，显著推进增储上产、降本增效和安全环保。

（一）颠覆性创新技术种类

石油工业发展史本身就是一部技术创新史，技术创新持续不断，包括一些颠覆性创新或技术革命，比如PDC钻头、螺杆钻具、电动潜油泵、随钻测井、地质导向、旋转导向、自动控压钻井、自动化钻机、三维地震、化学驱油、油藏数值模拟及可视化、数字油田、可溶压裂桥塞等。

从种类来看，有单项技术、技术组合、作业模式、管理等方面的颠覆性创新。

从颠覆性的大小来看，大大小小的颠覆层出不穷，方兴未艾。小的颠覆可以是一个全新的小部件，比如PDC钻头的PDC切削齿，40多年来一直是平的，近3年打破常规，研制出非平面PDC切削齿，形状是五花八门，推动了钻头技术的进步，提高了破岩效率。大的颠覆可以产生一种全新的理论或关键技术，比如页岩油气地质理论、旋转导向钻井、自动控压钻井、随钻测井、三维地震、连续管、电驱动压裂设备、随钻前探等。大的颠覆也可以产生一个全新的技术领域，比如连续管作业、连续管钻井、智能钻机、无水压裂等。大的颠覆还可以是开采方式、技术组合、作业模式、管理方式的颠覆，比如地下原位改质、地下煤气化、智能油田、工厂化作业、深水双作业钻机、浮式液化天然气装置（FLNG）、海底工厂等。

从颠覆性的来源来看，颠覆性技术既来自内生技术创新，也来自跨界融合创新。未来油气技术创新和颠覆性技术将越来越多地依赖跨界融合创新，比如与大数据、云计算、人工智能、虚拟现实、5G/6G通信、物联网、区块链、超级计算（量子计算）、生物、医学、航空航天、军工、新材料、冶金等领域深度融合创新。

（二）人工智能带来的颠覆性创新

人工智能，作为新一轮科技革命和产业变革的新引擎和核心驱动力，正在深刻改变着人类的生产、生活乃至思维方式，并迅速渗透到各个行业。

人工智能将给油气工业带来一系列颠覆或革命，使之从"数字油气"时代跨入"智能油气"时代，涵盖智能勘探、智能油田、智能物探、智能测井、智能钻井、智能储运、智能炼化等新技术、新业态，深刻改变未来油气工业的技术、生产和管理等方方面面。未来的"智能油气"时代具有以下主要特点：

1. 勘探开发智能化、一体化

多学科协作是油气行业的大趋势。随着大数据、云计算等信息技术的发展，大的国际油公司和油服公司相继推出勘探开发一体化协同平台（环境），比如斯伦贝谢公司的 DELFI 平台、贝克休斯公司的 Predix 平台等，可实现多学科交互融合和勘探开发一体化，包括地质—油藏—工程一体化，从根本上改变了勘探开发各个环节的工作方式，使复杂的计算过程、信息共享、多学科协作变得更加顺畅、智能、高效。随着人工智能的引入，未来将打造勘探开发一体化智能化协同平台，大幅度提升勘探开发数字化、网络化、智能化、一体化水平，将智能勘探、智能油田、智能物探、智能测井、智能钻井、智能修井、智能储运等整合在一起，开启勘探开发一体化智能化新篇章。

2. 高效化、精准化

人工智能将进一步提高油气行业全产业链及全流程的效率、精度与质量，大幅度提高油气发现率和采收率。

3. 少人化、无人化、远程化

未来的智能化将进一步提升自动化水平，进一步降低操作人员的劳动强度，全面实现现场少人化或无人化。未来的智能油田将在当今数字油田的基础上进一步实现无人化、远程化，油气井、油气田、集输站和生产平台等设施将全面实现现场无人值守。

人工智能将解放大量的数据处理解释分析人员，还将解放大量的设计人员，自动快速精准完成多套设计方案供专家选择。未来智能钻井不再需要钻台工、井架工和副司钻，司钻也无须全程坐在司钻操作椅上操作，井场也不再需要技术员、定向工程师和钻井液工程师。未来的人工智能将使管理决策更加科学高效。总之，未来的人工智能对人的替代将是全方位的。

借助 5G/6G 通信、物联网、人工智能，当前的远程专家决策支持中心将升级为远程实时智能控制中心，当前的远程指挥将升级为远程实时控制。一些关键作业，比如钻井中的地质导向、井下事故处理等，将直接由远程实时智能控制中心实施远程实时智能控制和处理。

5G/6G 通信、物联网、勘探开发一体化智能化协同平台、智能移动终端的普及，将使移动办公更顺畅、更直观、更高效，相关人员能够随时随地查看现场作业，参与设计或决策指挥，甚至直接操控现场作业，也能分析他人的经验教训，借鉴他人的先进做法。

4. 安全绿色生产

人工智能将大幅度提升油气行业的自动化水平，对各类作业风险做出实时识别、预警和自动处置，有力保障安全绿色生产，显著减少现场操作人员的数量，降低他们的劳动强度，全面实现现场少人化或无人值守。

（三）新材料带来的颠覆性创新

材料科学飞速发展，新材料层出不穷。新材料与油气工业融合发展，推动油气技术新变革，甚至是颠覆性技术创新，产生一批新的技术利器，不断推进增储上产、降本增效和安全环保。

1. 碳纤维带来的颠覆性创新

碳纤维"外柔内刚",质量比金属铝轻,但强度却远高于钢铁,并且具有耐腐蚀、高模量、无磁性等特性,享有"新材料之王"的美誉,广泛用于航空、航天、军工、汽车、民用等领域。碳纤维及碳纤维复合材料在油气工业有很多潜在的应用,比如,碳纤维复合材料连续抽油杆、碳纤维复合材料连续管、隔水管、集输管、管道补贴等。

1)有缆碳纤维复合材料连续管

中国石化已于2015年研制成功了碳纤维复合材料连续抽油杆,迄今已在数百口井中进行了应用,节电效果明显。中国石油也研制成功了碳纤维复合材料连续抽油杆,并在数口井中进行了试验。国民油井华高(NOV)公司已研制出有缆碳纤维复合材料连续管,其管壁内置电力线和信号线(图1)。通过电力线向井下供电;通过信号线实现数据实时、高速、大容量、双向传输,同时实现全井筒实时监测。这种连续管还具有耐腐蚀能力和耐温能力极强、质量小、运输方便等优点。

图1 有缆碳纤维复合材料连续管

2)有缆碳纤维复合材料双壁连续管

海上钻井尤其是深水钻井需要尖端的钢质隔水管,其直径大、体积大、质量大、成本高,安装和拆卸非常费时。如果不用传统隔水管,将节省大量的钻井成本。未来有望在有缆碳纤维复合材料连续管的基础上研制有缆碳纤维复合材料双壁连续管,它是双管合一,既充当钻杆,又充当隔水管,是实现无隔水管钻井的有效途径之一,将显著降低深水钻完井成本,尤其是天然气水合物的开发成本。

3)有缆碳纤维复合材料隔水管

为克服常规钢质隔水管的缺点,国外研制成功了复合材料隔水管。为进一步提升其性能,未来有必要研制有缆碳纤维复合材料隔水管,可显著减轻隔水管质量,降低对浮式钻井平台承载能力的要求,同时有利于实时监测隔水管管柱的工况及内部流体。

2. 石墨烯带来的潜在颠覆性创新

石墨烯作为迄今发现的最薄、强度最大、导电导热性能最强的一种新型纳米材料,被称为"黑金",是"21世纪新材料之王",将给人类的生产、生活带来一系列的颠覆性变革。国内外都有公司和机构在尝试将石墨烯引入石油工业,研究石墨烯在石油工业的潜在应用,比如用于油田化学处理剂及入井液、新一代高效钻头(石墨烯钻头)、缸套、井下耐高温高压石墨烯锂电池、井下耐高温高压工具仪器、管材防腐、油田污水处理、石墨烯催化剂、石墨烯润滑油等。

(1)石墨烯钻头。如将石墨烯引入钻头,有望诞生新一代高效钻头或超级钻头——石墨烯钻头,大幅度提高机械钻速,提升钻头耐温能力,延长钻头使用寿命,进而缩短钻井周期,降低钻井成本,催生水平井超级"一趟钻",成为水平井、大位移井、深井超深井的钻井利器。

（2）石墨烯润滑油。润滑油是一种消耗品，市场规模大且总体呈增长态势。润滑油的品质事关运动部件的性能和使用寿命。随着技术的进步，润滑油不断升级换代。如将石墨烯引入润滑油，有望诞生新一代润滑油——石墨烯润滑油，大幅度改善润滑油的抗磨和减摩特性，延长运动部件的使用寿命。

3. 智能材料带来的颠覆性创新

智能材料是一种能感知外部刺激，能够判断并适当处理且本身可执行的新型功能材料，其研制和大规模应用将引发材料科学一次新的革命。一般说来，智能材料有七大功能，即传感功能、反馈功能、信息识别与积累功能、响应功能、自诊断能力、自修复能力和自适应能力。智能材料在油气田开发中将有广阔的应用前景，比如聪明水、智能注剂、自适应钻完井液、智能堵漏材料、智能水泥、智能支撑剂、纳米智能驱油剂、自修复防腐涂层等。

4. 耐超高温材料带来的颠覆性创新

井下工具、仪器、材料的耐温耐压能力持续提升。例如，国外 MWD/LWD、旋转导向钻井系统、螺杆钻具的最高耐温能力已分别达到 200℃、200℃ 和 230℃。未来 10 年，随着石墨烯等新材料的引入以及封装、冷却、绝缘等技术的发展，井下仪器、工具的耐温能力将整体超过 230℃，甚至有望达到 300℃，将有力推动深层超深层油气资源勘探开发和高温地热开发利用。

（四）技术组合的颠覆性创新

要实现油气资源特别是非常规油气资源的规模效益开发，不仅需要尖端技术，更需要经济实用高效的技术组合，尤其是在油价相对低迷时期。美国页岩油气革命既是技术突破，也是技术组合的创新或颠覆，不断实现单个井段、两个井段、多个井段的"一趟钻"，大幅度降低页岩油气水平井钻井成本。

对于海域天然气水合物而言，在研究和试采阶段可以不计成本，但未来要转入商业开采，沿用传统的深水技术组合肯定不经济，必须颠覆传统的深水技术组合，应用低成本技术组合（图2）才有望实现经济开采，比如：

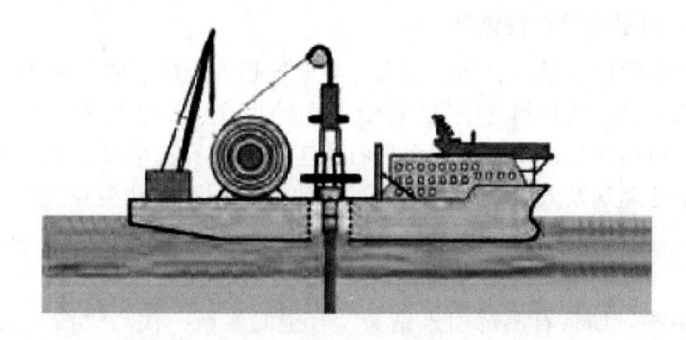

图2 海域天然气水合物低成本技术组合

（1）不用大型钻井船或大型半潜式钻井平台，改用中型深水钻井船。

（2）不用高精尖的双作业钻机，改用复合型连续管钻机进行连续管钻井。

（3）不用尖端的钢质隔水管，改用复合材料隔水管，或进行无隔水管钻井。

（4）不用高精尖的深水海底防喷器组，改用适合深水连续管钻井的水上防喷器组。

（5）不用高精尖的海底采油树，改用适合天然气水合物开采的低成本海底采油树。

（五）资源开采方式的颠覆性创新

随着技术的进步，油气开采方式不断创新或颠覆，比如海油陆采、浮式液化天然气装置（FLNG）、水下生产系统、海底工厂等。在研的井下油水分离同井注采技术、地下原位改质及地下煤气化也是对传统开采方式的颠覆。针对一些特殊资源，可以探索采矿法或钻井法+采矿法。

1. 应用钻井法+采矿法开采深层煤炭资源

地下煤气化是一种颠覆性开发方式，但其挑战不少，比如火候难以把控、井下爆炸、采收率低等。在研究这项技术的同时，可探索钻井法+采矿法：先钻水平引导井，不起钻直接进行倒扩眼，将井径扩大到3m以上，把深层煤炭洗出来，同时用煤矸石等低成本固体颗粒进行随钻充填，用废料置换煤炭，实施物理开采，可以大幅度提高采收率和作业安全性，降低开采成本。其核心技术是可在井下展开的超大直径倒扩眼器。

2. 用采矿法或钻井法+采矿法开采海域天然气水合物

为开采海域浅表层天然气水合物，中国海油正在研究一种采矿法——固态流化法：用海底绞吸机将天然气水合物绞碎，吸入管子，抽吸到浮式生产装置进行天然气解吸，然后用残渣进行回填。中国海油已对固态流化法进行过现场试验。

上述钻井法+采矿法同样适用于开采海域天然气水合物：先钻垂直引导井，不起钻直接进行倒扩眼，将井径扩大到3m以上，天然气水合物通过环空循环至浮式生产装置进行天然气解吸，同时用残渣等低成本固体颗粒进行随钻充填。为避免地质灾害和防止甲烷气泄漏，只倒扩眼至盖层底部。密集钻直井和倒扩眼，可大幅度提高采收率，规避安全风险、地质风险和环境风险，降低开采成本。

3. 用钻井法+采矿法开采深层稀有资源

上述钻井法+采矿法同样适用于开采深层稀有资源，扩展石油公司的产业链。

（六）值得关注的颠覆性技术创新

除上述颠覆性创新之外，以下8项颠覆性技术也值得关注。

1. 连续运动智能钻机

为提高起下钻和下套管的效率及安全性，国外已有公司研制出了连续运动钻机样机（图3），该钻机具有连续起下钻、连续循环、连续送钻、连续下套管功能，并进行了现场测试。连续运动钻机无疑将成为新一代钻机，代表钻机技术一次新的革命。随着人工智能引入石油钻机，未来有望出现连续运动智能钻机，它将用智能工业机器人取代钻台工和井架工，进一步提高作业效率和安全性。

2. 井下数据高速传输技术

井下数据传输速率低，一直是钻井、随钻地层评价面临的一大瓶颈技术。除了已投入商业应用的"软连接"有缆钻杆（图4）和上述有缆碳纤维复合材料连续管以外，国外一直在探索"硬连接"有缆钻杆，它不仅能实现数据的实时、高速、大容量、双向传输，还能向井下供电，满足随钻地层评价和未来井下电动智能导向钻井对数据高速传输的要求。

3. 井下电动智能导向钻井系统

旋转导向钻井系统是定向钻井技术的一次革命，也是当今钻井行业最尖端的一项井下技术，其结构复杂，研发周期长，研发风险大，服务价格高。国内外均在探索可靠实用的旋转导向钻井系统。未来在有缆钻杆、有缆碳纤维复合材料

图3 连续运动钻机样机

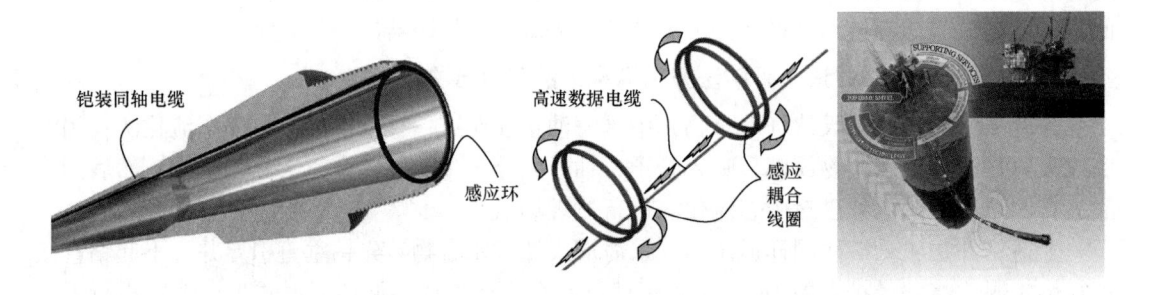

图4 NOV公司的"软连接"有缆钻杆

连续管、井下电动钻具的基础上，必然发展井下电动智能导向钻井系统，其结构更简单，更容易实现智能导向和地面及远程实时操控。

4. 无隔水管钻井

用海底泵将返至海底井口的钻井液通过专用管线输送到浮式钻井平台上进行处理，这种无隔水管钻井技术已试验成功，但其适用的水深不超过1000m。用双壁管反循环钻井技术（图5）和上述有缆碳纤维复合材料双壁连续管有望实现深水无隔水管钻井，二者既充当钻杆，又充当隔水管，还能实现数据的实时、高速、大容量、双向传输，以及向井下连续供电。

5. MEMS传感器

MEMS即微机电系统，是在微电子技术基础上发展起来的一种微型传感器，具有体积小、质量小、成本低、功耗低、可靠性高、适于批量化生产、易于集成和实现智能化的特点。基于MEMS可发展众多的产品，比如MEMS传感器。斯伦贝谢公司推出了应用MEMS

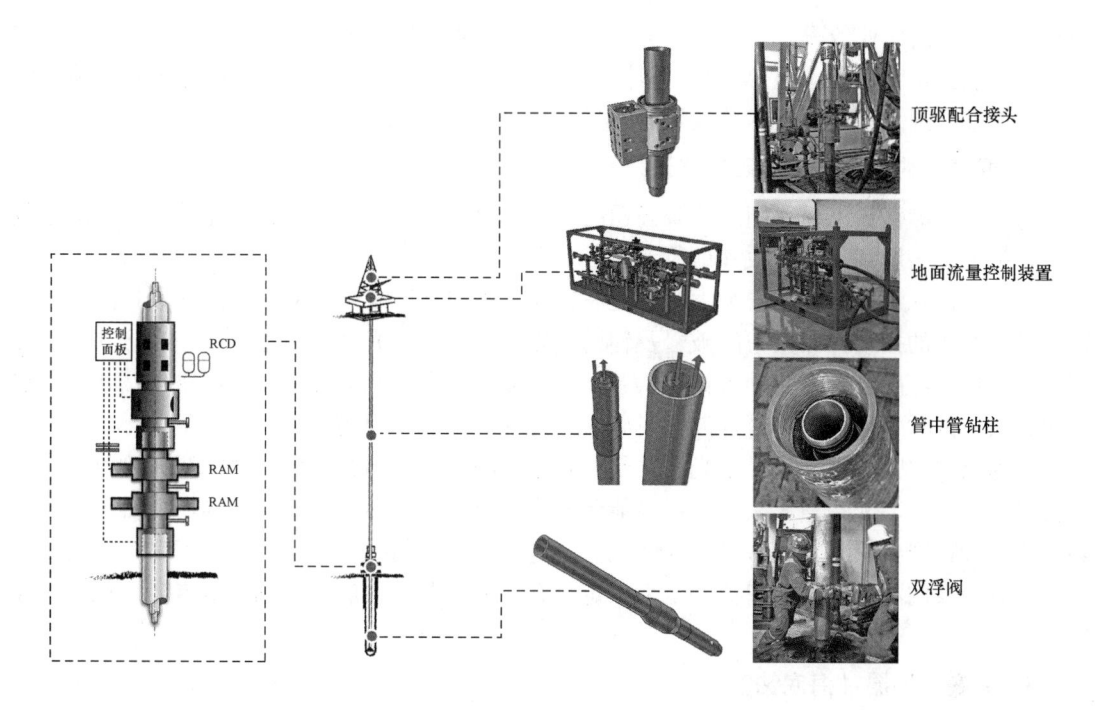

图5 双壁管反循环钻井技术

传感器（图6）的耐高温旋转导向钻井系统和 GyroSphere 随钻测量仪。沙特阿美研发应用 MEMS 传感器进入天然裂缝或次生裂缝，并研发在压裂过程中获取数据的油藏纳米机器人。ION 公司推出了基于 MEMS 的数字检波器，东方物探也在研发 MEMS 检波器。MEMS 传感器在油气工业具有广阔的应用前景，正推动井下工具、仪器的变革。

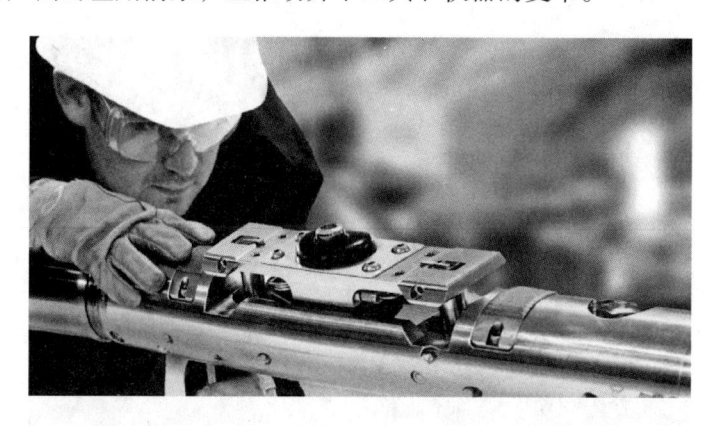

图6 斯伦贝谢公司耐高温旋转导向钻井系统的核心部件，耐温能力高达200℃

6. 无水压裂

水平井体积压裂需要大量的水，限制了这种技术在缺水地区的推广应用。为此，中国和美国都有公司在探索无水压裂，均试验过 CO_2 压裂。加拿大 RocketFrac 公司将固体火箭推进剂跨界引入油气压裂中，研发出一种固体火箭推进剂无水压裂技术，它不需要使用任何压裂液和支撑剂，可在 0.1~0.5s 内产生 30000psi 的高压，释放大量高压气体压开地层，可节

— 159 —

约水资源，提高作业效率。RocketFrac 公司已将该技术成功应用于 1000 多口直井，增产效果明显。该公司同 Orbital ATK（一家国际知名的航空航天和国防制造商）合作研发第二代固体火箭推进剂无水压裂技术及其配套工具。

7. 颠覆性的破岩及辅助破岩方法

为实时监测钻头工况，国外油服公司已研制出仪表化钻头。未来仪表化钻头监测的参数将从钻头工况拓展到工程参数和地质参数。

提速是钻井永恒的主题。为大幅度提高钻速，国内外从未停止对新的或颠覆性的破岩及辅助破岩方法的探索。探索中的破岩及辅助破岩方法有：激光钻井、电脉冲破岩、共振破岩技术、等粒子体破岩、钢粒冲击钻井、井下增压器、超高压水力脉冲钻井、空化钻井、水热裂法、热机械联合破岩法、毫米波辐射破岩、超临界 CO_2 钻井等。

美国能源部曾组织开展过激光钻井研究。德国的 4 家公司正在联合研究激光喷射复合钻井技术：在钻头上配备激光头，先用高能激光束照射岩石，然后用钻头和高压射流破碎及清除岩屑。沙特阿美持续开展激光射孔研究，并进行过激光射孔现场试验。

随着探索的不断深入和广泛，未来一定会有一种颠覆性的破岩或辅助破岩方法投入实际应用。

8. 海底钻探器（海底钻机）

钻井船和半潜式钻井平台日费高昂。为降低海洋地质调查（包括天然气水合物地质调查）的费用，中国、美国、德国、澳大利亚等国均研制成功了海底钻探器，并投入了商业应用。海底钻探器在海底依靠机器人自动完成钻进、取样、测量等作业。中国"海牛号"海底钻探器（图 7）的最大作业水深达到 3200m，最大钻深能力为海床以下 90m。未来有望打造适用于天然气水合物开发的海底钻机。

图 7　中国"海牛号"海底钻探器

五、超级压裂技术实现油气开采降本增效

自2014年下半年国际油价暴跌以来，美国页岩油气降本增效成果显著，页岩油桶油成本降幅高达45%，主要得益于四个方面：油田服务成本周期性下降、向核心区转移、改进井型设计和不断学习（建立学习曲线）。其中，超级压裂技术和压裂支撑剂等的进步提高了单井产能，降低了桶油成本。压裂水处理技术提高了压裂过程中的废水利用率，提高了经济效益和环境效益。

（一）超级压裂技术

近年来，美国页岩油气井水平段长度不断增加，主要盆地近一年来新钻井水平段长度大于2400m的占比超过了40%，Bakken和二叠盆地米德兰地区甚至超过了70%，相应的压裂强度也在不断增加，常规压裂已经无法满足核心区油气开发的要求，一项新技术——超级压裂技术应运而生。

1. 技术定义

2015年，IHS Markit提出了"超级压裂"的概念。超级压裂又称强化完井，主要是通过缩短段间距、增加压裂级数和提高单级加砂强度等一系列措施来增加完井强度，实现"超级规模"缝网，从而提高单井产能。超级压裂完井模式最显著的特点就是需要超大量支撑剂，因此IHS Markit用支撑剂强度（即单位水平段长度的支撑剂用量）来作为定义超级压裂的指标。由于地质条件、核心区资源品位、作业条件等差异，超级压裂的指标下限因油田而异，详见表1。

表1 不同油田超级压裂指标下限与超级压裂占比

油田	2017年平均水平段长度（m）	2017年平均支撑剂强度（kg/m）	超级压裂指标下限（kg/m）	超级压裂井数占比（%）
Bakken	2913.9	—	1340.6	32
Eagle Ford	2062.0	3209.9	2532.2	67
Bone Spring	1519.4	3343.9	1787.4	74
Wolfcamp Delaware	1789.2	3686.5	2234.3	50
Wolfcamp Midland	2604.5	2830.1	2234.3	63

2. 技术效果

超级压裂主要通过如下两个方面来提高单井产能：

（1）提高峰值产量。油田生产数据表明，单级加砂强度和油井峰值产量之间有很强的正相关性。作业者通过超级压裂不断创造单位水平段长度峰值产量的新纪录。

（2）提高单井最终可采储量。通过比较超级压裂和传统压裂后油井产量递减曲线可以

发现，超级压裂后油井前两年的初始产量递减率并没有明显提高，这意味着超级压裂不仅仅是简单地增加了采油速度，而且可以提高单井最终可采储量。

油田实践数据表明，采用超长水平井和超级压裂技术之后，由于压裂段数增加，需要购买和注入更大量的支撑剂，单井绝对成本会随之增加，增幅约为12%。但是随着油气井结构复杂度的增加，单井产能大幅度提升，再加上低油价下的成本通缩，综合来看，桶油成本大幅度降低，Eagle Ford 核心区块桶油成本降幅为20%~25%。因此，超级压裂技术在美国页岩油气核心区变得相当具有吸引力。

3. 应用与推广

EOG 公司是超级压裂技术的引领者，2014 年率先在 Eagle Ford 和 Bakken 的核心区应用超级压裂技术，单井平均产量分别提高了20%和12%。随后二叠盆地、Marcellus 和 Niobrara 的支撑剂强度也有大幅度增长。目前，EOG 公司所采用的支撑剂强度已经趋于稳定，其他公司正在追赶这方面的纪录。截至2017 年，Eagle Ford 和 Bakken 新钻井超级压裂的比例分别为67%和32%（图1）。

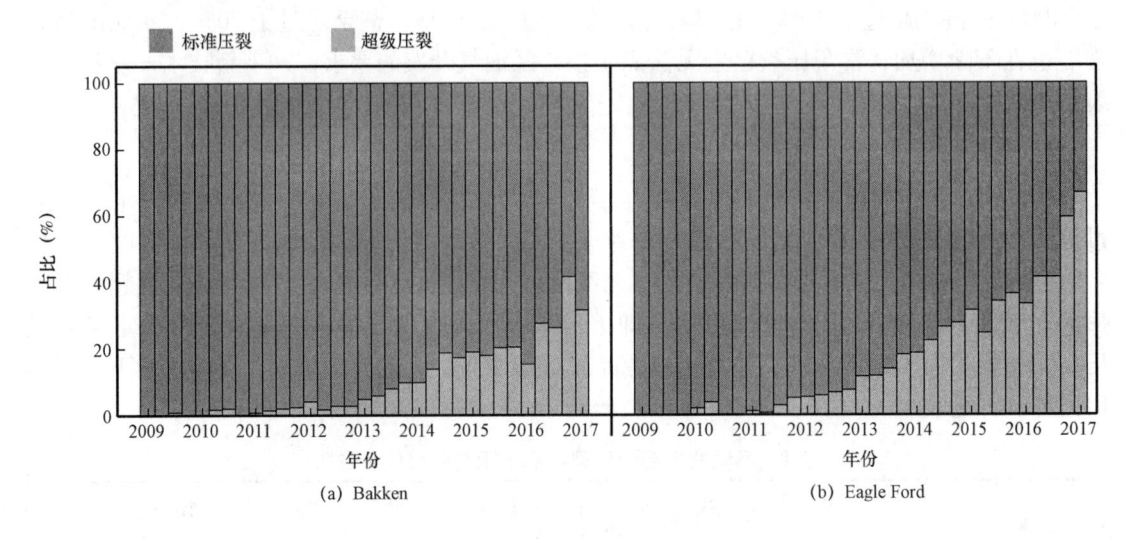

图 1　Bakken 与 Eagle Ford 超级压裂井数占比

超级压裂并不是所有生产井的灵丹妙药，主要适用于核心区的最优质井。应用实践表明，超级压裂效果与区块资源品位有很强的正相关性，也就是说，超级压裂最适合在资源品位较好的核心区采用，在非核心区超级压裂不但没有效果，反而会增加压裂成本。

4. 发展前景

页岩油气降本增效最具潜力的方向是钻井和压裂。通过革命性技术手段实现"成本下降，产量翻番"的效果，是降本增效的最高境界。从技术生命周期的角度来分析，自2007年水平井分段压裂技术革命发生以来，在技术上升期适逢2014年下半年油价下跌，进一步刺激了该技术的完善和优化，超长水平井和超级压裂技术应运而生。随着油价的逐步回暖，支撑剂价格和油服成本呈现恢复性增长，超级压裂技术带来的生产力增长越来越难以实现，作业者会再次转向"高精准"压裂技术的研发与推广。

（二）支撑剂技术新进展

随着压裂技术广泛用于全球低渗透油气田开采，与之相关的支撑剂技术也得以不断发展。近年来出现了具备可膨胀、自悬浮、超低密度等多种特性的支撑剂，极大地提升了压裂的施工效果，降低了作业成本。

1. 自悬浮支撑剂

在水力压裂过程中，为了防止支撑剂沉降，使其顺利到达预定位置，通常需要向压裂液中加入增黏剂、悬浮剂、降阻剂等添加剂，这不仅增加了压裂泵的功率输出，还会对地层造成伤害。Fairmount Santrol 公司推出的 Propel SSP 自悬浮支撑剂可使用清水作为压裂液，有效地降低了压裂成本，保护了储层，提高了产量。

Propel SSP 自悬浮支撑剂通过在传统的支撑剂表面附加一层厚度为 1~3μm 的水凝胶涂层制成，具有以下特点：（1）支撑剂的水凝胶涂层在充分水化后会膨胀（图2），其有效相对密度可从2.6减小至1.3，极大地提高了悬浮能力，减少了支撑剂的沉降；（2）支撑剂浓度为 1~3lb❶/gal 时，上层清液的黏度仅为 5~35mPa·s，因此，使用较低黏度的液体甚至清水即可完成支撑剂的运送，减少了添加剂的用量以及压裂泵的功率输出；（3）支撑剂较好的悬浮特性使其能够顺利到达裂缝深部，增强了裂缝的长度，支撑剂体积的增大使裂缝导流能力得以增强，最终可有效提高油气井产量。

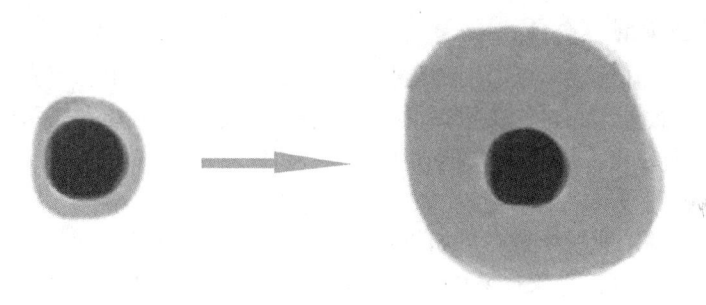

图 2 支撑剂水化后体积变大示意图

Propel SSP 自悬浮支撑剂自推出以来在 Escondido、Marcellus、Utica 等地区进行了矿场试验，取得了良好的效果。与传统的石英砂相比，该支撑剂平均可节约 77% 的添加剂、14% 的泵送时间以及至少 10% 的压裂成本。最近在 Bakken 使用这种支撑剂，产量增加了 39%。

2. 可膨胀支撑剂

美国俄亥俄州的 Terves 公司正在研发一种可膨胀支撑剂 XOProp™——Terves 公司刚性膨胀支撑剂 Exalon 产品系列的一种，其应用的可膨胀支撑剂技术目前正在申请美国专利。

XOProp™ 支撑剂具有以下特征：（1）支撑剂内部嵌有具备反应性材料的聚合物微粒，微粒内含有大量的极小尺寸或纳米粒子，这些粒子可以和地层的化学物质反应从而膨胀。（2）聚合物微粒相对于完井液及地层内的液体具有半渗透性，通过改变颗粒尺寸可以控制

---

❶ 1lb = 0.4536kg。

膨胀的反应速率。聚合物内部的反应性材料与水、二氧化碳或其他液体发生反应，根据液体的化学特性和温度，将经历氧化、水化、碳酸化或羧化反应。（3）与传统的石英砂相比，XOProp™支撑剂膨胀后具有更大的体积以及更强的承压能力（图3）。支撑剂的体积膨胀后可以在巨大的闭合力影响下形成稳固的支撑剂充填层，从而达到稳定地层、避免支撑剂返出和出砂的目的。

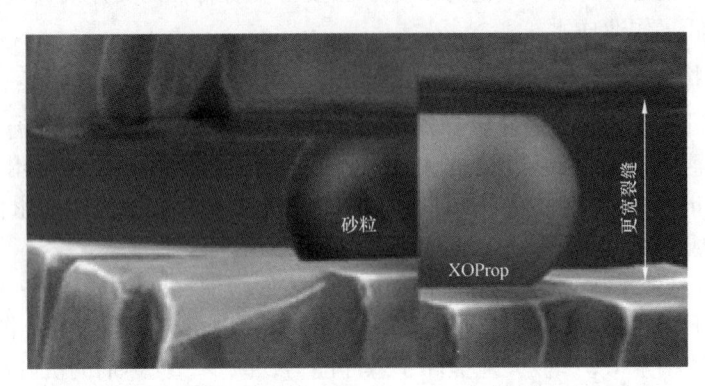

图3 XOProp™和传统支撑剂对比图

FracGeo公司使用最先进的岩土力学模拟技术对XOProp™支撑剂进行了油井产量模拟。结果表明，在将新型支撑剂注入Wolfcamp高含碳酸盐岩井的模型中后，模拟预计在生产初期的24～28个月内，油井累计产量将提高23%。

3. 超低密度支撑剂

滑溜水体系由于作业成本低、对地层伤害小等优点而在压裂中广泛应用。然而，由于黏度相对较低，会导致悬浮和运输支撑剂的能力下降，这是运用滑溜水体系最显著的缺点。为此，CARBO公司研发出CARBOAIR新型易运移、超低密度陶粒支撑剂技术，利用滑溜水水力压裂提高油井产量和最终采收率。

CARBOAIR支撑剂相对于砂粒的密度较低（超轻陶粒的表观密度为$2g/cm^3$，而砂粒的表观密度为$2.65g/cm^3$），比较容易运移，可以最大限度地提高储层接触面积与裂缝导流性，从而提高产量与最终采收率。CARBOAIR的体积密度（为$1.15g/cm^3$）小于砂粒的体积密度（为$1.56g/cm^3$），相同质量下，体积增加约35%，可以通过增加裂缝体积（裂缝长度与高度）来增加油藏接触面积，且不会损害裂缝的导流能力，同时还可以利用低黏度的压裂液进行充填，降低开发成本与桶油成本。

该支撑剂已经用于Permian盆地三个主要区块，其中A井是Bone Spring第二层位的一口水平初探井，层位厚度为30.4m，夹在两套厚灰岩之间，孔隙度很小，压裂效果不理想。采用40/70目CARBOAIR支撑剂代替40/70目的砂粒，通过利用CARBOAIR支撑剂的轻质特性与裂缝的复杂性，取得了较好的效果。通过作业井中收集到的资料进行建模分析，结果表明，支撑裂缝长度与支撑裂缝高度分别增加了16%与40%，油藏接触面积增加了19%以上。从井动态来看，A井的平均月产量保持稳定，并且从较薄油层中获得了良好的长期衰减曲线。

CARBOAIR支撑剂提供了多种完井设计选择，可以和砂粒支撑剂一起使用，可以先行注入CARBOAIR支撑剂，获得更长的裂缝半长和更高的裂缝高度，之后注入砂粒支撑剂，也可以和砂粒支撑剂相间隔注入或混合注入，或单独注入CARBOAIR支撑剂（图4）。使用更少的阶段或更小的裂缝设计来提供相同或更多的产量,而不增加成本,使投资迅速获得回报,并降低桶油成本。

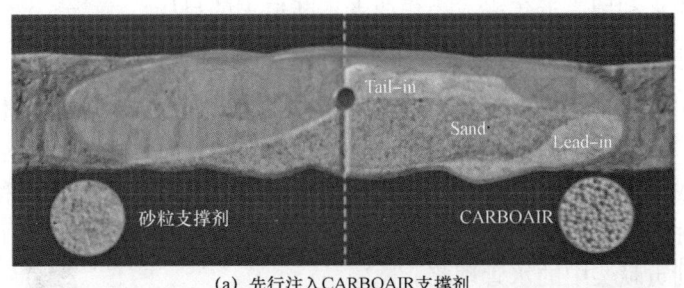

(a) 先行注入CARBOAIR支撑剂

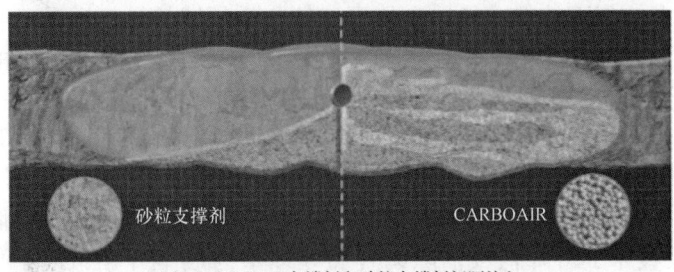

(b) CARBOAIR支撑剂和砂粒支撑剂间隔注入

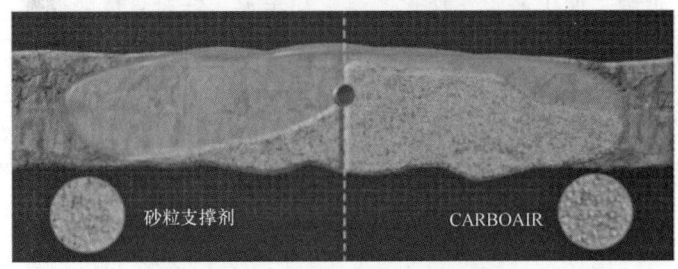

(c) CARBOAIR支撑剂和砂粒支撑剂混合注入

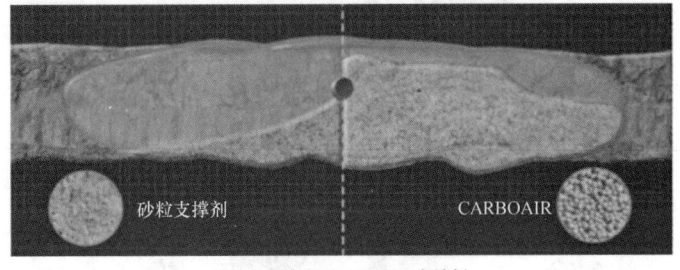

(d) 单独注入CARBOAIR支撑剂

图4 支撑剂注入效果图

(三) 压裂水处理技术

油气勘探行业正处于严格审查之下,以应对日益严重的水管理挑战。水的再利用、注水和排放等行为都将对经济效益产生影响。水力压裂作业通常需要消耗大量的淡水资源,据估计,目前用于压裂的淡水消耗量超过 30×10^8 bbl,而与用水相关的淡水获取、运输、储存及废水处理等费用达 230 亿美元，占到了压裂总费用的 25% 以上。与之相对的，油气生产所产生的废水超过 250×10^8 bbl，而其中只有不到 2% 在压裂作业中得到了重复利用。因此，提高压裂过程中的废水利用率近年来成为作业者不断追求的目标。

1. xWATER 灵活水源压裂液技术

斯伦贝谢公司研发了一项用于特殊环境下为压裂作业提供水源的技术——xWATER 灵活水源压裂液技术，解决了诸如淡水资源不足，现成的生产水、盐水、海水、地层水或废水充足，直接排放或地面处理不经济的、环保措施或规定需要进行水的重复利用、运输困难或运输成本高的多种问题，充分利用多种水源进行压裂作业。这项技术获得了 2016 年《E&P》杂志技术创新特别贡献奖中的水管理奖。

xWATER 技术具有以下特点：（1）利用了流体化学领域的最新进展，包括耐盐聚合物和化学品、水质结垢的预测及缓解技术、针对性的水处理技术等，使得处理后的产出水与储层有更好的配伍性，相对于淡水可以在压裂过程中有效降低储层伤害并提高单井产量；（2）可以扩大压裂液水源的范围，充分利用就近水源，除产出水之外，地下水、海水等在经过特殊处理后均可用于压裂作业，有效降低了运输成本；（3）可以根据客户当前的压裂用水管理状况、油藏特性等，为其提供定制化的压裂液处理服务，进一步优化作业效率，降低用水成本。

使用 xWATER 技术，可降低或消除购置和处理水的成本开销，最小化水的运输成本，最大化利用可替代水源，如生产水、盐水、海水和污水，针对具体的储层条件优化压裂液体系，降低或消除对水处理的需求，确保 100% 的生产水再利用（图 5 黑色部分）。应用 xWATER 技术可以鉴定和识别水质量、用量和水管理周期的总成本，实现经济和效率的优化，评估储层效应确保对产能有积极的影响，根据当前经济发展，采用优化的水管理和操作方案进行快速的经济可行性评估，根据作业商具体的水和流体条件定制压裂液体系，在大多数应用中采用非衍生瓜尔胶，而不需要昂贵的液体升级。

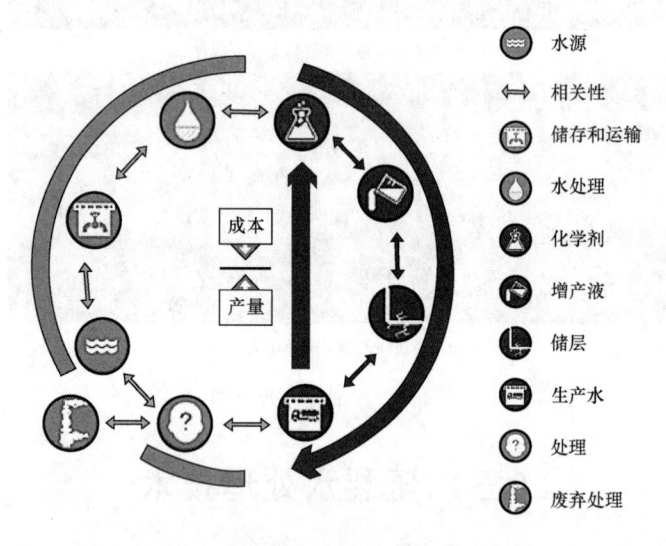

图 5 xWATER 灵活水源压裂液技术

xWATER 技术在北美 Williston、Bakken 等产区取得了较好的应用效果，与传统的压裂方式相比，极大地减少了淡水用量，降低了压裂作业成本。同时，通过废水循环利用有效降低了环境污染。

2. HRT 油气回收技术

为满足不断变化的监管环境加上公共部门对于环保和可持续发展的需求，提升水资源管理水平，Pentair 公司开展油气回收技术（HRT）研发，为显著提高固体污染物控制效率和油气回收效率提供了潜力。

HRT 用于产出水系统，能够提高运营效益、环境效益和经济效益。更灵活的操作、化学剂方面的节约、降低与结垢和消除水质偏差相关的维护成本，都显著提高了系统的性能。HRT 系统牢固的设计是模块化、可扩展的，可适用于新建项目或现有设备升级。HRT 在烃浓度高达 5% 的产出水中的回收效率高达 99.98%，可以实现 API 度高达 13°API 的重油的有效分离，可以增加处理量，降低运营成本，增加可循环利用产品和减少停机时间。

在海上油田水资源管理中，甲方和经营者面临的诸多问题，包括固体颗粒和悬浮油堵塞注入井和产层、无机垢沉淀堵塞管线及阀门和孔口、水中油浓度超标、细菌滋生堵塞管线及阀门或导致储层伤害等，都将有望通过 HRT 系统得到解决，在满足环境的健康和安全要求的同时提高处理性能。

3. MYCELX RE – GEN 水处理技术

斯伦贝谢公司的 MYCELX RE – GEN 是一种可以用于处理含油污水、油田采出水及工艺废水的介质，该产品表面具有已获专利的聚合物涂层，可以极为经济有效地将污水中的油污和固体悬浮颗粒粒径降至 5μm 以下，单次的处理率可达 95%，处理过程中不需添加化学物质。

在化学驱应用中，聚合物以及其他化学品含量较高的污水经 MYCELX RE – GEN 处理后可以再次回注到油田中进行循环利用。聚合物含量较高的污水在处理后，聚合物的黏弹性完全不会受影响。MYCELX RE – GEN 在有效地减少油污和固体悬浮颗粒的同时，对于水溶性的驱替液性质基本没有影响。在热采的应用中，在对采出水进行软化处理前去除油污以及固体颗粒，可以有效提高污水软化处理效率并降低处理成本。

MYCELX RE – GEN 介质具有以下优点：（1）在分离水和杂质时不需使用化学剂，可以有效地将油污、固体悬浮颗粒以及油污包裹固体物的粒径降至 5μm 以下；（2）对聚合物驱以及三元复合驱的产出水进行处理时，不会因为吸附聚合物而降低其含量；（3）具有较长时间的有效性以及较低的处理成本。

在北美一个老油田中，某大型油气运营商采用了 ASP 三元复合驱，在显著提高产量的同时导致产出水高度乳化并掺杂了各类杂质，包括 200 ~ 2500mg/kg 的油污以及 50 ~ 1000mg/kg 的固体悬浮颗粒。这些杂质的存在增加了化学品的用量，降低了处理效率，并增加了地层堵塞的风险。同时，传统的处理技术无法持续地将污水中杂质含量降至 10mg/kg 以下。为解决以上问题，斯伦贝谢公司开展了相应的室内实验，并提出了整套解决方案。在第一阶段使用油水分离器回收油污；第二阶段使用 MYCELX RE – GEN 污水处理技术；第三阶段使用 MYCELX RE 水包油净化装置。经过以上处理后，尽管污水流速仅为 286bbl/h，但运营商仍能持续地处理产出水中 98% 的油污，使其浓度低于 10mg/kg。经处理后的产出水又被回注到了油田中，有效节约了时间及成本。

六、油藏描述技术新进展

油藏描述技术是 20 世纪 30 年代萌芽，70 年代发展起来的用于油气田勘探和开发的一项实用技术，在业内已成为认识油藏特征最基本和最重要的手段。目前，这项新技术已在生产中广泛应用，获得了显著的经济效益和社会效益。2018 年，油藏描述技术取得了一系列新进展。

（一）微流体芯片油藏描述技术

加拿大 Interface Fluidics 公司推出了一种只有邮票大小的、由硅和玻璃条刻蚀而成的微流体芯片（Reservoir‑on‑a‑Chip）。微流体芯片能够复制储层物性参数，展示化学剂和碳氢化合物相互作用的全过程，直接测量化学剂性能，实现油藏纳米级可视化，帮助人们深入了解储层（图1）。因此，被称为"认识非常规油气藏的撒手锏"，有助于验证各类提高采收率技术的有效性。

图 1　利用微流体芯片技术进行油藏化学剂评价

1. 微流体分析技术在油气行业的应用

微流体技术发源于生物医学领域，主要用于 DNA 和细胞级癌症分析、糖尿病诊治等，近年来被引入油气行业，斯伦贝谢公司和 RAB 微流体公司是最早的应用者。

2016 年 5 月，斯伦贝谢公司在海洋技术大会（OTC）上推出了一项微流体测试服务，用于分析原油的饱和物、芳烃、树脂及沥青质成分。这是微流体技术在油气行业的首次商业化推广。

2016 年 10 月，RAB 微流体公司发布了可监控润滑油质量和污染物的"芯片传感器"。第一批样机已被海洋公司试用，通过实时数据监测，可提前发出关键系统（如压缩机、涡轮机、起重机及顶驱）的维护警告。

2017 年 3 月，Interface Fluidics 公司推出可实现油藏纳米级可视化的"微流体芯片"储层分析服务，并获得了 2017 年艾伯塔科技领导基金（ASTech Foundation）的奖励。

2. 微流体芯片储层分析技术的特点

（1）能够实现储层纳米级可视化。微流体芯片的最大优势是能够实现储层纳米级可视化。该技术可复制储层物性参数、展示化学剂和碳氢化合物相互作用的全过程，并能够直接测量化学剂的性能。由于微流体储层芯片有一侧是透明的，研究人员可利用安装在显微镜上的高分辨率相机记录实验过程（图2）。为模拟实际储层条件，芯片可被加热和加压，并被与实际油藏原油和水样相似的流体所饱和。通过记录化学剂注入视频观察流体混合物如何在人造孔隙结构内流动，揭示促使原油流动或留滞的相捕获、润湿性改性、固体沉积或乳化等各类机理。

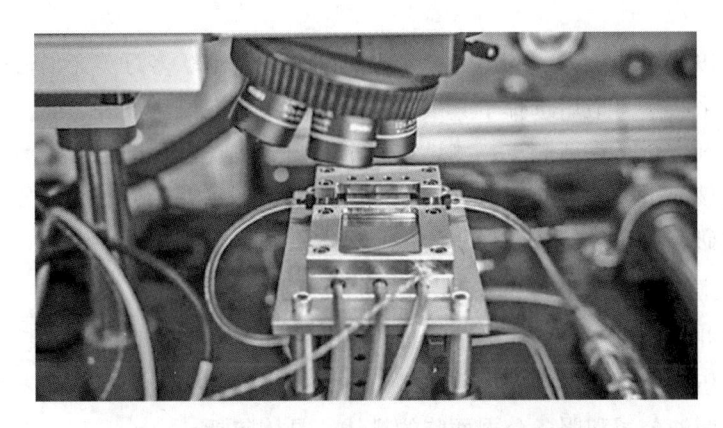

图 2　利用微流体芯片技术记录流体间的相互作用

（2）能够实现储层数据高度可复制。微流体芯片的数据能够实现高度可复制。利用从岩样或文献中获取的储层数据，可在几小时内复制一份艾伯塔多孔砂岩或二叠盆地 Wolfcamp 页岩的纳米级微流体芯片。针对同一类型储层可制作成百上千份微流体芯片，利用这些"备份"可充分研究实际油气藏条件下化学剂与油气间的反应（图3）。截至 2018 年底，Interface Fluidics 公司已复制 20 多种不同类型储层的微流体芯片。这些微流体芯片被用于稠油开采、水力压裂流体分析及页岩油气提高采收率项目研究。

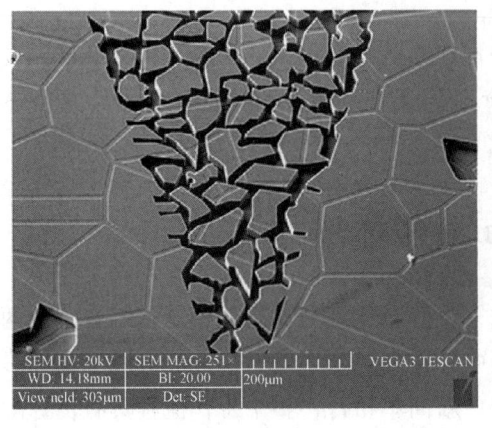

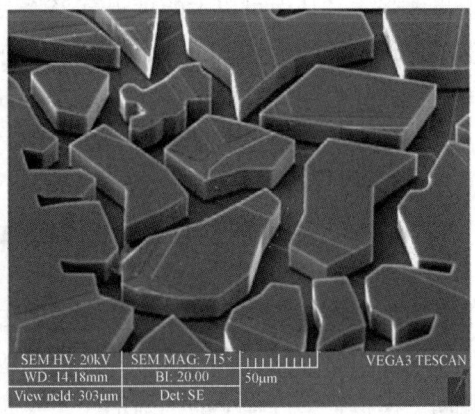

图 3　微流体芯片用于复制致密储层基质

(3)能够实现低成本测试。较低的测试成本是微流体芯片能够商业化的关键因素。以往为了验证纳米表面活性剂在非常规储层中的增产机理,采用传统复杂岩心驱替测试成本要高达1.2万美元,而现在利用微流体芯片进行测试,所需成本不足原来的一半。

3. 应用案例

微流体芯片已在部分公司应用,成为验证提高采收率技术是否有效的关键工具。

1)稠油热采应用案例

2017年以来,Interface Fluidics公司利用微流体芯片记录表面活性剂泡沫如何在250℃提高稠油采收率,目前测试温度可高达340℃,测试压力高达7000psi,且正在攻关10000psi高压。

加拿大某油田曾用传统方式,历经一年多时间,耗资100多万美元,筛选测试了几种发泡剂来提高稠油采收率,最后选择了其中一种准备应用。在最后下井之前,他们用微流体芯片对选定的发泡剂进行了重新测试,测试在几小时内完成,发现选定的发泡剂会对储层造成严重伤害,最终该油田取消了应用这种发泡剂。此外,加拿大Trican服务公司也在利用微流体芯片开展相关研究。

2)非常规储层应用案例

为促进水平井早期投产,向压裂液中加入纳米表面活性剂是目前的新趋势。但是,如果化学剂组合不配伍,会对非常规储层造成严重伤害,如何研究压裂液中纳米表面活性剂所发挥的作用,是当前油公司和服务公司面临的挑战,具体包括:

(1)成像挑战。X射线和断层扫描(CT)等专业成像技术难以对纳米级的微小区域进行成像分析。

(2)岩样挑战。缺乏进行大量测试的足够岩样。此外,处理岩样之间的差异也是个挑战。

(3)时间挑战。进行一次非常规岩样的岩心驱替测试,需要花费数月时间。

微流体芯片技术恰好可应对这些挑战。测试分析结果表明,纳米表面活性剂可以更有效地降低界面张力,从而可以大幅度提高采收率。

挪威Equinor公司已与Interface Fluidics公司建立商业合作伙伴关系,即将开展涉及北海和美国数百口页岩油气井的试点项目。Equinor公司正在利用微流体芯片技术筛选合适的化学剂,以期最大限度地提高页岩油气产量。

(二)Big Loop油藏描述方法

艾默生公司推出了Big Loop油藏描述方法,将静态建模与动态建模紧密结合,使两者在油田生命周期内始终保持同步,从而量化模型中存在的风险。同时,充分考虑了从地震解释到油藏动态模拟整个过程中的不确定性,数据更新简单易行,整个工作流程具有良好的稳定性、可重复性与一致性。

1. 数据集成

在进行油藏描述时，经常面临多尺度数据和多源信息整合等难题。影响动态模拟的一个重要因素就是需要在三维模型中实现稳定、一致的数据集成，例如，正确表征油气井的能力，包括水平段数据、地震（包括4D）数据以及生产数据。人们还需弄清从数据中能够获取哪些信息。亟待解决的问题包括：该模型能否成为整个油田生命周期的基础？该模型是否具有足够的灵活性，能够扩大研究范围？根据产量数据，是否可以修改现有层位，或者轻松加入新的层位与断层？

2. 地震解释

在地震解释早期过程中量化地质风险，对于提高模型未来的准确性与有效性是非常重要的，是整个油藏描述工作流程中非常关键的一个阶段。在过去，由于地震分辨率有限、时深转换速度受限以及尺度问题，地震解释常常会因为数据带来的模糊性而充满不确定性。艾默生公司推出了模型驱动的解释方法：用户不仅要在地震解释时创建地质模型，还要在地震解释阶段判断不确定性，从而用户可以通过估算其地震解释方案中的不确定性来创建数千个模型。通过这种方式，可以生成不确定性图，用以发现开发前景中的关键风险点，还可以快速确定其他区域的风险以供进一步研究。

3. 构造建模

地震解释后的下一步，是利用地震解释过程中获取的不确定性来创建一个稳定的三维构造框架。这包括油藏中的所有断层，断层与断层之间的关系，断层与地表之间的关系以及由于岩石分布不同而形成的非均质性。整个断层建模流程高度自动化，采用了数据驱动算法，对输入数据进行筛选、编辑或平滑处理。在某些情况下，可以创建一个层位模型，作为断层模型与网格之间的中间模型。构造建模能够处理数千条断层，编辑各断层之间的关系，并最终建立油藏网格模型，这种能力意味着油田团队的所有成员都可以轻松地实时更新模型，测试不同的解释方案，并将模型用于特殊应用中。

4. 模型网格充填

艾默生油藏描述工作流程中包括基于地质特征建模的沉积相工具，以及基于模型的大数据驱动工具，能够将地震数据信息整合到模型中去。目标模型能够将地震数据与地质统计学方法（如设计原则、趋势与变量图）融合在一起，从而提供更真实的油藏特征模型，包括井数据、体积约束以及沉积环境。新一代建模工具会更符合地质特征与多井数据，能够及时对模型进行数据更新，这一点也与 Big Loop 方法中易于更新的原则相吻合。

5. 油藏模拟器链接

在这个阶段，促进静态与动态领域数据之间的转换至关重要。其中，就包括时间相关数据的处理，如储层参数（包括压力与流量等生产数据）。为此，该工作流程采用了一个事件管理工具，该工具完全能够处理这些数据，并有助于构建与维护初始流动模型。图4展示了工作流程内的静态模型与时间相关数据（基于注水井与生产井，利用它们各自的流速与射孔间隔）的同步可视化图。工作流程还可以基于多个版本的静态模型，对动态域和静态域进行整合。通过创建一个"随机代理器"，能够与随机历史井的数据进行匹配。

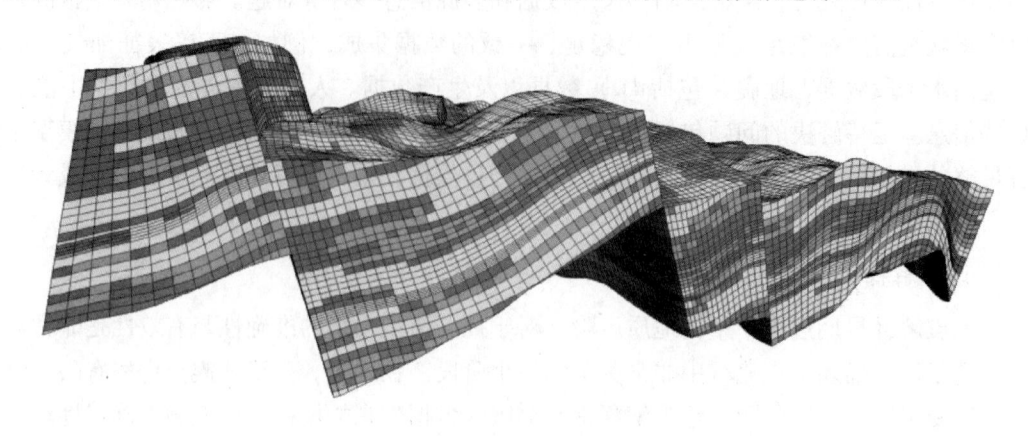

图 4　艾默生推出的 Big Loop 工作流程图

6. 工作流程

Big Loop 工作流程是艾默生油藏描述过程的基石，它能够将静态与动态领域数据紧密结合，确保工作流程的稳定性、可重复性与一致性。通过运用自动化的方法，加上新型创新工具的支持，可以确保人们能够利用油藏模拟器创建最佳的模型，更好地进行油田开发决策。

（三）DNA 测序油藏描述技术

近年来，非常规油气开发取得了长足的进步，但对于油藏储层特征认识的不足制约着其单井产量的进一步提升。例如，由于不能准确识别压裂"甜点"的位置导致了许多无效的压裂层段，井间连通性认识不足导致无法有效地实施多井的产量优化。得益于近年来 DNA 测序技术成本的降低以及计算机性能的提升，美国 Biota 技术公司成功将 DNA 测序技术引入油气行业，特别是页岩油气开发领域，推出了地层 DNA 诊断技术，大幅度提升了油藏特征描述的准确度。

尽管地层中生活的微生物种类成千上万，但只有特定类别的微生物同油气有着较为紧密的联系。由于该类微生物对于地层温度、压力条件、有机质含量、矿化度、油水性质、孔喉结构等有着较强的选择性，其包含的 DNA 信息也成为储层特征的重要标识。基于这一原理，地层 DNA 诊断技术通过提取钻井液、岩屑、产出的油和水等样本中的 DNA，利用 DNA 测序以及云计算技术对大量 DNA 信息进行分析，最终可以获得相应位置储层特征的相关信息。

Anadarko 公司利用该技术对 Delaware 盆地的 26 口井不同产层的贡献率进行了分析，其中 11 口井位于 A 层组，15 口井位于 B 层组。分析过程中共采集了 174 个流体样品，并获得了数以千计的 DNA 样本标记。通过建立数据模型，对这些样本进行了筛选和分析，发现两个层组的 DNA 标记具有较强的生物学相似性。通过分析产出流体中样本和地层微生物 DNA 标记的匹配程度，可以得到各井不同产层的产量贡献率，如图 5 所示。

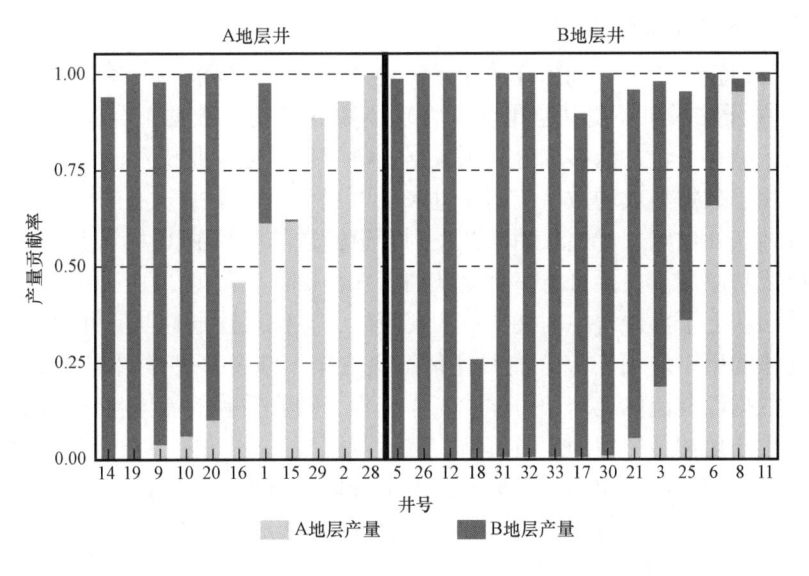

图5 产层产量贡献率分析结果

（四）油藏描述技术云平台

为了应对越来越复杂的作业环境所带来的挑战，斯伦贝谢公司最近扩建了其在休斯敦的油藏实验室，将自己的油藏描述技术进行了拓展与集成，形成了可覆盖整个油田生产周期内各类油藏描述技术的云平台，集成了岩石流体测量分析服务，覆盖了整个油藏生产周期内从数字化现场采样到测量与建模的各种油藏描述技术，可以为客户提供创新解决方案、数字模型以及地质学专业技术（图6）。

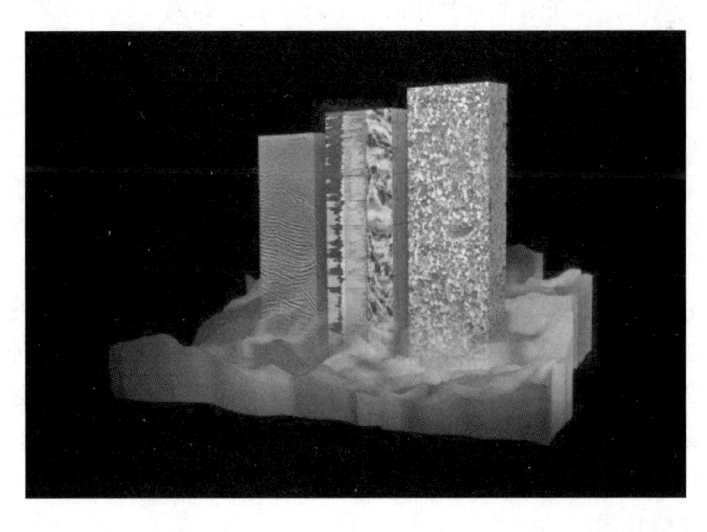

图6 油藏实验室提供一系列岩石与流体的物理和数字分析服务

1. 数字化、集成化云存储平台

斯伦贝谢公司正尝试用一种综合的油藏描述方法来取代以前各种零散的方法，利用该公司的 DELFI 勘探开发认知环境共享平台，将现场数据与实验数据整合在一起。DELFI 是一款高安全性的云储存平台，能够综合利用数据、科学知识与专业技术，来促进勘探开发团队之间的协作。用于数据集成的数字应用反过来也可以促进全面的岩石与流体的模拟与解释，从而能够更好地认知油藏，优化从油藏开发到管道输送的整个油田生产过程。

该方法已成功应用于墨西哥湾一个复杂的深水油田中，降低了油公司所面临的不确定性与风险。该油田在上下部砂岩中间夹了一大套页岩，在储层连通性与完井设计上都有较大挑战。因此，在该油田中应用了综合油藏评估解决方案，涉及多种学科与技术，包括地震勘探、电缆测井数据以及流体地球动力学的工作流程，结合精确的流体与地球化学性质的实验室测量，能够推导出油藏模拟的地质模型。然后对模型进行校正，以达到产量和压力的模拟值与实际数据相匹配。油藏模拟结果证实，上下砂岩之间具有连通性，这有助于油公司优化井眼轨迹与完井设计，从而帮助公司节省了 5000 多万美元。

2. 完整的流体表征采样技术

斯伦贝谢公司土星 3D 径向探头能够在裸眼钻孔周围的地层中建立并保持三维圆周移动，可以实现精确的压力测量、井下流体分析、采样以及渗透率估算，特别适用于传统电缆测试技术难以测量的困难地层。在墨西哥湾一层状疏松油藏中，使用了一款 9in 的土星探头，采集到了洁净的单相原油样品，采样作业只用了 2.5h。

除了裸眼采样外，斯伦贝谢公司还开发了用于综合油藏描述的随钻分析与采样技术。SpectraSphere 流体随钻测绘服务，可在钻井过程中对井下流体成分与压力进行实时测量，帮助油公司尽早认知油藏流体性质。在密西西比峡谷区块中应用时，极大地改善了地层压力测试与流体采样流程，成功完成了 6 个井下样本的实时采集与分析。这是业内首次实现实时获取详细的油藏流体性质，以往通常需要等两三个月才能拿到流体分析结果。

3. 测量技术优化

近年来井下岩石与流体的测量发展较快，同时相关技术与作业流程也在实验室中得到了优化，通过提高测量效率与数据的可靠性可以更好地认知油藏。例如，通过引入现场实时测量技术和作业流程，可以显著降低物理实验测试次数，增加输入状态方程模型中的数据的可信度。整个作业的自动化程度不断增长，不仅有助于提高效率，加速信息的获取，提高可靠性，还实现了数字化进程。

斯伦贝谢公司旗下的流体包裹体技术公司（FIT）是一家专门从事岩石中束缚流体实验分析的公司，他们进一步拓展了油藏综合描述的服务组合。FIT 采用了一种特别适用于分解流体包裹体中小浓度油气的技术，能够对石油的运移与富集进行记录和描述。特别是在非常规油气藏中，这些信息有助于指导基于预期产量的完井决策。整个工作流程完全自动化，包括元素分析与高分辨率全景成像等复杂环节。

4. 综合三维建模技术

斯伦贝谢公司 CoreFlow 数字岩心与流体分析服务，包括物理和数值分析，能够创建整体三维岩心模型，用来进行动态流动模拟，评价多种油气流动情况，从而更快更好地进行方案选择。该技术能够为油藏模拟提供相对渗透率、毛细管压力等数据。其孔隙级的组分模拟器能够将分析范围扩展到物理分析所能达到的范围，这为非常规油气提高采收率提供了非常及时的工具。最近在鹰滩项目中，新技术帮助油公司重新修订了油气产量极限，并优化了注气方案。

虽然流体性质在设计计算中非常重要，但由于软件可用性不佳，模型之间缺乏互换性，缺乏标准化、一致化的工作流程等因素，在对这些性质进行建模时往往会遇到实际困难。为了实现整个油藏生命周期内准确的流体模拟，斯伦贝谢公司在 DELFI 平台上发布了流体建模（Fluid Modeler）应用程序。该程序不但可以进行以井下测量、实验室流体分析、软件解决方案与咨询服务为基础的一致化流体分析与建模，还实现了地质、地球物理、油藏工程、钻井与生产之间的交叉协作，同时还能充分挖掘现有数据的全部潜力来优化油田的勘探与开发，为团队提供一种新的工作方式。

七、基于机器学习的人工智能解释技术新进展

智能化地震数据处理解释技术是满足油气田高效勘探、低成本开发需求的重要技术方法，是支撑国家油气资源战略目标实现的重要手段。以深度学习为代表的人工智能技术的迅猛发展为油气地球物理勘探提供了新的机遇。为满足油气勘探的需求，油气地球物理勘探迫切需要引入新的思维，创建新的理论，发展新的方法技术。随着大数据、云计算和人工智能的快速发展，以深度学习为代表的人工智能技术的迅猛发展正深刻改变着人们分析解释数据、揭示、表述自然规律及预测未来变化的思维与方式方法，为油气地球物理勘探理论方法技术的创新发展提供了新的机遇。提高工作效率，缩短工作周期，降低工作成本，特别是人工成本，降低对人工经验的依赖性，增强数据驱动分析的可靠性，提高解决复杂问题的能力和应用效果，人工智能技术为石油物探智能化发展奠定了基础。随着大数据分析、机器学习和人工智能的快速发展，地震解释正朝自动化、智能化方向发展。

（一）人工智能地震解释技术发展背景

近两年，基于机器学习的地球物理问题研究取得快速发展。基于机器学习、深度学习等人工智能技术的地震数据处理与解释，充分利用海量数据，通过大数据分析，大大缩短模型处理的时间，改善地震道属性的实时计算以及复杂地区盆地的视觉分析，获得更精确的地下信息，提高钻探成功率。

1. 人工智能技术发展概述

人工智能不是一个新概念。1956 年，科学家提出了人工智能的概念，用计算机来构造复杂的、拥有与人类智慧同样本质特性的机器。之后，人工智能就一直是科学界探索和研究的目标，几十年时间里，科学界对人工智能技术的态度始终褒贬不一。人工智能经历过两次发展浪潮后，始终处于研究低谷，仅在部分领域取得一定应用成效。2010 年以后，随着数据量的快速上涨，计算机运算能力的大幅度提升，最主要是机器学习、深度学习新算法的出现，人工智重新回到人们的视野，开始爆发式发展。

机器学习是实现人工智能的一种方法，使用算法来解析数据、从中学习，然后对真实世界中的事件做出决策和预测。因此，机器学习无须显式编程就能学习，计算机能够在代码构建过程中使用高级抽象算法进行隐式编程。利用机器学习方法可以从数据中提取知识和模式的数学模型，最常用的就是各种形式的神经网络。机器学习包括有监督学习、无监督学习及强化学习等方法。深度学习是机器学习的一种重要实现方法，是在人工神经网络基础上发展起来的。2006 年，多伦多大学 Geoffrey Hinton 等提出了深度学习的概念。近几年，人工智能的再度兴起和蓬勃发展主要得益于深度学习技术的发展，因此深度学习是当今人工智能或机器学习领域研究与应用的热点。深度学习本来并不是一种独立的学习方法，其本身也会用到有监督学习和无监督学习的方法来训练深度神经网络。但由于近几年其在人工智能领域发展

迅猛，越来越多的人将其单独看作一种独立的学习方法。

今天，得益于机器学习和深度学习技术的兴起，海量数据资源的积累和计算能力的增强，我们正处于人工智能第三次发展浪潮中。一般认为人工智能发展可以划分为计算智能、感知智能和认知智能三个阶段。计算智能的特征是能存会算，感知智能的特征是能听会说、能看会认，而认知智能的特征是能理解、会思考。我们已经走过了计算智能阶段，当前正从感知智能阶段向认知智能阶段迈进。

2. 人工智能地震数据解释技术发展概述

地震数据处理和解释的速度和精度在勘探工作流程中至关重要。针对地球物理问题的人工智能技术，可大大减少人员的工作量，并提高工作效率。人类的大脑具有维度局限性，促使大脑易于丢失数据。传统的解释方法受到巨大的数据量、行业专家数量减少等挑战。从海量地震数据中提取有价值的信息，以减少不确定性，提高油气储层预测的精度，降低钻探和生产活动的风险，代价十分高昂。机器学习没有人类大脑维度的局限，它可以应用于测井数据、叠前数据、叠后数据，并从中进行学习，最终得到一个能够直接预测油气的三维数据体。

人工智能在地球物理领域的应用可以追溯到30年前，地球物理学家在20世纪90年代就开始使用神经网络算法进行模式识别及聚类分析，开启了人工智能算法在地震数据解释应用领域的大门。在很大程度上，地球物理人工智能技术进步都围绕着地震数据处理和地震解释领域逐渐扩大，而不是取代人类的智能。2016年伊始，深度学习方法在地震解释中的应用崭露头角。据不完全统计，第86届国际勘探地球物理学家学会（SEG）年会上，相关论文仅十余篇，而在2017年的SEG年会上，相关领域论文达到29篇，因此2017年可称为石油物探智能化觉醒年；到2018年SEG年会，相关领域论文跃升至百余篇，约占全部论文（1100篇）的1/10，可称为石油物探智能化的爆发年；2019年SEG年会上，人工智能（机器学习）技术应用研究的论文高达138篇，约占全部论文（978篇）的14%。

目前，机器学习应用领域已经扩大到地震数据处理与综合解释、测井资料处理与解释、重磁电非地震资料处理与解释、井孔与岩石物理数据分析、微地震资料处理与解释、油藏表征与油气开发数据分析等方面。从近两年SEG年会上机器学习技术方面的论文来看，人工智能技术主要应用领域包括：（1）地震数据处理，主要包括地震波初至拾取、微地震事件识别、去噪、地震速度分析、地震初始速度模型建立等方面；（2）地震解释与综合油藏描述，主要包括地震属性分析解释、地震反演、断层识别、岩相识别、盐丘边界拾取等。

国际上，各地球物理公司虽然都在积极探索如何利用深度学习方法进行智能化数据处理与解释，但总体处于起步阶段，尚未见到大规模推广应用。Insight地球物理、Emerson、斯伦贝谢及CGG等公司目前已经形成了相关的软件产品，引领着行业的发展。如CGG公司的Hampson Russell软件已经推出了深度学习进行属性体预测与反演、测井曲线复杂岩性解释等功能。Geophysical Insight地球物理公司的Paradise系统是一款综合的人工智能分析工具，成功应用于人工智能地震解释的工作平台。它使用强大的无监督机器学习和监督深度学习技术来加速地震资料解释进程，深入分析地震和测井数据。主要包括各种地震属性的提取和选择、属性分类、属性生成、机器学习地质体、深度学习地震相分类、深度学习断层识别等。Emerson公司发布了用于岩相分类的机器学习算法，并已经嵌入SeisEarth解释平台，该算法通过概率的方法得到岩相数据体，来描述岩相类型和分布等。这些地震解释软件产品使用的主要是机器学习或深度学习方法，这是当前人工智能地震解释工作流程的主要方法。

（二）人工智能地震解释技术新进展

目前，机器学习应用领域已经扩大到地震数据处理与综合解释、测井资料处理与解释、重磁电非地震资料处理与解释、井孔与岩石物理数据分析、微地震资料处理与解释、油藏表征与油气开发数据分析等方面。

1. 机器学习地震属性分析技术

地震属性分析技术已成为 3D 地震数据解释不可或缺的部分，利用机器学习与大数据技术进行地震属性分析，能够大大减少地震解释的不确定性，进而推动定量解释的发展。Geophysical Insights 公司将地震多属性分析机器学习技术应用于薄层解释、直接烃类指示（DHI）等方面。其主要产品是 Paradise 多属性分析软件包，多属性分析的主要工作步骤如下（图1）：

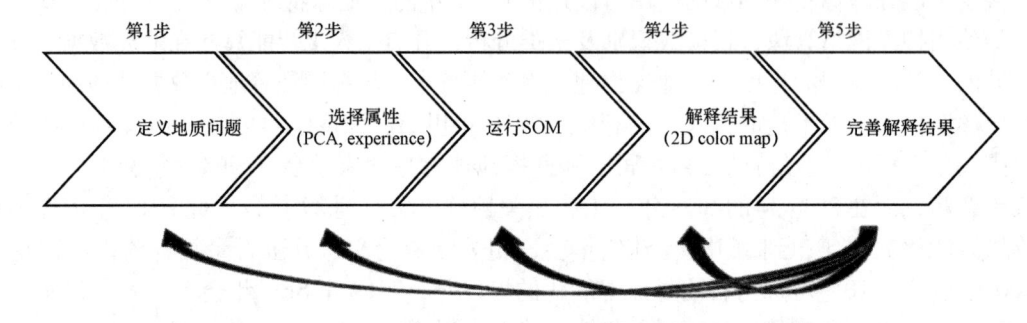

图1　基于机器学习的大数据解释工作流程

（1）确定要研究的地质问题，考虑到不同的地震属性对不同参数体的相对敏感性存在差异，分别计算多种地震属性。

（2）采用主成分分析（PCA）方法进行属性选择，并量化它们对参数解释的贡献。

（3）基于自组织映射网络（SOM）进行无监督属性分类，改进对地震相及其展布的解释精度。

（4）利用二维 Colorbar 对 SOM 聚类结果进行解释，标注异常地质体。

（5）细化解释。

在 2019 年的 SEG 年会上，还有多篇相关的研究论文。例如，Qi 等（2019）提出了一种基于高维高斯混合模型（GMM）的属性分类工作流程，并将其应用于地震相分类解释。通过 GMM 对解释目标和背景训练相进行表征，针对每种潜在的属性组合进行详尽的搜索，获得最佳属性组合。然后，将这些属性映射到样本空间上，生成所有像素体的无监督概率分布函数。最后，计算出训练属性与所有体像素之间的可能性，从而得出地震相的概率分布。图2显示了该方法获得的结果与人工选择的属性作为输入生成的结果对比。从图3（b）中可以看出，该方法得到的结果中具有更少的干扰噪声。

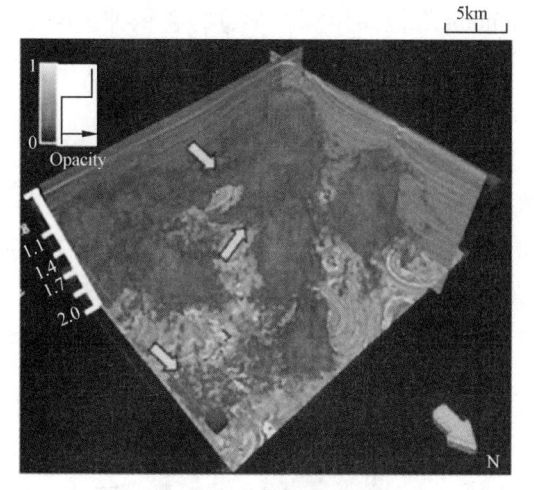

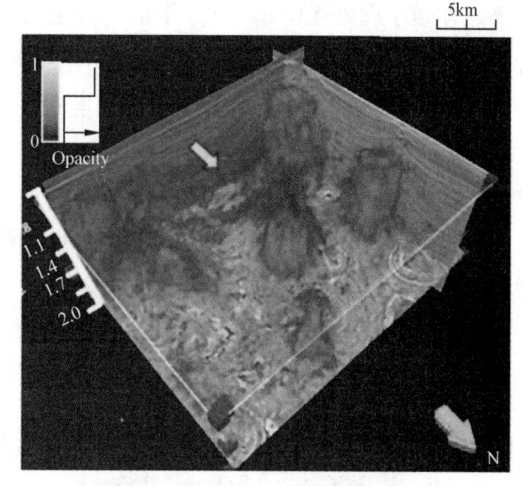

(a) 通过人工选择的属性作为输入　　　　(b) 使用基于GMM工作流程选择的属性作为输入

图 2　与地震振幅共同绘制的 3D 盐丘体概率体积分布图

此外，Karelia 等（2019）采用 SOM 方法对新西兰西部的塔拉纳基盆地的 3D 地震数据体提取的地震属性，识别和表征了河道群中的几种地震相的形态和分布。河道从东南向西北迁移，可识别出条形沉积物、裂隙张开和废弃的河道，显示了河道复杂性演变过程。

2. 机器学习地震相识别

深度学习地震相分析已经在实际应用中取得良好效果。其采用的方法主要是神经网络、聚类分析等算法，包括卷积神经网络、循环神经网络、概率神经网络、深度神经网络、自编码器网络、自组织投影网络、高斯混合模型等。

Emerson 公司自从收购帕拉代姆公司后，发布了用于岩相分类的机器学习算法，并已经嵌入 SeisEarth 解释平台，基于地址统计学的算法得到岩相数据体，描述岩相类型和分布。该方法计算效率高，节省人力。不管是常规油藏，还是非常规油藏，利用这种方法能够在量化不确定性分析时减少主观猜测，提供更加稳定的油藏描述结果。应用岩相分类的机器学习算法对某二叠纪沉积地层数据（非美国二叠盆地）进行分析，获得由各类岩性组成的 3D 地质体。

基于深度学习的地震岩相预测方法的优点在于反演更稳定、全局收敛、反演分辨率更好，使常规岩性特征曲线与地震分辨率更为匹配。在美国伍德福特、鹰滩及巴奈特页岩的一些层段，利用机器学习中的监督神经网络及自主成分分析等方法进行沉积相与页岩岩相分类，都取得了令人满意的结果。实际应用表明，基于深度学习的地震岩性预测方法在复杂岩性地区勘探中具有应用价值。

3. 机器学习地震构造解释

近年来，机器学习算法在地震构造解释方面的应用快速发展，通过深度学习技术自动识别断层、圈闭、盐丘等，取得了显著的效果。运用机器学习/深度学习技术进行断层识别和盐丘边界圈定是两个典型的应用方向。目前，断层自动拾取的研究方法基本都采用卷积神经网络。在2019年SEG年会上，Pablo Guillen-Rondon等提出用深度学习的卷积神经网络进行构造评价。Insight地球物理公司和斯伦贝谢公司在这方面取得了重要研究进展。

1）Insight地球物理公司深度学习断层识别

Insight地球物理公司的深度学习断层检测技术采用卷积神经网络，配备通用的深度学习模型，使其适用于不同区域采集的地震数据，不需要用户提供的断层示例进行训练。该工具采用图形处理单元（GPU）并行计算技术，大大缩短了断层识别的处理时间，加快了地震解释工作流程，从而提供更多的时间来专注于改进结果。该方法通过新西兰海上数据得到了验证，结果表明，基于卷积神经网络方法的断层识别大幅度提高了断层连续性、分辨率，并减少了噪声（图3）。

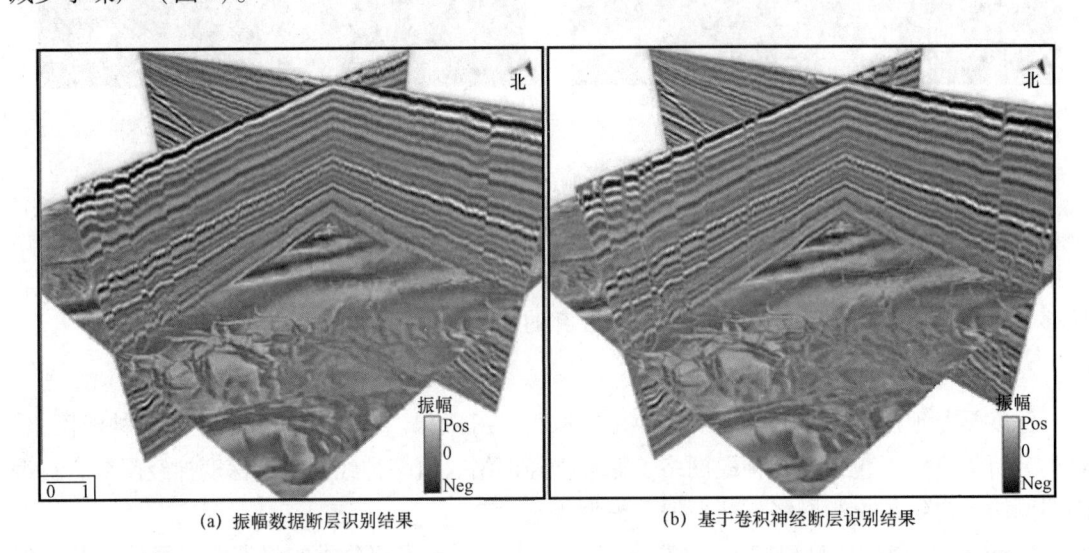

(a) 振幅数据断层识别结果　　(b) 基于卷积神经断层识别结果

图3　新西兰海上Great South盆地断层识别结果

2）机器学习盐丘自动识别

机器学习对于识别地震数据中的地质体是一种很有潜力的方法。利用机器学习方法进行盐丘识别可明显减少人工解释工作量，并且对盐体进行分类，可大大提高准确率和精度等。卷积神经网络为地震数据中的盐体分类提供了强有力的架构。使用卷积神经网络进行盐体分类仅需输入原始数据中与岩体有关的部分，并且在无须计算属性的情况下对数据集中的任何给定位置进行分类。采用神经网络将盐体地震图像分组，可采用不同的地震属性，如包络面、均方根振幅、绝对振幅、梯度等作为输入值，不同类别作图得出不同盐体分布，这些都可减少运算时间。

斯伦贝谢公司Oddgeir Gramstad等利用深度卷积神经网络自动识别盐丘体，工作流程分为两步：首先采用卷积神经网络来识别盐层顶界，然后再设计另一个卷积神经网络来识别盐层底界，并用两个面积分别为25419km^{2}和33624km^{2}的工区数据进行了测试。测试结果表明，盐层顶界和底界解释都与人工解释的主要部分重合，超过80%的盐丘顶面预测结果与人工解释结果误差小于 2 个样点。并且这种新型的自动工作流程可有效减少解释时间，盐丘顶底面拾取的周期由原来的数周下降到数天。

4. 深度学习地震反演

深度学习方法在地震反演领域的研究正在扩大。在 2019 年 SEG 年会上，人工智能技术在地震反演方面应用的论文剧增，涉及波阻抗反演、叠前弹性参数和岩性参数反演、全波形反演、地震初至旅行时层析反演等方面。

目前，直接使用深层神经网络从地震数据中估算地下性质进行定量解释的研究仍相对较少。Vishal Das 等利用卷积神经网络进行地震波阻抗反演，以及从叠前地震数据中进行演示物理属性分析，用级联法和卷积神经网络模型由时间域角道集反演深度域岩石物理参数，包括纵横波速度、密度和孔隙度、泥质含量、含水饱和度等，通过在波阻抗反演中使用卷积神经网络重建地下储层的性质。Chevron 能源技术公司提出了一种端对端深度神经网络地震反演方法，核心是通过训练数据去除对子波估算的依赖，从而减少地震反演的周期时间。

全波形反演进行高分辨率地下构造反演的有效性已获得公认，但由于原来地震波低频信息缺失等问题使得该方法在实际推广应用中受限。在 2019 年 SEG 年会上，Hongyu Sun 与 Laurent Demanet 通过卷积神经网络外推全波形反演，从外推低频信息中确定低频波数，利用数据增强现实（AR）技术增加频宽，解决全波形反演中的周期跳跃问题。从 Marmousi 模型外推结果（图 4）可以看出，卷积神经网络外推结果能够准确恢复低频带数据记录。

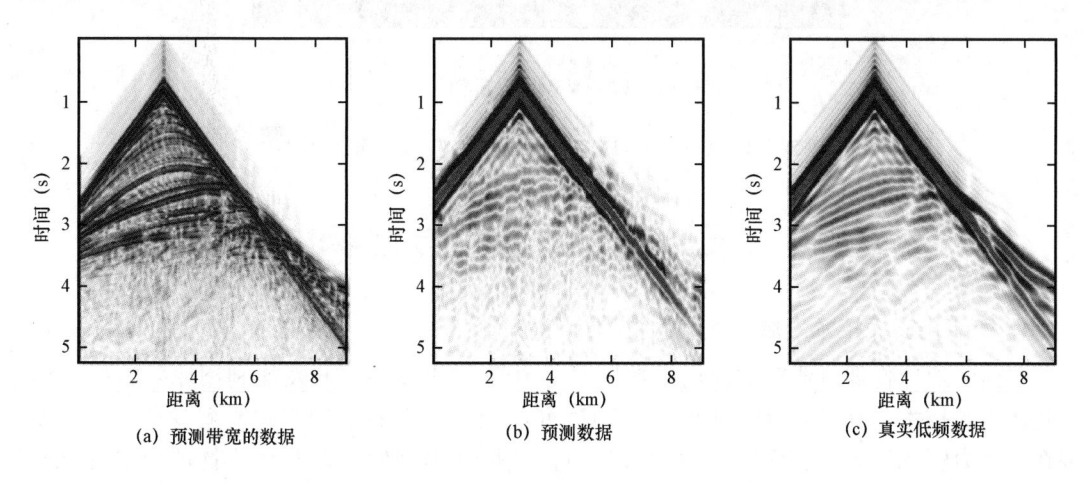

(a) 预测带宽的数据　　(b) 预测数据　　(c) 真实低频数据

图 4　Marmousi 模型的外推结果

通过 BP 公司 2004 基准模型对该方法进行了验证。图 5 显示了采用三种不同数据模型的结果。图 5（a）为 0.6～2.4Hz 原始数据模型结果，图 5（b）为 0.3Hz 模拟外推数据的低波数速度反演模型结果，图 5（c）为 0.3Hz 真实数据反演的低波数模型结果。从 BP 基准模型反演结果可以看出，从卷积神经网络推断出的低频数据是可靠的，能够反演低速度模型，基于深度学习的低频外推方法能够克服周期跳跃问题，也说明该方法具备处理实际数据的能力。

(a) 0.6~2.4Hz原始模型结果

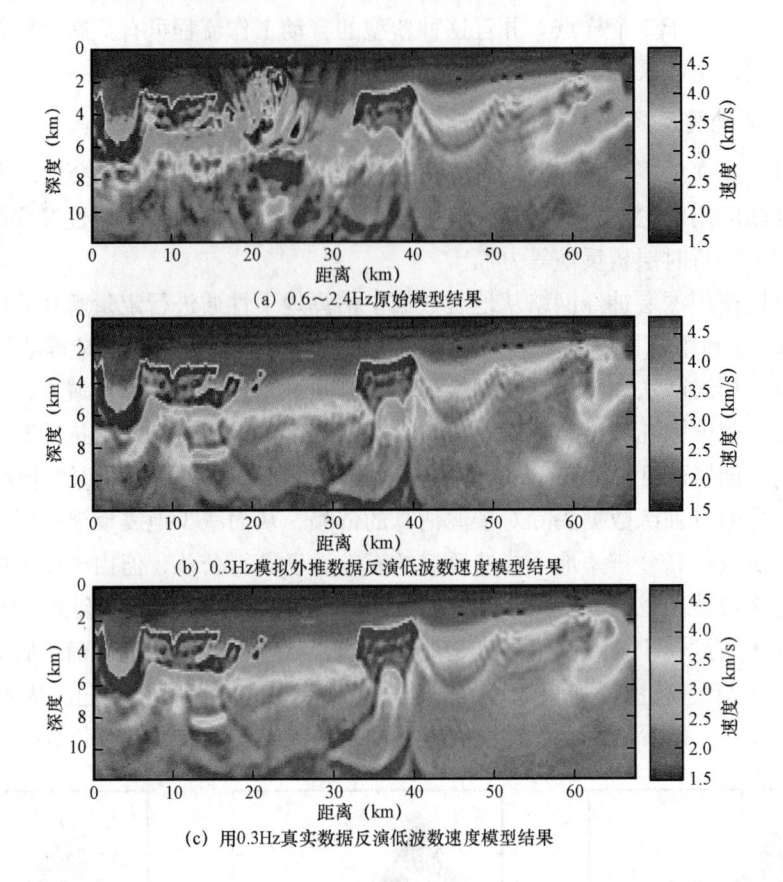

(b) 0.3Hz模拟外推数据反演低波数速度模型结果

(c) 用0.3Hz真实数据反演低波数速度模型结果

图 5　基于 0.6~2.4Hz 带宽数据的全波形反演结果对比

（三）认识、启示与建议

1. 智能化物探技术发展前景

目前，地球物理行业有效使用的数据不足10%，业界必须开发能利用原始数据预测油气起源的新技术。有研究机构预测，到2025年，能源行业将会缺口数千名专业人士，依靠现在的人力资源根本无法解决快速增长的海量数据处理问题，针对地球物理问题的机器学习，可大大减少人员的工作量。利用下一代机器学习技术，可以使油藏描述从概率性估计走向确定性计算，对海量地震数据深入研究，获得油藏地质的有价值信息。

人工智能方法在地球物理行业的发展还在探索中，应用领域在不断扩大和丰富，研究也在进一步深化中，部分成果已经具有了一定的实用化能力。尽管人工智能的部分算法已广泛应用于石油物探数据处理解释中，但是石油物探自动化、智能化发展远落后于互联网等其他行业，人工智能技术在地球物理中的应用研究仍面临着一系列挑战。人工神经网络、蚁群算法、向量机、粒子群等算法的应用并未形成规范流程，今后机器学习在资料分析、地质构造自动化解释、储层参数预测与识别分子智能化等领域的应用还有待突破。尽管面临巨大挑战，石油物探仍然有着良好的智能化发展前景。

长期以来，地球物理学家、油藏地质学家、岩石物理学家和油藏工程师的工作几乎是相互独立的，大部分通过不同的数据格式和软件应用程序相互传递结果。随着人工智能的发展，智能化工作流程管理软件对这一过程的协同是人工智能的另一种应用发展方向，智能化多学科协同工作平台是油藏地球物理发展的必然趋势。诸如，对传统需要耗费大量人工的初至拾取、速度建模等技术进行自动化流程建立，对依赖解释经验的断层识别、地震相划分等技术进行智能化标准分类识别，对依赖计算机性能及算法精度的地震反演等技术进行规模化深度应用，都将成为未来10年地震资料处理解释技术发展的主要方向。

2. 发展建议

石油物探的智能化是降本增效、提高竞争力的有效途径，是战寒冬、求生存、谋发展的必然选择。地震解释正朝自动化、智能化方向发展。在传统物探领域，国内石油企业的技术发展已达到世界先进地位。但是在国外地球物理行业公司纷纷转向"轻资产、重技服"的形势下，加快智能化转型仍是首要的新任务。以智能化、大数据、高度集成化装备、多学科工作环境研究为重点，发展一批支撑生产和提高竞争力的关键技术，努力形成智能化、多学科协同、油藏全生命周期服务能力，尽快实现由并跑向领跑者角色转变。

结合国内发展现状及面临的挑战，提出以下几点建议：

（1）整合数据资源，建立数据资产化管理体系。目前，在不同单位、不同部门、不同供应商之间存在多个管理界面，形成内部信息孤岛，不利于资源共享。整合现有地震数据资料，制定统一数据标准，搭建集成统一数据管理平台，实现数据资产化、集中化、平台化管理，确保数据的及时性、准确性和完整性，提高数据集成共享能力，充分挖掘数据资产价值。

（2）整合组织统一的算法平台，构建智能物探技术发展生态系统。由中国石油统一协调，整合各单位人工智能优势资源，做好与传统处理解释平台的对接工作，集成内部资源，利用云架构，构建集硬件、软件、网络与应用于一体的智能物探决策和管理平台，打造开放共享的智能物探生态系统。

（3）加强行业内外的技术交流合作，聚集并培养智能物探人才团队。及时吸收地球物理专业外的人工智能领域人才，采用国际合作、技术交流等方式，加快智能物探人才梯队建设。

八、随钻远探—前视测井最新进展及发展趋势

随钻测井主要用于地质导向和地层评价。为了提升随钻测井的地质导向能力,国内外先后推出了近钻头随钻测井仪。随着油气勘探开发从常规油气藏转向低渗透、非常规油气藏,地质条件日趋复杂,常规及近钻头随钻测井装备已经无法满足复杂储层地质导向的需要。随钻远探—前视测井技术具备"定轨迹、找甜点、挖潜能"的功能,不但可以实现精准的钻井实时地质导向,还可以进行油藏描述与地层评价,受到了国际大型油服公司的广泛关注。

(一) 随钻远探—前视测井技术特点与应用领域

1. 技术特点

随钻远探—前视测井技术是一种利用电法、声波、地震波探测井旁或钻头前方数十米或更远范围内地层信息的新型随钻测井技术。一方面,通过优化井下仪器结构,提高反射信号精度与强度;另一方面,结合其他随钻测井、地面地震等信息,通过建立油藏模型,进行联合反演,计算得到远处地层参数。两种方式相结合,可识别数十米范围内的地层、油藏边界,大大提升探测距离。

按照应用目的,随钻远探—前视测井技术可分为随钻远探技术和随钻前视技术。随钻远探技术是利用测井仪器探测距井眼较远范围内的流体边界、地层边界以及其他地层信息,其探测方向垂直于井眼方向,主要用于油藏描述与地层评价;随钻前视技术是利用测井仪器探测钻头前方未钻开地层的地层界面,其探测方向与井眼/钻进方向相同,主要用于地质导向。

按照测量方式,随钻远探—前视测井技术可分为随钻电法测井、随钻声波测井、随钻地震测井。随钻电法技术主要依靠电磁波测量电阻率变化信息,识别出油水层界面,该技术是近几年国外公司主要发展的随钻远探—前视技术。随钻声波技术是通过探测声波的反射信号识别断层及地层边界,因钻井过程震动较大,反映地层变化的声波反射信号拾取难度大,该技术尚存在许多瓶颈问题待突破。随钻地震测井包括随钻垂直地震剖面(VSP)测井和随钻逆 VSP 测井技术,主要探测地震反射波,因探测精度过低,在钻井实时地质导向和后期油藏综合评价中发挥作用有限。

2. 应用领域

传统随钻测井技术主要是测量井旁附近的地层岩性和物性,而随钻远探—前视测井技术则是通过探测井旁或钻头前方较远处的地层变化情况,识别地层边界,引导钻头钻达"甜点"区,保证钻头在油藏中钻进,优化钻井轨迹,有效提高钻井质量。其主要应用包括:(1) 在非均质、复杂和非常规储层中识别储层边界,引导钻头保持在"甜点"中穿行;(2) 优化井眼轨迹,最大化储层接触面积;(3) 识别地震分辨盲区,填补地震与常规测井探测范围之间的空白;(4) 地层评价和油藏综合精细评价;(5) 识别异常高压地层,实现安全钻井。与随钻流体分析等技术配合,还可以提供全面的油藏综合信息。

随钻远探—前视测井技术在老油田精细开采、海上作业中具有较大的应用潜力。不仅可以减少测井占用海上平台的作业时间，降低作业成本；还可以有效优化钻井决策，提高储层钻遇率、机械钻速和钻井安全性，实现提高单井产量、降低吨油成本的目的。

3. 技术发展趋势

作为随钻测井的重要组成，随钻远探—前视技术与其他测井仪器进行一体化整合，实现"一趟测"，即一次下井测得所需的全部测井信息，不仅可以在钻井过程中测量所有所需的测井信息，完成流体、岩心采样作业，还可以提供地质导向、随钻油藏描绘等功能，在降低作业风险的同时提高储层钻遇率与单井产量。与"一趟钻"技术结合，可进一步节省作业时间，简化作业流程，降低油田的勘探开发成本。

虽然近几年随钻电法技术获得了快速发展，随钻远探—前视技术本身尚不成熟，部分基础问题还尚未解决，例如不同环境下探测距离的影响因素，定义探边距离的行业标准等，有待业界共同推动研究与发展。随钻声波测井和随钻地震测井进展较慢，尚有较大技术发展空间，随钻VSP技术是当前研究热点之一。

（二）国外技术发展状况

1. 随钻电法远探—前视测井技术

2005年以来，国外公司陆续推出用于地质导向的随钻方位电磁波仪器，代表性产品包括：2005年斯伦贝谢公司推出的PeriScope15（探边距离4.57m）、2007年哈里伯顿公司的ADR（探边距离5.5m），以及2010年贝克休斯公司的AziTrak（探边距离5m）等。近几年，随着仪器设计、联合反演等关键技术的进步，该技术快速发展，探测距离大幅度提升，最远超过60m，钻井液脉冲数据传输速率超过20bit/s。

1）**斯伦贝谢公司**

2008年、2010年斯伦贝谢公司先后推出了边界探测能力达到30m的PeriScope HD、DDR等随钻电磁波测井仪。2014年，将随钻电磁波测井与其他随钻技术进行整合，推出GeoSphere随钻远探技术服务，通过多间距、宽频谱的超深方位探测方法，可以获取距井眼30m范围内地层电阻率变化信息，结合自动实时多层反演技术，在厚度、倾角、各向异性等参数未知的情况下，及时获取地层倾角及电阻率分布特征，实现油藏特征的精准描述。2017年，推出了在钻井过程中提供高精度流体成分数据的SpectraSphere随钻流体分析技术，能够获得更全面的油藏动态信息。将其整合到GeoSphere随钻远探服务中，可提供全面、综合的油藏结构与流体测绘图，实现随钻油藏描绘和地层评价。

基于随钻远探测井技术探测得到的信息，可以通过反演预测钻前区域情况，进行地质导向。但在复杂地层条件下，通过反演预测进行地质导向方法并不十分可靠，直接探测钻前区域信息才是最直接、最有效的地质导向方法。2016年，斯伦贝谢公司率先突破随钻前视技术，推出前探距离最远达到30m的EMLA样机（图1）；2019年推出IriSphere服务，标志着随钻前视技术的商业化。截至2019年，IriSphere服务已在中国南海、澳大利亚、拉丁美洲和欧洲进行了超过25次现场试验，包括成功地探测储层和盐丘、识别薄层、规避可能导致井筒稳定性问题的高压地层以实现安全钻井。在澳大利亚西部海域的实际应用中，操作人员在底部钻具组合上配备了 EcoScope 多功能随钻测井仪、sonicVISION 随钻地震仪以及 IriSphere 随钻前视仪，发现了在钻头前方约 19m 处的储层顶部、在钻头前方 7m 处的储层，避免了钻出储层，降低了钻井风险。在中国南海的作业中，及时识别出钻前 20m 处的高孔隙压力页岩地层，确定最佳套管下入深度，实现了安全钻井。

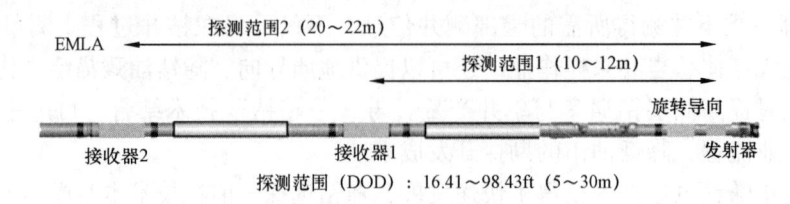

图 1　斯伦贝谢公司推出的 EMLA 样机

2）哈里伯顿公司

2018 年，哈里伯顿公司推出了 EarthStar 随钻远探技术，探测距离达到 61m（图 2），比目前业内常规产品的探测距离高一倍左右，可绘制距井旁较远范围内的多层油藏和流体边界，实时提供全面、综合的油藏视图。

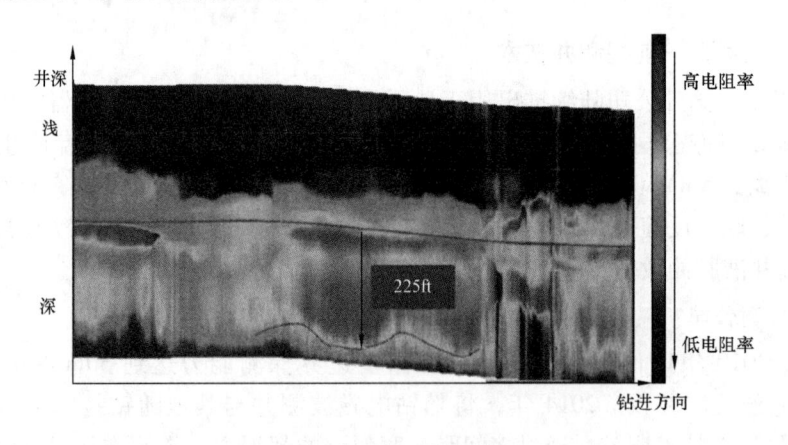

图 2　EarthStar 探测结果

2019 年，哈里伯顿公司在 EarthStar 的基础上开发了三维随钻油藏描述技术，并在挪威的碳酸盐岩地层进行了应用。该地层由于存在裂缝、断层及明显的非均质性，传统随钻测井技术无法有效支撑井位决策，新技术准确识别出倾斜的油水接触面，并确定了倾斜角度，推翻了以前的水平油水接触面的判断，为钻井决策提供了重要信息，实现了油藏接触面积最大化。

2. 随钻声波远探—前视测井技术

多年来，国外公司在反射声波成像测井方面开展了方法和应用研究，取得了一些进展，但进步较慢。目前，市场上广泛应用的随钻声波测井仪主要包括威德福公司的 ShockWave、贝克休斯公司的 SoundTrak、哈里伯顿公司的 QBAT、斯伦贝谢公司的 SonicScope 等，探测深度小于 1m，与随钻电磁波测井仪存在明显差距。

3. 随钻地震远探—前视测井技术

目前，国外提供随钻地震服务的公司有斯伦贝谢和贝克休斯。1991年，斯伦贝谢公司率先推出随钻逆VSP技术，前探范围约300m。为了解决随钻逆VSP技术信噪比低等问题，1997年又开始研究随钻VSP技术；2003年，推出seismicVISION随钻VSP技术，前探距离约2400m。2014年，贝克休斯公司推出SeismicTrak随钻VSP技术，前视距离达到数百米。

（三）国内技术发展状况

1. 随钻电法远探—前视测井技术

中国石油自2000年开始探索随钻测井技术。2003年，钻井工程技术研究院推出了近钻头电阻率仪器NBRt，对钻头前方区域具有一定前视探测能力，但分辨率低、探测深度很浅。2013年，通过国际合作，中油测井（CPL）推出了随钻方位侧向电阻率成像测井仪RIT，能实现地层界面探测能力，探测深度很浅，尚不具备远探测井能力。2014年，长城钻探推出随钻方位电磁波仪器，探测深度近3m，与国外公司2005—2010年推出的地质导向的随钻电磁波仪器性能相近。2015年，CPL推出随钻方位电磁波电阻率，实现地层边界探测，探测距离1m，可用于地层评价和地质导向。

2. 随钻声波远探—前视测井技术

中国石油的电缆声波远探测井技术发展比较快，已达国际先进水平。2016年，中国石油渤海钻探工程公司（简称渤海钻探）推出方位远探测声波成像测井仪，可精细表征井筒周围40m范围的裂缝孔洞等构造，能够进行储层预测。近几年，国内在电缆声波远探测井技术基础上，开展了随钻声波远探—前视测井技术研究，CPL与中国石油大学（北京）联合开展随钻远探测和前视测井技术研究，从理论和方法上开展关键技术研究，拟解决随钻远探测和前视电阻率、声波测井探测器参数优化、微弱信号检测处理等技术问题，为后续样机研发奠定基础。

3. 随钻地震远探—前视测井技术

2006年，国家"863计划"设立了"随钻地震技术研究"项目，委托中国石化胜利油田钻井院、中国地震局地球物理研究所等单位以及中国石油大学（华东）、中国海洋大学等高校科研机构联合攻关，开展随钻逆VSP技术基础方法理论、信号检测、噪声压制、处理方法等研究，取得了部分进展。目前，随钻地震VSP前探技术尚未取得实质性突破。

（四）发展建议

纵观国际大型油服公司随钻远探—前视测井技术发展历程以及国内随钻测井技术发展状况，提出如下建议。

1. 加快随钻声波远探—前视测井技术研究

随钻远探—前视测井技术可通过电法、声波等多种技术发展路径实现，近几年国外的随钻电磁波远探—前视技术发展迅速，最远探边距离达60m，而商业化随钻声波测井仪的探测距离不足1m。近几年，中国石油在声波反射波测井技术研究方面取得了巨大进展，2016年渤海钻探推出电缆方位远探测声波成像测井仪，最远探测距离达到50m。目前，CPL与中国石油大学（北京）正在联合开展随钻远探和前视电磁波、声波测井关键技术研究。建议依托中国石油已形成的电缆声波测井技术基础和优势，加强研发力量整合，加快随钻声波前探技术研究，挖掘随钻声波测井技术的探边潜力，采取不同于国外主流的技术路径，实现随钻远探—前视测井技术的弯道超车。

2. 加大对井下数据传输速度攻关力度

随钻测井需要实时将测量数据上传至地面，对井下数据传输技术提出了较高要求。目前，国外随钻测井的钻井液脉冲数据传输速率已超过20bit/s，而我们的数据传输速率不到5bit/s，与国外差距较大。随钻测井需要在井下集成更多传感器，进行更大规模采集作业，获取更多地层数据，并保证所测数据的时效性，才能不断提高储层参数测量能力和解释评价能力。目前，数据传输速率已成为制约中国石油随钻测井技术应用的瓶颈，需要加大研究力度，尽快提升数据传输速率。

3. 同步发展数据处理技术与解释软件

随钻远探—前视测井仪器的探测距离等性能提升，在依靠改进和优化井下仪器结构的同时，更多地需要通过建模与反演实现，因此对测量数据处理方法与技术提出了较高要求。无论是斯伦贝谢公司的GeoSphere服务还是哈里伯顿公司的EarthStar服务，都有强大的软件系统作为重要支持，这些软件可以快速提供可视化油藏模型，反演得出地层参数和界面信息。中国石油测井行业存在软件、硬件研究不能同步现象，部分测井设备研究出来后没有同步开发出配套解释方法或软件，导致仪器测井结果解释效果不佳。建议中国石油在开展随钻测井仪器研究的同时，加强数据处理技术与解释软件研究与开发，保证硬件、软件同步发展。

4. 重视多种技术和仪器的融合与集成

国际油服公司随钻远探—前视服务能力快速提升的重要原因是不断将各种技术与仪器集成，如将随钻远探—前视测井技术与随钻流体分析、地面地震等技术结合，获得更为丰富、准确的井下信息，提高测量结果的可靠性，实现油藏精准描述。建议中国石油在开展随钻测井技术研究时，同步进行井下流体分析、井震联合反演等技术研究，积极推进多种仪器协同作业，整合汇总多方面测量信息，提升随钻地质导向和地层评价精度与可靠性。

参 考 文 献

[1] Benavidez A. SEG Conference to tout new exploration technologies [J/OL]. E&P Hart Energy, September 2017. https：//www.epmag.com/seg-conference-tout-new-exploration-technologies-1657666.
[2] 唐海全，肖红兵，李翠，等. 基于随钻测井的地层界面识别方法 [J]. 天然气勘探与开发，2016，39（4）：8-12.
[3] 朱桂清，王晓娟. 光纤传感器改善油气井检测 [J]. 测井技术，2012，38（3）：251-256.
[4] 杨金华，郭晓霞. 一趟钻新技术应用与进展 [J]. 石油科技论坛，2017，36（2）：38-40.
[5] Stefánsson A, Duerholt R, Schroder J, et al. A 300 degree celsius directional drilling system [R]. SPE 189677, 2018.

[6] Hsieh L. Schlumberger rig of the future aims to optimize, integrate drilling subsystems to provide open and scalable well construction platform [J]. Drilling Contractor, 2018, 74 (1).

[7] 杨金华,邱茂鑫,郝宏娜,等. 智能化——油气工业发展大趋势 [J]. 石油科技论坛, 2016, 35 (6): 36-42.

[8] Vestavik O M, Thorogood J. Horizontal drilling with dual-channel drillpipe [R]. SPE 184683, 2017.

九、石化产业建设智能工厂的思考与建议

智能制造是中国制造业创新发展的主要抓手,是中国制造业转型升级的主要路径,是"中国制造 2025"加快建设制造强国的主攻方向。信息技术向制造业的渗透融合进程正在加快,国际能源化工公司纷纷将信息技术作为提升其核心竞争力的重要手段,通过智能制造努力突破管理瓶颈,促进提质增效、转型升级和内涵发展。建设石化智能工厂不仅可以实现智慧决策和智能生产,还能在重塑供应链、产业链和价值链的过程中,推动企业生产、管理和影响模式的变革,使石化产业向绿色化和高效化方向发展。

(一) 中国石化企业面临的问题和机遇

智能生产是新一代智能制造系统的主线,智能工厂是智能生产的主要载体。流程型制造业在国民经济中占有基础性的战略地位,最有可能率先突破新一代智能制造,如石化行业智能工厂建立数字化、网络化、智能化的生产运营管理新模式,将极大地提高生产优化和安全环保水平。

中国的石化行业正处于新旧动能迭代更替的过程,面临资源、能源和环境的制约严重,部分产能存在或即将呈现严重过剩局面,石化企业在经营决策、生产运行、能效安环、信息感知、系统支撑等层面还存在较为突出的问题。

在经营决策层面,存在产业链分布与市场需求不匹配、供应链采购与装置运行特性关联度不高等问题,并且缺乏快速和主动响应市场变化的决策机制。在生产运行层面,面向高端制造工艺流程的构效分析与认知能力不足,精细化优化控制水平不高,缺乏虚拟制造技术和资源综合利用技术。在能效安环层面,缺乏能源管理与生产运行之间的协同决策,缺乏对高危化学品、"三废"的全生命周期足迹监管、溯源与风险防范,能源的梯级利用技术也待开发应用。在信息感知层面,大数据、物联网和云计算等技术在物流和产品流通轨迹监控、生产和管理优化等过程中鲜有应用。此外,对于物料属性和一些加工过程参量也无法快速获取。在系统支撑层面,现有系统难以自动化处理非结构数据,无法驱动智慧决策,需要全新的控制系统架构以实现"控制—优化—决策"一体化。

总的来讲,中国石化智能工厂建设尚处于起步阶段,应将人工智能等现代信息技术与石化行业优势相结合,主动融入"中国制造 2025"和"新一代人工智能发展规划"等国家战略,推动企业生产、管理和营销模式的变革,重塑产业链、供应链、价值链,使石化行业向绿色化和高效化发展。

(二) 石化智能工厂建设的愿景和挑战性工程科学问题

建设石化智能工厂要实现智慧决策和智能生产两大主题。一方面,需要针对全球化的市

场需求，基于互联网和信息物理系统，重塑供应链，敏捷优化商业行为，实现企业经营管理和决策的智能化。另一方面，需要面向生产过程和操作系统，基于智能感知、人机交互，构建智能化和绿色化的柔性制造模式，重塑产业链和价值链，实现工艺优化和生产全流程整体优化。在石化智能工厂的建设进程中，要实现三个聚焦：一是要基于信息物理系统和互联网实现若干石化企业、化工销售企业的市场间横向集成；二是绿色、柔性制造过程和信息管理决策系统的纵向集成；三是综合人、知识与社会效益指标的企业运行绩效评估及其应用。建设石化智能工厂将会面临如何实现工业信息泛在感知、如何实现价值链最大化、如何实现多目标协同优化等主要问题，需要重点解决如下几个挑战性工程科学问题。

一是生产与经营全过程信息智能感知与协同计算。对于石化企业而言，在决策方面急需提高测量系统的性能和全生命周期数据的获取能力，进而实现从原料供应、生产运行到产品销售全过程资源属性和特殊参量的信息快速获取和处理。需要重点开展如下几方面工作：(1) 建立原料成分属性和特殊生产参数等的快速检测和表征方法；(2) 搭建全流程、端到端的可信工业网络，实现泛在信息感知与实时集成；(3) 基于大数据技术的全生命周期的多源异构数据挖掘和深度融合等。

二是知识驱动的制造过程决策自动化。目前，在石化企业的决策过程中缺乏市场与生产的融合交互机制。如何融合市场信息和装备运行特性，进行决策和管理模式的变革，需要重点突破如下几方面技术：(1) 显性化、结构化有序知识库的构建方法；(2) 市场需求的敏捷供应链优化决策方案；(3) 知识和逻辑驱动的大规模优化算法；(4) 关联市场信息、装置运行特性、计划排产等的快速优化决策方案。

三是制造过程多尺度多目标智能自主调控。这将面临两个挑战，即物质转化机理与运行信息的深度融合、面向价值链的全局协同调控。要实现控制与决策一体化、多目标优化，需要重点突破如下几方面技术：(1) 机理与数据融合的全流程构效关系解析与表征方法；(2) 构建反应过程分子建模与制造过程多尺度智能模型；(3) 兼顾安环、质量和效益的协同优化系统技术；(4) 制造过程人—机—物多维度监控系统技术；(5) 制造装备预测性维护与过程自愈调控系统技术。

四是全生命周期安全环境足迹监控与风险溯源分析。对于先进的现代石化企业而言，要综合考虑对于碳排放、水排放、能源利用等"足迹"进行全生命周期评价，实现工业过程的能效优化、异常风险动态识别与评估。需要重点突破如下几方面技术：(1) 基于知识的工业过程能源系统集成优化技术；(2) 安全环保指标监控与调控的智能系统技术；(3) 基于知识图谱的异常动态演化推理技术；(4) 人机交互的异常根因分析与动态传播分析技术；(5) 危化品流通轨迹跟踪与溯源系统技术。

（三）中国石化智能工厂建设的实践经验

九江石化、镇海炼化、茂名石化先后于 2015 年、2016 年、2017 年被列为国家石化智能工厂试点示范项目。通过智能工厂试点建设，中国石化已形成一套面向流程工业的智能工厂实施方法和行业解决方案，成功研发出以"石化智能制造云平台"为核心的智能工厂套装软件，牵头承担了国家"石化行业智能工厂标准体系"研制工作，目前已形成"石化行业智能工厂通用技术要求和评估规范"等系列标准，正在开展智能工厂物联网应用标准研制与验证工作。中国石化在智能工厂建设方面的探索实践，对加快推进传统产业"两化"深度融合具有积极的借鉴意义和推广价值。

一是坚持信息化"一把手工程"。中国石化在总部和企业分别成立了由"一把手"任组长的信息化领导小组，按照党中央、国务院有关"两化"深度融合的精神要求，决策公司整体信息化战略、发展规划和重大项目。始终坚持统一规划、统一设计、统一标准、统一投资、统一建设、统一管理原则，将智能工厂建设与提升企业核心竞争优势、建设世界一流炼化企业发展目标紧密结合起来。

二是坚持以质量和效益为中心，重点突出三条主线。以生产一体化优化为主线，构建计划生产协同优化模型、优化方案数据库，从原料采购、计划调度、生产制造到产品入库、物流配送，对供应链的全过程进行在线优化，实现效益最大化；以生产经营集成管控为主线，构建新一代生产运营指挥新模式，实现对生产运行、预测预警、HSE、能源管理的集中管控，提升了企业高效安全绿色生产水平；以设备健康及可靠性管理为主线，构建一体化资产全生命周期管理平台，实现对装置、设备运行状况在线监测分析、故障诊断与评估，提升预防性维修水平，减少非计划性停工损失。以九江石化为例，通过不断完善智能工厂体制机制，管理效率大幅度提升，在生产能力和加工装置不断增加的情况下，公司员工总数减少12%，班组数量减少13%，外操室数量减少35%；此外，生产数据自动采集率提高10%，达到95%以上；生产优化从局部优化、月优化转变为一体化优化、在线优化；重点环境排放点实现100%实时监控与分析预警。

按照中国石化"十三五"发展规划和智能工厂建设总体规划，中国石化还将持续打造智能工厂升级版，加快智能工厂推广建设。

（四）启示与建议

1. 加大政策支持，推动石化智能工厂试点建设

加大对石化智能工厂建设的政策支持，推动石化智能工厂试点建设工作。在当前全行业加快结构调整和转型升级的新形势下，加快石化智能工厂建设对推动石化产业由大变强具有重要意义。应重点突破一批石化智能制造关键技术，加大石化领域重大智能制造装备的研发，加快智能化成果产业化和推广应用。

2. 鼓励自主知识产权软硬件的研发与推广

目前国内炼厂采用的计划优化、流程模拟、报警管理、实时数据库等软件多选购自AspenTech、霍尼韦尔等国外公司，不仅应用成本高，还制约了国产软件发展，存在安全隐患。建议国内的石化公司开发具有自主知识产权的工业软件，使智能制造单元不仅具备广泛的工厂状态采集和感知能力，更加具备智能预测、智能优化、智能决策等新型能力。

3. 布局增建 1~2 个世界级先进水平智能炼厂

研究面对新形势、新挑战应主动出击，充分利用炼销一体化优势、国际市场资源保障优势和海外营销网络优势，研究在沿海地区再布局新炼化基地的可行性，在沿海炼化产品主要消费地区再布局 1~2 个世界级先进水平智能炼厂。新建炼厂要立足于建成国际最先进水平的智能工厂，要立足于国内、国际两种资源、两个市场，有完善的码头等基础设施，方便资源进口和产品出口，并立足于油头化身高化尾，突出下游产品高端化、差异化发展特色。

十、对国内外氢能产业发展情况的调研与思考

近年来,氢能成为国内外各方关注的新能源发展热点,特别是越来越多的传统大型能源企业开始涉足氢能领域,形成能源、汽车、科技等企业相互协同创新发展的新格局。目前,在国际主要大石油公司中,BP、壳牌、道达尔等已经正式进军氢能领域。2018年2月,国家能源集团牵头成立了中国氢能源及燃料电池产业创新战略联盟(简称中国氢能联盟),高调进军氢能产业,中国石化、中化等大型能源企业也正显著加大在氢能领域的投入力度。经研院密切跟踪国内外氢能产业发展动态,并成为国际氢能燃料电池协会理事单位,多次参加国内外相关交流活动。鉴于氢能在能源转型中的重要角色以及与油气行业的密切联系,建议中国石油尽早谋划氢能发展战略,做好制氢、储氢、运氢、加氢等领域的技术和产业布局。

(一)国内外氢能产业发展势头不断增强

氢作为一种二次能源,具有突出优势:来源多样,可利用化石燃料生产,也可利用可再生能源发电再电解水来生产;使用过程不产生污染;便于储运,适应大规模储能;用途广泛,可供发电、供热、交通利用;能量密度大,热值是汽油的3倍。近年来,氢能利用被视作与化石燃料清洁低碳利用、可再生能源规模化利用相并行的一种可持续能源利用路径。在能源转型过程中,氢能的角色价值日益突显,化石能源、新能源及氢—电二次能源网络的互联互动将成为一种长期应用场景。根据世界氢能委员会2017年底的预测,2050年全球终端能源需求的18%将来自氢能。

随着氢能利用技术逐渐成熟,以及全球应对资源环境问题压力持续增大,英国、美国、德国、日本等国家相继制定了氢能发展战略。世界上最大的煤炭出口国和第二大LNG出口国澳大利亚开始计划以太阳能、风能、褐煤制氢,打造下一个能源出口产业,目标是到2030年,在中国、日本、韩国、新加坡四国开发70亿美元市场。英国气候变化委员会近日表示,到2030年,氢气可能取代天然气,成为低碳电力系统的备用能源,并呼吁新建的天然气发电厂做好利用氢能的准备。

2016年,中国《能源技术革命创新行动计划(2016—2030年)》发布,部署"氢能与燃料电池技术创新"任务,标志着发展氢能产业已被纳入国家能源战略,一些地方政府也把氢能产业作为当地经济发展的新引擎,特别是东部、南方的部分地方政府,对氢能与燃料电池产业发展的推进力度较大。江苏省如皋市从2010年起开始布局氢燃料产业,2016年被联合国开发计划署命名为"中国氢经济示范城市"。广东省佛山市于2017年11月建成国内首个商业化运营加氢站。上海市发布《上海燃料电池汽车发展规划》,山东计划依托济南建设"中国氢谷",并启动了山东氢能源中长期发展规划方案编制。武汉市于2018年3月出台《武汉经济技术开发区(汉南区)加氢站审批及管理办法》,为全国首个加氢站审批及监管的地方性政策。

氢能在交通领域能源转型、新能源技术研发领域备受青睐,汽车行业已研发或推出多款

车型，包括运营车辆、重载卡车、叉车等。氢能在交通领域的规模化应用，既依赖于基础设施的建设，又取决于氢燃料电池汽车的技术进步及推广程度。日本、德国、韩国已有多款氢燃料电池汽车上市（主要为客车和货车），氢燃料电池列车在德国投入运营。丰田公司2014年底推出的MIRAI，标志着氢燃料电池乘用车实现商业化。截至2017年底，全球已有328座加氢站投入运营。

目前，储运环节依然是氢能产业发展的难点。氢的长距离输送方式包括高压气态、液态氢和管道输送，这三种方式国内均已应用。截至2017年底，全球共敷设输氢管道4284km，其中美国2400km、欧洲1500km。荷兰、德国、英国允许氢气以一定比例混入天然气管网进行运输，最高可达10%。

（二）国内外传统能源企业纷纷进军氢能产业领域

在各类新能源中，氢能与油气产业链关系最为紧密，具有与油气可类比的万亿美元级市场空间。石油公司具有资源规划、炼化生产（制氢用氢）、油气储运以及零售终端建设与运维等多方面的技术基础与整合优势。早在1978年，BP公司就申请了第一件氢燃料电池相关专利。近10年来，以壳牌、BP、道达尔为代表的石油公司围绕氢气制取、储运以及加氢站建设，已有丰富的实践案例，是世界氢能产业发展的积极推动者。

BP认为氢能兼有二次能源和储能媒介双重角色，并将在2030—2050年得到广泛应用。BP拥有超过40年的制氢经验和超过10年的汽车加氢站运营经验。BP已参与了多个氢能示范项目，包括同戴姆勒克莱斯勒、福特公司合作研究先进燃料电池技术，在北京建成中国第一座加氢站等。

壳牌全面进军氢能领域。壳牌2013年发布的《新视野——世界能源转型的视角》（*New Lens Scenarios*）报告指出，未来石油在乘用车领域的占比将逐年下降；与之相反，电能和氢能将快速增长，2030年二者合计占比将达到5%，2050年和2060年将分别达到40%和60%，到2070年，乘用车市场将全面脱离对化石燃料的依赖，电动汽车和氢燃料汽车将得到全面普及。基于上述预测，壳牌开始在氢能领域全面发力。2016年，壳牌与川崎重工签署协议，合作开发液氢运输船；日本岩谷产业、日本电源开发公司也与壳牌合作，将澳大利亚丰富的低质褐煤转化为氢气，液化后船运至日本。2017年2月，壳牌与丰田正式达成合作协议，在加利福尼亚州建造7座加氢站，并将在2024年增加至100座。两家公司将为该项目出资1140万美元。此外，加利福尼亚州能源委员会将出资1640万美元。2018年，壳牌在其发布的《能源转型报告》中指出，将于2030年前在英国投资加氢设施等。

道达尔积极推进加氢站布局。道达尔2013年在德国政府的主导下，与壳牌、戴姆勒等公司启动了"H$_2$ Mobility"项目。该项目计划在2023年前在德国建设400座加氢站。截至2018年底，道达尔已经在德国建成了10座加氢站。此外，道达尔还与林德公司、宝马公司在氢气加注技术等方面开展了合作。

从国内的情况来看，传统大型能源企业已经开始显著加大在氢能领域的投入力度。2018年2月，国家能源集团牵头成立了中国氢能源及燃料电池产业创新战略联盟（简称中国氢能联盟），高调进军氢能产业，并在江苏如皋投入建设商业加氢站；10月，国家能源集团下属三家单位（准能集团、氢能科技公司、低碳清洁能源研究院）与潍柴集团共同签署了《200吨级以上氢能重载矿用卡车研发合作框架协议》。

中国石化在全国开展氢气的"制、储、运、加"整体布局，目前已确立10座加氢站选址。公司借助冬奥东风，与亿华通签订协议，将在氢气供应、车辆加氢、加氢站运营等方面展开合作，为北京—张家口冬奥会氢燃料电池车运营提供保障。考虑到氢能产业发展初期难以实现投资回报，他们还利用其在2018年7月成立的中国石化集团资本有限公司来支撑氢能和新兴产业发展。中化集团把氢能确立为公司新能源四大重点领域之一，于2018年10月在如皋成立了中化能源国际氢能与燃料电池科技创新中心（简称中化能源氢能科创中心），专注于研发氢燃料电池，标志着其新能源业务进入了战略突破和攻坚阶段。

（三）思考与建议

（1）氢能是石油公司最具技术和产业基础的新能源产业发展方向，中国石油有必要尽早谋划氢能发展战略。

能源转型大潮势不可挡，化石能源、新能源及氢—电二次能源网络互联互动是能源转型时期的长期应用场景。中国石油作为传统的油气公司，应在新能源发展领域有更多、更大的作为。氢能产业链主要包括氢气制取、储运、销售（加注）与应用环节，与油气业务都具有高相似度、同类客户、共用基础设施等特征。特别是在制取环节，化石能源是目前的主要原料（占96%），技术成熟，而人工光合制氢尚处于研发前沿。

中国石油拥有成熟的石化路线制氢、气液储运技术及完善的油气管网和销售系统，发展氢能业务独具优势。建议公司借助冬奥东风，积极关注氢能利用技术和产业，将氢能路线作为公司绿色转型、可持续发展的战略方向之一，研究制定中国石油氢能战略，谋划氢气制取、储运与加氢站建设等业务总体布局。

（2）氢能产业发展涉及多个环节，需要加强内部各业务板块的协同配合，认真做好相关问题的前期调研。

进军氢能产业涉及的业务部门较多，需要在总部层面统筹战略规划的前提下，吸收炼化、销售、天然气与管道、金融资本及相关研究机构等共同参加，超前谋划，并认真组织开展好前期调研，包括现有炼化企业的制氢潜力、利用加油站网络建设分布式综合能源网策略（如基于现有加油站系统新增加氢站与充电站的技术经济比较）、氢气与天然气混合运输和销售的可行性、工业园区输氢管道建设与加氢基础设施协调发展，以及基于氢燃料电池技术的天然气分布式利用等方面的调研。在此基础上，形成战略规划，明确目标任务，选准切入点，落实工作措施等。

（3）氢能发展正处于起步的关键阶段，有必要成立相应机构与风险投资基金，助推氢能产业发展。

在氢能产业发展的前期，大型能源企业的参与十分重要。国家能源集团、中国石化以及中化集团都已成立相应机构来落实或支持氢能发展，中国石油也有必要根据战略需要成立相应机构，采取相对灵活的管理体制机制，积极务实推动工作开展。特别是，可设立相关风险投资基金，联合市场力量参与对氢能产业相关技术（如质子交换膜、双极板、催化剂、储氢罐、电堆等）的投资，以保持对相关前沿技术研发的密切跟踪，适时进行规模化、商业性介入。

（4）积极参与国内外氢能产业领域的学术交流、论坛展览活动，充分展示中国石油推动清洁低碳、安全高效能源体系建设的决心和能力。

氢能产业能否实现商业化发展，需要解决技术瓶颈、政策协调、产业配套、经济可行、社会认知等多方面的难题。目前，中国氢能产业还存在关键技术难题久攻不下、加氢站审批与监管法规缺失、技术标准与检测体系严重滞后三大问题。中国石油作为大型能源企业，有必要积极投身氢能产业领域，发挥自身优势，成为一支重要的推动力量。

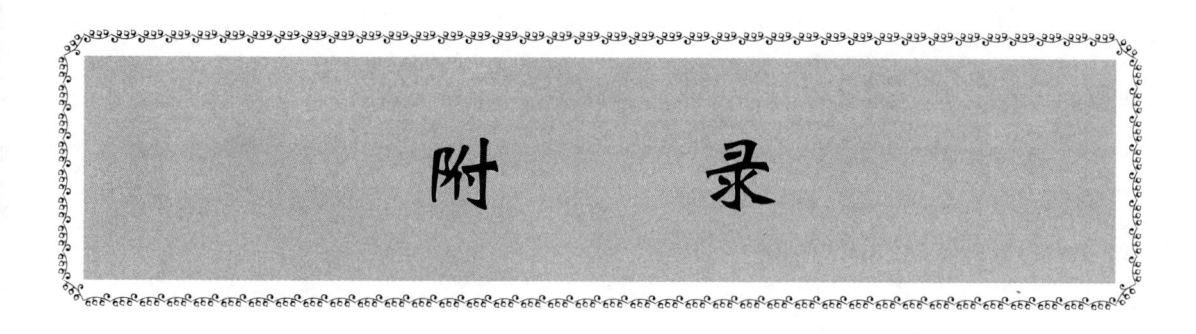

附录

附录一 石油科技十大进展

一、2018年中国石油科技十大进展

（一）陆相页岩油勘探关键技术研究取得重要进展

中国石油依托国家油气专项、"973计划"和公司重大科技专项等进行攻关，解决页岩油勘探开发面临的理论桎梏和技术瓶颈，推动页岩油规模有效动用。

取得3项重要进展：（1）突破国外海相页岩油形成模式，初步创立了中国陆相页岩油富集理论。揭示了陆相湖盆淡水与咸水环境富有机质页岩形成主控因素，建立了陆相湖盆细粒砂岩、碳酸盐岩和富有机质页岩三种成因与分布模式，认为陆相页岩层系广泛发育纹层构造和微—纳米级孔喉系统为页岩油大面积富集创造了条件，提出优质源岩、规模储集体与源储一体最优配置是"甜点"区形成关键因素的新认识。（2）初步形成了陆相页岩油"甜点"综合评价技术。创新了以"七性关系"为核心的页岩油测井评价方法，建立了细粒区六级层序多参数划分对比，进行页岩层系细粒岩类识别和富有机质层段预测，为页岩油试油选层、储层改造提供了重要技术支撑；突破常规储层预测技术内涵，利用岩性、总有机碳含量（TOC）、可溶烃（S_1）、镜质组反射率（R_o）等地质参数和岩石脆性、水平应力、裂缝发育等工程参数，形成以工程地质参数及烃源岩质量预测为特色的"甜点"预测配套技术，为勘探部署与水平井优化设计提供理论技术支持。（3）集成创新形成页岩油水平井优快钻井、细分切割体积压裂及工厂化作业模式，试验形成页岩油200m井距开发部署、全生命周期产量预测、生产制度优化等关键技术，实现了页岩油有效动用与资源接替。

上述理论技术成果有效指导和推动了准噶尔盆地吉木萨尔、渤海湾盆地沧东凹陷孔二段、鄂尔多斯盆地长7段、三塘湖盆地二叠系等陆相页岩油的勘探突破与规模建产，助推引领页岩油成为中国石油重要的战略接替领域。

（二）注天然气重力混相驱提高采收率技术获得突破

中国石油针对塔里木盆地砂岩油藏埋藏深、地层压力与温度高、地层水矿化度高和化学驱提高采收率不适用等难题，创新形成"三高"油藏注天然气重力辅助混相驱提高采收率技术，引领塔中和哈得逊等油田提高采收率技术发展。

主要技术创新包括：（1）形成高温高压油藏注气物理模拟评价技术，揭示了水驱后剩余油微观赋存特征及注天然气蒸发混相驱的微观驱油机理。（2）精细刻画隔夹层空间展布，建立高精度三维地质模型和千万级网格注气组分数值模拟模型，为注气机理模拟、注采井网部署和注采参数优化提供了重要的基础。（3）创新提出顶部注气重力辅助混相驱开发方式，奠定了大幅度提高油藏采收率的基础。（4）形成注采井完整性评价技术，指导高压注气井完井和采油井平稳生产，保障油藏注气全生命周期安全。（5）形成了以地面50MPa压力、单台$20×10^4m^3$大排量注气压缩机为核心的注气工艺技术，实现了国产50MPa高压注气压

缩机零的突破，推动了产业升级。

上述理论技术成果在塔里木东河1石炭系油藏现场试验效果显著，日注气$40×10^4m^3$、累计注气$2.6×10^8m^3$、累计增油$25×10^4t$，自然递减率由14%降到2.6%，综合含水率由71%降到52%，预测采收率超过70%，比水驱提高30个百分点。对塔里木$3000×10^4t$大油气田建设和老油田提高采收率技术发展有巨大的支撑引领作用。

（三）无碱二元复合驱技术工业化应用取得重大进展

中国陆上油田整体进入"双高"开发阶段，无碱二元复合驱技术是继三元驱后新一代大幅度提高采收率战略接替技术，具有"高效、低成本、绿色"的特点，是"双高"油田实现效益开发的重要技术途径，对助推"双高"油藏稳产、保障国内石油供给安全具有重大的战略意义。

主要技术创新包括：（1）建立分子模拟微观定量研究方法，创新发展了驱油表面活性剂超低界面张力机理，突破了无碱条件下低酸值原油难以形成超低界面张力的传统理论束缚。（2）自主研制出芳基甜菜碱系列产品，与石蜡基、中间基和环烷基原油均可达到超低界面张力，具有较强的耐温和耐高矿化度能力，油藏岩心实验提高采收率23%以上。（3）建成了具有自主知识产权、年产$7×10^4t$的表面活性剂生产装置，具有"工艺模块化、生产广谱化、产品系列化"特点。（4）形成了高效二元配注工艺等技术，与三元驱比，地面投资降低1/4，药剂成本降低1/3，吨油操作成本与水驱基本持平，对储层无伤害，采出污水处理简化，实现绿色环保运行。

上述理论技术成果在辽河、新疆等油田工业化应用取得突破性进展，同比采收率提高18%以上，使"双高"老油田焕发了青春。无碱二元复合驱技术满足大庆砂岩、新疆砾岩及高温高盐等油藏需求，应用前景十分广阔，预计到"十四五"期间产量将突破$200×10^4t$。

（四）可控震源超高效混叠地震勘探技术国际领先

对高密度地震资料的旺盛需求和低油价带来的巨大成本压力，推动了可控震源高效地震采集技术的快速发展。中国石油历经两年技术攻关，开发形成可控震源超高效混叠地震勘探技术，推动了陆上可控震源高效地震采集技术的升级换代，较好地解决了陆上高密度采集经济技术一体化问题。

主要技术创新包括：（1）自主研制了可控震源超高效混叠地震采集作业管理系统（DSS），实现了信息化高效管理，大幅度降低了作业设备、人员的投入和待工时间。（2）自主研发了可控震源超高效混叠地震采集实时质控软件，成功与地震记录仪器、DSS系统集成，实现了高效野外作业管理和实时质量控制。（3）成功研发了基于反演的混采数据分离技术，打破多项混采数据分离的技术瓶颈，保真度高，稳定性好，计算效率高。

上述技术成果在阿曼PDO项目正式生产应用，作业效率大幅度提升。利用12~16台（组）可控震源作业，最高日效达到3.85万炮，平均日效超过3万炮，创立了国际生产新纪录，采集综合成本降低50%以上。提升了中国石油品牌影响力和国际市场竞争力，为打破西方技术垄断、稳固与发展中东等地区的高端市场做出了重要贡献，为开拓海外高端地震勘探技术服务市场奠定了坚实的基础。

（五）地层元素全谱测井处理技术实现规模应用

元素全谱测井技术可精确确定地层氧化物与矿物含量、计算有机碳含量以及评价含油气性，适用于裸眼井和套管井，是复杂岩性地层评价和老区剩余油分析的有力技术。元素全谱测井处理复杂、难度大，中国石油经多年持续攻关，关键技术取得了突破性进展。

主要技术创新包括：（1）发明了"相关元素分群逐步精细剥离解谱""元素响应谱与测量谱优化匹配"和"无效本底谱分段扣除"等系列核心专利技术，构建了系统测量俘获和非弹伽马能谱的核物理实验装置，实现了俘获谱和非弹性散射谱的高精度全谱解谱，为国产元素测井仪器工业化应用奠定了扎实的技术基础。（2）首次采用最优化方法构建了元素测井最优化响应方程，实现了复杂岩性储层矿物含量和混合骨架的最优计算，孔隙度计算精度较传统方法提高了一倍，为低孔隙度、低渗透储层和非常规油气的测井精细评价提供了重要支持。（3）以系列专利技术为核心集成研发出元素全谱测井处理软件模块，处理效果与国外同类软件最新版本相同，填补了中国石油的技术空白，提升了非均质复杂储层岩石矿物精细评价能力。

上述理论技术成果在新疆、大庆和塔里木等油田重点勘探开发区块，以及巴西、伊朗和乍得等中国石油海外作业区实现规模应用，大幅度提升了中国石油复杂岩性地层评价以及老区剩余油分析能力和水平，引领中国核测井技术实质性进步。

（六）抗高温高盐油基钻井液等助力 8000m 钻井降本增效

塔里木库车山前是中国乃至世界钻井最复杂的地区，存在盐膏层和高压盐水层、溢漏塌卡并存，以及砾石层等高研磨地层机械钻速低的难题，钻完井关键技术长期依赖进口、受制于人。中国石油通过持续攻关，自主研发抗高温高盐超高密度油基钻井液、非平面齿 PDC 钻头、高压盐水层精细控压钻完井等关键技术，助推山前 8000m 复杂超深井钻探技术水平迈上新台阶。

主要技术创新包括：（1）揭示了超高密度油基钻井液盐水侵流变性突变规律，研发了抗温达 220℃、钻井液密度达 $2.60g/cm^3$、压井液密度达 $2.85g/cm^3$、抗盐水能力达 45% 的油基钻井液技术，整体国际先进、抗盐水污染能力国际领先。（2）建立了声波断裂韧性测试方法，创新形成选择性脱钴技术，研制成功复合片韧性和抗研磨性兼顾，断裂韧性提高 40% 的聚晶金刚石复合片与非平面齿 PDC 钻头。（3）创新形成高压盐水层窄密度窗口控压钻完井技术，解决了近零安全密度窗口（小于 $0.01g/cm^3$）、超高压（190MPa）条件下的安全钻井难题。

上述技术成果在塔里木克深 21 井、克深 9-2 井等成功应用，创造多项纪录。控压钻井技术首次实现零窗口高压盐水层钻进，解决了采用放水卸压法 49d 无进尺的难题，仅用 11d "一趟钻"完成钻进施工。非平面齿 PDC 钻头钻砾石层的机械钻速同比进口钻头提高 175%。钻完井关键技术国产化显著降低了建井成本，将强有力助推 8000m 以深油气资源勘探开发与塔里木 $300×10^8 m^3$ 大气区建设。

（七）应变设计和大应变管线钢管关键技术取得重大进展

大口径高压油气管道途经特殊地质环境时的失效控制是世界级难题，中国石油历经十余年攻关，应变设计和大应变管线钢管关键技术取得重大进展。

主要技术创新包括：（1）建立了基于应变的管道设计方法，突破抗震规范的适用范围，合理预测9°区的应变需求，提出控制管道失效的应变准则，形成 SY/T 7403—2018《油气输送管道应变设计规范》。（2）建立了 X70/X80 关键技术指标与钢管临界屈曲应变的关系，发明钢管临界屈曲应变能力预测方法，创新提出多参量联合表征评价和控制钢管变形行为方法；提出大应变管线钢和钢管新产品技术指标体系及标准，被纳入美国石油学会（API）管线钢管标准附录。（3）自主研发 X70/X80 大应变 JCOE 直缝埋弧焊管成型、焊接、涂覆等关键技术，形成大应变管线钢管生产工艺和质量性能控制技术。（4）研发钢管内压+弯曲大变形实物试验装置，形成钢管实物模拟变形试验技术，发明了钢管特定截面弯曲角及应力应变实时测量装置和方法。

上述理论技术成果助推引领 X70/X80 大应变管线钢管生产应用 5 万余吨，近 3 年新增产值 26.9 亿元，新增利润 5.9 亿元，为推动行业技术进步做出突出贡献。

（八）化工原料型加氢裂化催化剂工业应用试验取得成功

中国石油自主研发的化工原料型加氢裂化催化剂 PHC-05，具有原料适应性强、反应活性高、重石脑油选择性好、液体收率高等特点，不仅可最大量生产重石脑油，还能兼产乙烯裂解原料和优质航煤，为炼化企业提质增效、转型升级提供了重要的技术支撑。

主要技术创新包括：（1）攻克了多环芳烃选择性开环断链的技术难题，实现了裂化和加氢功能的合理匹配，有效降低了小分子气体产率，提高了重石脑油选择性，重石脑油收率大于 45%（质量分数）。（2）与装置上原有催化剂相比，产品结构得到明显优化，重石脑油收率提高 23 个百分点，柴油收率降低 25 个百分点，重石脑油芳潜提高 5~7 个百分点。（3）重石脑油作为催化重整装置的优质进料，所产氢气的纯度提高 2 个百分点。

2018 年 9 月，PHC-05 催化剂在大庆石化 120×10^4 t/a 加氢裂化装置成功实现工业应用，预计装置年增经济效益 3 亿元以上，填补了该领域技术空白，为中国石油炼化转型升级提供了新的技术利器。未来可向哈尔滨石化、独山子石化、锦西石化、云南石化、四川石化、乌鲁木齐石化、辽阳石化等企业的加氢裂化装置推广，应用前景十分广阔。

（九）超高分子量聚乙烯生产技术开发及工业应用取得成功

超高分子量聚乙烯（UHMWPE）是一种新型工程塑料，集多种优异性能于一身，广泛应用于国民经济的各个领域。中国石油辽阳石化自主开发的 UHMWPE 催化剂及连续生产成套技术已成功实现稳定生产，整体技术处于国内领先水平。

主要技术创新包括：（1）开发了 UHMWPE 专用系列催化剂，采用不同功能给电子体组合，实现了高活性条件下的聚乙烯粒度可控，形成了具有自主知识产权的催化剂制备技术。（2）集成开发出 UHMWPE 工业化连续生产工艺技术，实现产品分子量 150 万~600 万稳定可控，产品粒度分布集中，可生产适应不同应用领域的系列化 UHMWPE 专用料，实现由普通管材、板材，高耐磨管材、板材到高模高强纤维级料的全面覆盖。（3）完成了超高分子量聚乙烯材料和制品热性能测定分析方法标准的制定，提升了中国石油在超高分子量聚乙烯领域的影响力。

该技术已在 7×10^4 t/a Hoechst 工业装置生产 UHMWPE 系列产品共计 2000 多吨，生产过程稳定，产品质量优良，达到进口产品标准。工业化产品在多家企业推广应用，产品效益较通用型产品高 2800 元/t 以上。该技术推动了 UHMWPE 国产化进程，降低高端专用料的进口依赖度，具有显著的经济效益及社会效益，同时增强了中国石油特种聚烯烃技术实力和市场竞争能力，填补了中国石油在该产品领域的空白。

（十）中国合成橡胶产业首个国际标准发布实施

中国是全球合成橡胶第一大产销国，但一直没有主导制定合成橡胶国际标准的话语权。中国石油历时5年，自主创新，制定热重分析法测定橡胶灰分的国际标准。该标准2018年7月发布实施。

主要技术创新包括：（1）开发了裂解—氧化分步反应工艺，解决了测定结果重复性差、准确性低等国际公认的技术难题，技术达到国际先进水平。（2）开发了以两段均化技术为核心的样品前处理技术，解决了样品代表性差的难题，达到样品量毫克级与克级代表性一致的效果。（3）采用热分析技术，将橡胶灰分检测时间从6h以上缩短为40min，避免有毒化学品、高温操作对环境和人身健康的伤害，实现检测技术自动化、环保化。

该标准是中国合成橡胶领域首次主导制定的国际标准，实现了橡胶灰分检测方法的安全、快速、准确、环保，推动了全球橡胶灰分检测技术进步，提升了中国橡胶行业在国际标准化领域的话语权和影响力，彰显了中国在合成橡胶标准化领域的技术实力，同时也为中国橡胶生产加工技术、设备"走出去"赢得先机。

二、2018年国外石油科技十大进展

（一）深海油气沉积体系和盐下碳酸盐岩勘探技术取得新进展

深海逐渐成为全球新增油气储量的主要领域，2010年之后深海油气储量发现已占全球油气储量发现的一半以上，贡献比例呈逐年增加趋势，缅甸深水沉积体系和巴西里贝拉盐下湖相碳酸盐岩领域的勘探成功，是2018年全球深水油气勘探的两项重要发现。

缅甸孟加拉湾盆地若干海域发育世界上最大的富泥型深水沉积体系，海底扇沉积结构单元相互侵蚀/叠置、砂体刻画难度大，生物气藏成因机理复杂。通过发展深水沉积油气勘探技术系列，开展圈闭精细识别和砂体预测，建立深水近陆坡生物气成藏模式，明确正向构造背景、规模砂体和有效生物气成烃区为三大主控因素，部署探井AS-1获规模生物气藏发现，有望通过滚动勘探评价达千亿立方米规模，成为中缅天然气管线的现实新气源。

巴西里贝拉项目位于深海桑托斯盆地，其盐下湖相碳酸盐岩领域具备大油田发育条件，面临上覆巨厚盐丘导致速度不准、湖相碳酸盐岩储层分布预测难、后期岩浆侵入导致油藏破坏等难题。通过层控相控构造变速成图技术有效提高成图精度、采用"强振幅+低频率+高阻抗"方法定量识别基性侵入岩，创新"地震相+高亮体+叠前弹性反演"碳酸盐岩储层综合预测技术，在此前认为火成岩发育的主断裂以东地区针对有利滩体部署探井获成功，使里贝拉项目整体地质储量达 $16.1 \times 10^8 t$。

（二）"长水平井+超级压裂"技术助推非常规油气增产增效

无论油价高低，北美页岩油气作业者都能够依靠技术创新实现增产增效。"长水平井+超级压裂"技术是推动北美页岩油气增产增效的核心技术之一。

"长水平井+超级压裂"技术的主要内涵包括：（1）长水平段水平井技术。近年来，为了实现增产增效，美国页岩油气水平井的水平段长度不断增加，主要盆地新钻井水平段长度大于 2400m 的井数占比超过 40%，巴肯和二叠盆地甚至超过 70%。（2）超级压裂技术。随着水平段长度的增加，相应的压裂强度也在不断增加，主要是通过增加压裂级数、减小段间距、增加压裂簇数、提高支撑剂浓度、暂堵转向、加砂压裂和提高压裂液用量等一系列技术措施来增加储层改造强度，实现"超级规模"缝网，从而提高单井产能。（3）集成配套彰显"1+1>2"的技术效力。将"长水平井+超级压裂"作为技术系统进行集成配套并整体部署，切实发挥技术组合的综合威力，起到"1+1>2"的协同效应。

以北美 Pioneer 页岩气为例，2014 年以来，水平井平均压裂段间距从 73m 降低到 30m，簇间距从 18m 减小到 4.6m，加砂强度从 1.5t/m 增加到 3t/m，液体规模从 $16m^3/m$ 增加到 $26m^3/m$，EUR 从 $0.76×10^8m^3$ 提高到 $3.28×10^8m^3$，"长水平井+超级压裂"技术助推引领单井日产量和单井 EUR 实现翻番，桶油操作成本降低 9 美元，有效抑制油价下滑带来的效益下行矛盾。

（三）海底节点地震勘探技术取得新进展

海底节点地震勘探是针对海上勘探广泛探索的一项技术，可实现深水特殊环境的高精度、高分辨率、高效勘探，在进行永久油藏监测、全方位地震数据采集等方面具有明显优势。近年来，随着机械工程技术的进步，海底节点仪器布设与回收效率不断提高，海底节点采集成本持续降低，推动应用不断发展。

重大技术进展主要包括：（1）节点采集装备不断完善与进步。适用的最大水深由 3000m 发展到 4000m，开发了用于 4D 地震勘探的节点系统，维护成本低、可靠性高、采集脚印小、可重复性好。（2）海底节点地震勘探技术方法取得重大突破。在墨西哥湾复杂海底环境与构造区域，Wolfspar 海底节点超大偏移距低频采集试验成功，获得的大偏移距、低频地震数据有效用于全波形反演速度模型建立。中国石油开发了从采集、现场处理高效质控、时间域处理到深度域成像的完整的一体化解决方案，攻关开发的海底节点数据处理软件达到国际先进水平，在红海等深水勘探项目中成功应用，具备参与国际深水勘探高端技术市场实力。

海底节点地震勘探将成为深水勘探的关键技术，自动化机器人将推动海底节点采集迈上新台阶，被称为"飞行"节点的采集系统利用自动化机器人将大幅度提高节点布设与回收效率，未来基于自动化机器人的海底节点采集技术将日趋成熟，成为海底地震勘探的重要手段。

（四）基于深度学习的地震解释技术成为研究热点

以深度学习为核心的人工智能是引领未来的战略性技术。跨界融合创新正成为地球物理行业技术创新的大趋势，基于深度学习的地震解释技术打破了人类大脑的局限性，不仅减少数据丢失，进行构造、断层、层序解释，还可用于测井数据、叠前和叠后数据分析等多维度数据分析，得到能够直接预测油气的三维数据体，减少人工工作量，并提高解释精度。基于深度学习的人工智能在地球物理行业的研究进展主要在数据处理与解释两个领域，其中在地震解释方面进展较大，开展了地震属性分析、岩相识别、地震反演、断层识别等研究，并开发出相关软件产品。

重大技术进展主要包括：（1）开发了地震属性分析软件，利用机器学习与大数据分析方法进行地震属性分析,减少地震解释的不确定性,推动了定量解释技术的发展。(2)开发了用于岩相分类的人工智能算法,并形成地震解释软件系统,在二叠盆地应用取得显著效果。(3)在岩性和地貌分类方面,从地震数据和井筒数据生成概率岩相模型,以更好地了解储层非均质性,减少地震解释结果的不确定性。

深度学习应用于地球物理数据管理中,是地球物理行业数字化转型最重要的组成部分。人工智能方法在地球物理行业的发展还在探索中,人工神经网络、蚁群算法、向量机、粒子群等算法的应用并未形成规范流程,今后深度学习在地球物理领域的应用还有待突破,将是一项颠覆性、革命性技术,具有巨大发展前景与应用潜力。

(五)新一代多功能测井地面系统大幅度提高数据采集速度

地面系统是测井数据采集的调度中枢,其性能先进和功能强大与否决定了测井系统的采集能力,也代表了系统的整体水平。

新一代多功能测井地面系统具有三个方面的主要特点:(1)全面应用网络平台技术,实现了过程远程操控与数据及时共享,可以在全球任何地点实时操控系统并进行数据同步应用,提升了采集、处理及解释一体化能力。(2)初步实现了同一模块或不同模块之间的自组装,自动适应环境变化并自动提供优化配置;在遥传接口模块中使用了70余个继电器,可进行十分灵活的编程组装,以支持多种电缆调制解调方式,适应不同信号类型;8组电源模块可根据井下测量功能和井下仪器配置进行自组装,并提供与之相适应的交流、直流电源,进行各模块功率智能分配;这种自组装能力使地面系统集成化、多功能化更加易于实现。(3)使用的电缆传输系统速率最高达4.0Mbit/s,井下仪器总线速率达到8.0Mbit/s,使井下仪器能够集成更多传感器,进行更大规模采集作业,获取更多地层数据,进一步提高储层参数测量能力。新一代多功能测井地面系统推动了测井技术迈向智能化进程,将成为未来应用的主流技术。

(六)先进的井下测控微机电系统传感器技术快速发展

随着井眼测量技术的发展和升级,传统传感器体积大、易损坏且成本高等缺点日益突出。为此,业界积极寻求一种可替代传统测控传感器的技术。近年来,随着半导体制造技术的发展,小型化、价格低廉且坚固耐用的微机电系统(MEMS)传感器在井下工具中获得越来越多的应用。

MEMS传感器所用的耐疲劳配件能承受数十亿次甚至数万亿次的冲击而不会出现失效;MEMS传感器微小的尺寸意味着活动部件少,使其在受到冲击和振动时具备高的可靠性;MEMS传感器的成本是传统传感器的0.1%~1%。MEMS传感器技术能确保制造商提供的产品达到甚至超过传统产品的性能,并带来巨大经济效益。越来越多的井下工具以某种形式配备了MEMS传感器,有些公司已开始提供部分或全部基于MEMS技术的井眼测量或导向系统,如某公司已在陀螺测斜仪、压力传感器中应用了该技术。据《MEMS产业地位研究》报告显示,2018年MEMS市场规模为150亿美元,2021年预计达到200亿美元。单个MEMS传感器的售价仅为数美元,随着市场规模的扩大,价格将进一步降低,MEMS有望取代传统传感器,掀起井下测量和导向工具的革命。

（七）负压脉冲钻井技术提升连续管定向钻深能力

连续管不能旋转是连续管钻井遇到的最大技术难题，摩阻大导致机械钻速低，钻深能力下降、不能钻达设计目标井深等。负压脉冲能够更加高效地使用系统压力，适用于漏失钻井、高固相含量，以及气体钻井和固井作业。

负压脉冲钻井技术利用特殊的井下工具，在连续管或钻柱内产生一个负压脉冲，引起钻柱内的水击效应，使钻井液低频、高速喷射到环空中，从而起到降低摩阻的效果，增加滑动钻进的钻深。连续管利用管内的压力来提高压力脉冲，这个压力脉冲使负压脉冲保持动态，通过释放多余的压力，能够产生一个更大的脉冲幅度。通过负压，一方面能改善螺旋弯曲效应，促进钻井液从工具内循环至井口。另一方面，通过低频振动加快岩屑上返，从而使连续管钻井更加高效。

传统正压脉冲与负压脉冲的性能对比显示，应用负压脉冲方式，不会对随钻设备造成伤害，还可降低钻具在水平段钻进时的摩阻近17%。负压脉冲钻井技术有望成为连续管钻井技术发展的助推器。

（八）数字孪生技术助力管道智能化建设

随着管道在线监测技术的日渐成熟，管道运营人员可对管道进行实时监测，获取大量管道在线运行数据。然而，面对如此繁复庞杂的数据，如何实现数据的可视化一直困扰着管道行业，管道数字孪生技术成功解决了这一难题。

管道数字孪生技术是一项虚拟现实技术，可将管道数据以3D形式呈现。用户通过全息透视眼镜，可对管道的虚拟图像进行旋转、放大和扩展（视图缩小的最大范围达$300m^2$，放大的最大范围为$2m^2$）。管道附近的一些重点区域以热图的形式呈现，热图信息包括区域内地质情况，以及随时间移动地质变化状况。用户可对这些重点区域的地形显示信息进行操作，包括升高、降低和旋转该处地形，从而更好地发现小凹痕、裂缝、腐蚀区域以及由地面移动引起的管道应变等潜在危险。管道数字孪生技术还可对管道周边的边坡测斜仪进行全息展示，用户可清晰观测管道随地面运动而发生的移动情况，管道的管径数据变化也可通过3D视图直观显示出来。

该技术目前在加拿大Enbridge公司的部分管道应用，将132个独立的Excel数据集进行合并分析，呈现了$2.25mile^2$范围内的地理信息情况。实践表明，节省了研究管道数据的时间，有助于用户更好地监控管道运行状况，快速准确地评估管道完整性。

（九）渣油悬浮床加氢裂化技术应用取得新进展

渣油悬浮床加氢裂化技术是一种新型渣油加氢技术，可加工高硫原油、稠油和油砂沥青等劣质原料，是当今炼油工业的研发热点。2018年，意大利Eni公司开发的渣油悬浮床加氢裂化技术EST（Eni Slurry Technology）工业推广取得新进展，先后与茂名石化和浙江石化签订三套装置的技术转让协议，产能将达到$860 \times 10^4 t/a$。

主要技术特点包括：(1) 使用了纳米分散的高浓度Mo基催化剂，通过在原料中加入油溶性的Mo基催化剂前躯体，可以实现催化剂在反应器中原位制备。(2) 催化剂颗粒呈层状分布，在反应器中不容易发生堵塞，且没有焦炭和金属沉积，经过多次循环后催化剂的形貌不发生变化，活性也不衰减。(3) 使用了悬浮床鼓泡反应器，实现了反应器内部均匀等温，轴向温差小于0.3℃，径向温差小于2℃。

渣油悬浮床加氢裂化技术的工业应用表明，该技术可根据原料的性质优化反应条件，降低操作苛刻度，脱金属率大于99%，脱残炭率大于97%，脱硫率大于85%，转化率大于90%。对劣质原油进行改质后，生产的合成原油的API度相比原料油可提高20个单位以上。该技术适合加工高金属含量、高残炭、高硫含量、高酸值、高黏度劣质原料，轻油收率高，产品质量好，未转化油产率低，12加工费用低，技术优势明显，具有广阔的发展前景。

（十）原油直接裂解制烯烃技术工业应用取得重大进展

原油直接裂解制烯烃技术省略了常减压蒸馏、催化裂化等主要炼油环节，使工艺流程大为简化。最具代表性的技术是埃克森美孚的技术和沙特阿美/沙特基础公司合作开发的技术。埃克森美孚技术路线将原油直接进入乙烯裂解炉，并在裂解炉对流段和辐射段之间加入一个闪蒸罐，原油在对流段预热后进入闪蒸罐，气液组分分离，76%的气态组分进入辐射段进行蒸汽裂解生产烯烃原料。这一装置是迄今最灵活的进料裂解装置，可加工轻质气体，还可加工原油这样的重质液体原料，且该裂解装置还可生产燃料组分。IHS Markit估算，该工艺采用布伦特原油作原料的乙烯生产成本比石脑油路线低160美元/t。沙特阿美/沙特基础公司的工艺技术是将原油直接送到加氢裂化装置，先脱硫将较轻组分分离出来，较轻组分被送到蒸汽裂解装置进行裂解，较重组分则被送到沙特阿美专门开发的深度催化裂化装置进行烯烃最大化生产。2018年1月，沙特阿美与CB&I、Chevron Lummus Global签署联合开发协议，通过研发加氢裂化技术将原油直接生产化工产品的转化率提高至70%~80%。

原油直接裂解制烯烃新工艺，不需通过炼油过程，流程大为简化，建设投资大幅度下降，经济效益显著，具有降低原料成本、能耗和碳排放等优点，对于炼化转型升级将产生革命性的影响。

三、2008—2017年中国石油与国外石油科技十大进展汇总

（一）2008年中国石油与国外石油科技十大进展

1. 中国石油科技十大进展

（1）中国天然气成因及大气田形成机制研究成果显著。
（2）柴达木盆地油气勘探开发关键技术研究取得重要进展。
（3）含CO_2气田开发及CO_2驱油技术取得重大进展。
（4）特低渗透油田高效开发技术重大突破支撑长庆油田快速上产。
（5）复杂地表地震工程遥感配套技术在西部地区应用效果显著。
（6）多项钻井技术集成助力中国石油水平井年钻井规模突破1000口。
（7）成像测井、数字岩心、处理解释一体化技术研究获突破性进展。
（8）西气东输二线关键技术重大突破有力支撑了西气东输二线工程建设。
（9）最大化多产丙烯催化裂化工业试验获得成功。
（10）丁苯和聚丁二烯橡胶技术开发取得重大突破。

2. 国外石油科技十大进展

（1）深水盐下油气地质勘探理论技术应用取得重要进展。

（2）北极地区油气资源评价获突破性进展。

（3）重油就地改质开发技术矿场试验获突破性进展。

（4）高含水油田改善水驱新技术取得重要进展。

（5）随钻地震技术在精确高效低成本勘探钻井方面发挥重要作用。

（6）连续管钻井技术进一步拓展应用领域。

（7）测量横向弛豫时间的核磁共振随钻测井仪器研制成功。

（8）"血小板"技术解决油气田集输管道泄漏定位与修复难题。

（9）渣油悬浮床加氢裂化工业试验成功。

（10）第二代生物柴油生产技术开发成功，首套装置建成投产。

（二）2009年中国石油与国外石油科技十大进展

1. 中国石油科技十大进展

（1）歧口富油气凹陷整体勘探配套技术取得重要进展。

（2）邦戈尔盆地石油地质研究获乍得两个亿吨级油田新发现。

（3）三元复合驱技术助力大庆油田持续稳产 4000×10^4 t。

（4）松辽盆地和准噶尔盆地火山岩气藏勘探开发技术取得重大突破。

（5）中国首个超万道级地震数据采集记录系统研制成功。

（6）分支井和鱼骨井钻完井技术应用大幅度提高单井产量。

（7）多极子阵列声波测井仪研制成功。

（8）输油管道减阻剂及多项减阻增输核心技术达国际先进水平。

（9）高性能碳纤维及原丝工业化成套技术开发成功。

（10）加氢异构脱蜡生产高档润滑油基础油成套技术应用成功。

2. 国外石油科技十大进展

（1）复杂地质环境油气勘探分析技术解决多种储层钻探难题。

（2）页岩气开采技术取得突破性进展。

（3）油藏数值模拟能力达到10亿网格。

（4）双程逆时偏移技术取得新进展。

（5）融合四维地震技术的高密度宽方位地震勘探能力得到有效提高。

（6）有缆钻杆技术突破钻井自动化信息传输瓶颈。

（7）井间电磁测井仪器研发取得新进展。

（8）过钻头测井系统投入商业应用。

（9）有效进行管道完整性检测的非接触式磁力断层摄影术。

（10）多产丙烯/联产1-己烯的组合技术工业应用效果显著。

（三）2010年中国石油与国外石油科技十大进展

1. 中国石油科技十大进展

（1）变质基岩油气成藏理论及关键技术指导渤海湾盆地发现亿吨级储量区带。

(2) 高煤阶煤层气勘探开发理论和技术突破推动沁水盆地实现煤层气规模化开发。
(3) "二三结合"水驱挖潜及二类油层聚合物驱油技术突破支撑大庆油田保持稳产。
(4) 超稠油热采基础研究及新技术开发取得重大突破。
(5) 逆时偏移成像技术突破大幅度提高成像精度。
(6) 水平井钻完井和多段压裂技术突破大大改善低渗透油田开采效果。
(7) 新一代一体化网络测井处理解释软件平台开发成功。
(8) 多品种原油同管道高效安全输送技术有效解决长距离混输难题。
(9) 满足国Ⅳ标准的催化裂化汽油加氢改质技术开发成功。
(10) 1-己烯工业化试验及万吨级成套技术开发成功助力提升聚乙烯产品性能。

2. 国外石油科技十大进展

(1) 浅水超深层勘探技术不断创新与应用推动墨西哥湾成熟探区特大型气藏新发现。
(2) 有望探测剩余油分布的油藏纳米机器人首次成功通过现场测试。
(3) 宽频地震勘探技术加大频谱采集范围有效解决复杂构造成像难题。
(4) 微地震监测成为油气勘探开发研究应用热点技术。
(5) 先进技术集成推动超大位移井不断突破钻井极限。
(6) 导向套管尾管钻井技术实现钻井新突破。
(7) 元素测井技术获得突破性进展。
(8) 高精度数字式第三代地震监测系统在阿拉斯加管道投入运行。
(9) 纤维素乙醇生物燃料开发取得重要进展。
(10) 世界最大的煤制烯烃装置建成投产。

(四) 2011 年中国石油与国外石油科技十大进展

1. 中国石油科技十大进展

(1) 勘探理论和技术创新指导发现牛东超深潜山油气田。
(2) 陆上大油气区成藏理论技术、突破支撑储量高峰期工程。
(3) 油田开发实验研究系列新技术、新方法获重大进展。
(4) 复杂油气藏开发关键技术突破支撑"海外大庆"建设。
(5) 中国石油首套综合裂缝预测软件系统研发成功。
(6) 精细控压钻井系统研制成功解决安全钻井难题。
(7) 随钻测井关键技术与装备研发取得重大突破。
(8) 输气管道关键设备和 LNG 接收站成套技术国产化。
(9) 委内瑞拉超重油轻质化关键技术完成首次工业化试验。
(10) 单线产能最大丁腈橡胶技术实现长周期工业应用。

2. 国外石油科技十大进展

(1) 储层物性纳米级实验分析技术投入应用。
(2) 致密油开发关键技术突破实现工业化生产应用。
(3) 近 3000m 超深水油气藏开发技术取得重大突破。
(4) 综合地球物理方案提高非常规油气勘探开发效益。

(5) 水平井钻井技术创新推动页岩气大规模开发。
(6) 介电测井技术取得重大进展改善储层评价效果。
(7) 管道激光视觉自动焊机提高焊接效率和质量。
(8) 微通道技术成功用于天然气制合成油。
(9) 石脑油催化裂解万吨级示范装置建成投产。
(10) 新型车用碳纤维增强塑料取得重大突破。

（五）2012 年中国石油与国外石油科技十大进展

1. 中国石油科技十大进展

(1) 复杂油气成藏分子地球化学示踪技术获重要突破。
(2) 海相碳酸盐岩油气勘探理论技术突破助推高石梯—磨溪气区重大发现。
(3) 低压超低渗透油气藏勘探开发技术突破强力支撑"西部大庆"建设。
(4) 超深层超高压凝析气藏开发技术突破开辟油气开发新领域。
(5) 复杂山地高密度宽方位地震技术突破支撑柴达木盆地亿吨级油田发现。
(6) 超深井钻井技术装备研发取得重大进展和突破。
(7) 自主研发的成像测井装备形成系列实现规模应用。
(8) 高钢级高压大口径长输管道技术和装备国产化支撑西气东输二线工程全线贯通。
(9) 自主研发的加氢裂化催化剂取得成功并实现工业应用。
(10) 中国首套自主研发的国产化大型乙烯工业装置一次开车成功。

2. 国外石油科技十大进展

(1) 非常规油气资源空间分布预测技术有效规避勘探风险。
(2) 深层油气"补给"论研究获得重要进展。
(3) 注气提高采收率技术取得新进展。
(4) 新型压裂工艺取得重要进展。
(5) 无缆、节点地震数据采集装备与技术快速发展。
(6) 工厂化钻完井作业推动非常规资源开发降本增效。
(7) 无化学源多功能随钻核测井仪器问世。
(8) 管道三维超声断层扫描技术取得新突破。
(9) 无稀土与低稀土催化裂化催化剂实现规模应用。
(10) 甲苯甲醇烷基化制对二甲苯联产低碳烯烃流化床技术取得重大进展。

（六）2013 年中国石油与国外石油科技十大进展

1. 中国石油科技十大进展

(1) 深层天然气理论与技术创新支撑克拉苏大气区的高效勘探开发。
(2) 被动裂谷等理论技术创新指导乍得、尼日尔等海外风险探区重大发现。
(3) 自主研发大规模精细油藏数值模拟技术与软件取得重大突破。
(4) 浅层超稠油开发关键技术突破强力支撑风城数亿吨难采储量规模有效开发。
(5) 自主知识产权的"两宽一高"地震勘探配套技术投入商业化应用。
(6) 工厂化钻井与储层改造技术助推非常规油气规模有效开发。

（7）地层元素测井仪器研制获重大突破。

（8）大型天然气液化工艺技术及装备实现国产化。

（9）催化汽油加氢脱硫生产清洁汽油成套技术全面推广应用支撑公司国Ⅳ汽油质量升级。

（10）中国石油首个高效球形聚丙烯催化剂成功实现工业应用。

2. 国外石油科技十大进展

（1）海域深水沉积体系识别描述及有利储层预测技术有效规避勘探风险。

（2）地震沉积学分析技术大幅度提高储层预测精度和探井成功率。

（3）天然气水合物开采试验取得重大进展。

（4）深水油气开采海底工厂系统取得重大进展。

（5）百万道地震数据采集系统样机问世。

（6）钻井远程作业指挥系统开启钻井技术决策支持新模式。

（7）三维流体采样和压力测试技术问世。

（8）大型浮式液化天然气关键技术取得重大进展。

（9）世界首创中低温煤焦油全馏分加氢技术开发成功。

（10）天然气一步法制乙烯新技术取得突破性进展。

（七）2014 年中国石油与国外石油科技十大进展

1. 中国石油科技十大进展

（1）古老海相碳酸盐岩天然气成藏地质理论技术创新指导安岳特大气田战略发现和快速探明。

（2）非常规油气地质理论技术创新有效指导致密油勘探效果显著。

（3）三元复合驱大幅度提高采收率技术配套实现工业化应用。

（4）三相相对渗透率实验平台及测试技术取得重大突破。

（5）LFV3 低频可控震源实现规模化应用。

（6）多频核磁共振测井仪器研制成功。

（7）四单根立柱 9000m 钻机现场试验取得重大突破。

（8）油气管道重大装备及监控与数据采集系统软件实现国产化。

（9）超低硫柴油加氢精制系列催化剂和工艺成套技术支撑国Ⅴ车用柴油质量升级。

（10）合成橡胶环保技术工业化取得重大突破。

2. 国外石油科技十大进展

（1）细粒沉积岩形成机理研究有效指导油气勘探。

（2）CO_2 压裂技术取得重大突破。

（3）低矿化度水驱技术取得重大进展。

（4）声波全波形反演技术走向实际应用。

（5）地震导向钻井技术有效降低钻探风险。

（6）岩性扫描成像测井仪器提高复杂岩性储层评价精度。

（7）多项钻头技术创新大幅度提升破岩效率。

（8）干线管道监测系统成功应用于东西伯利亚—太平洋输油管道。

（9）炼油厂进入分子管理技术时代。

（10）甲烷无氧一步法生产乙烯、芳烃和氢气的新技术取得重大突破。

（八）2015年中国石油与国外石油科技十大进展

1. 中国石油科技十大进展

（1）致密油地质理论及配套技术创新支撑鄂尔多斯盆地致密油取得重大突破。

（2）含油气盆地成盆—成烃—成藏全过程物理模拟再现技术有效指导油气勘探。

（3）大型碳酸盐岩油藏高效开发关键技术取得重大突破，支撑海外碳酸盐岩油藏高效开发。

（4）直井火驱提高稠油采收率技术成为稠油开发新一代战略接替技术。

（5）开发地震技术创新为中国石油精细调整挖潜提供有效技术支撑。

（6）随钻电阻率成像测井仪器研制成功。

（7）高性能水基钻井液技术取得重大进展，成为页岩气开发油基钻井液的有效替代技术。

（8）直径1016mm大口径管道高清晰X80钢级1422mm大口径管道建设技术为中俄东线管道建设提供了强有力技术保障。

（9）千万吨级大型炼厂成套技术开发应用取得重大突破。

（10）稀土顺丁橡胶工业化成套技术开发试验成功。

2. 国外石油科技十大进展

（1）多场耦合模拟技术大幅度提升地层环境模拟真实性。

（2）重复压裂和无限级压裂技术大幅度改善非常规油气开发经济效益。

（3）全电动智能井系统取得重大进展。

（4）低频可控震源推动"两宽一高"地震采集快速发展。

（5）高分辨率油基钻井液微电阻率成像测井仪器提高成像质量。

（6）钻井井下工具耐高温水平突破200℃大关。

（7）经济高效的玻璃纤维管生产技术将推动管道行业发生革命性变化。

（8）全球首套煤油共炼工业化技术取得重大进展。

（9）加热炉减排新技术大幅度降低氮氧化物排放。

（10）人工光合制氢技术取得进展。

（九）2016年中国石油与国外石油科技十大进展

1. 中国石油科技十大进展

（1）古老油气系统源灶多途径成烃理论突破有效指导深层勘探。

（2）深层碳酸盐岩气藏开发技术突破有力支撑安岳大气田规模开发。

（3）全可溶桥塞水平井分段压裂技术工业试验取得重大突破。

（4）PHR系列渣油加氢催化剂工业应用试验获得成功。

（5）满足国V标准汽油生产系列成套技术有效支撑汽油质量升级。

（6）医用聚烯烃树脂产业化技术开发及安全性评价取得重大突破。

（7）微地震监测技术规模化应用取得重大进展。

(8)"三品质"测井评价技术突破有力支撑非常规油气勘探开发。

(9)膨胀管裸眼封堵技术治理恶性井漏取得重大进展。

(10)天然气管道全尺寸爆破试验技术取得重大突破。

2. 国外石油科技十大进展

(1)"源—渠—汇"系统研究有效指导多类沉积盆地油气勘探。

(2)非常规"甜点"预测技术有望大幅度提高勘探效率。

(3)内源微生物采油技术研发与试验取得突破。

(4)太阳能稠油热采技术实现商业化规模应用。

(5)新型烷基化技术取得重要进展。

(6)低成本天然气制氢新工艺取得突破。

(7)逆时偏移成像技术研发与应用取得新进展。

(8)随钻前探电阻率测井技术取得突破。

(9)"一趟钻"技术助低油价下页岩油气效益开发。

(10)天然气水合物储气技术取得突破。

(十)2017年中国石油与国外石油科技十大进展

1. 中国石油科技十大进展

(1)砾岩油区成藏理论和勘探技术创新助推玛湖凹陷大油气区发现。

(2)特低渗—致密砂岩气藏开发动态物理模拟系统研发取得重大进展。

(3)中国石油创新勘探开发工程技术实现页岩气规模有效开发。

(4)国Ⅵ标准汽油生产技术工业化试验取得成功。

(5)丁苯橡胶无磷(环保)聚合技术成功实现工业应用。

(6)基于起伏地表的速度建模软件成功研发并实现商业化应用。

(7)方位远探测声波反射波成像测井系统提高井旁储层判识能力。

(8)固井密封性控制技术强力支撑深层及非常规天然气资源安全高效勘探开发。

(9)中国第三代大输量天然气管道工程关键技术取得重大突破。

(10)工程技术突破助力南海水合物试采创造世界指标。

2. 国外石油科技十大进展

(1)地质云数据助推地质综合研究提高勘探成功率。

(2)大型复杂油气藏数值模拟技术取得新进展。

(3)大数据分析技术指导油气田开发成效显著。

(4)STRONG沸腾床渣油加氢技术工业试验取得成功。

(5)二氧化碳加氢制低碳烯烃取得突破。

(6)压缩感知地震勘探技术降本增效成果显著。

(7)多功能脉冲中子测井仪实现高质量套管井储层监测。

(8)钻井参数优化助力实现油气井整体价值最大化。

(9)示踪剂及监测系统有效提高储运设备泄漏防治水平。

(10)工业互联网环境平台创造油气行业新纪元。

附录二　国外石油科技主要奖项

一、2018年工程技术创新特别贡献奖

由油田工程技术服务公司和作业公司提交，经石油公司、咨询公司及油服公司的专家组成的评委会评审，美国《E&P》杂志评选出2018年度14项石油工程技术创新特别奖。获奖的新产品和新技术包括理念、设计和应用等方面的技术创新，更好地解决了高效生产方面的挑战。它们大多是单项的新技术，都是在各自领域内取得重大突破，在降低油气勘探、钻井和生产成本，提高作业效率和收益方面发挥了重要作用。

（一）人工举升奖——斯伦贝谢公司的 Lift IQ 监控平台

斯伦贝谢公司 Lift IQ 监控平台涵盖工程、制造和监控技术，可以进行生产周期管理、实时分析和生产优化。监控工程师可以在全球众多的人工举升监控中心跟踪电动潜油泵入井次数和报警情况，提供24h全天候服务，有效避免 ESP 停机和故障，避免起下设备并减少对设备的操作，从而降低泵和控制器的失效，延长寿命，降低修井成本和生产延期成本。

（二）钻头奖——斯伦贝谢公司的 StingBlock 切削块

在容易引起底部钻具组合振动以及导致常规切削块遭受冲击损坏的地层的扩眼钻进中，StingBlock 切削块可提高机械钻速，增加挤眼器的进尺。StingBlock 主保径部位面积增大，并使用台阶状设计，可均匀地分布 StingBlock 切削块的受力，从而显著增加扩眼器的稳定性，提升抗冲击强度，减少横向振动。在美国墨西哥湾的现场试验表明，与普通扩眼器相比，装有 StingBlock 切削块的扩眼器机械钻速提高了29%，进尺增加了56%。

（三）钻井液/增产处理奖——Pegasus Vertex 公司的 CEMPRO+注水泥模拟工具

长期以来，固井行业面临的困难是如何设计好固井作业，尤其是如何提高顶替效率。CEMPRO+注水泥模拟工具为固井工程师提供一个综合、高效的模拟工具，可以模拟水力学特性、温度和顶替效率。该模拟工具依据的是流体力学和计算流体动力学方法，建立了一种有效的三维网格有限体积法，能够在短时间内模拟高保真的多相流顶替流动。它能模拟顶替效率，并利用动画将驱替结果图形化，显示流体混合过程。

（四）钻井系统奖——哈里伯顿公司的 JetPulse 高速钻井液脉冲遥测服务

JetPulse 高速钻井液脉冲遥测服务提供随钻地层评价测量，适用于深水和成熟油田的复杂结构井和大位移井，适应压力不超过30000psi的井下高压环境。JetPulse 服务包括一个一体化的井下发电机，为底部钻具组合提供电力。该发电机适合的堵漏材料浓度大于100lb/bbl。井下遥测系统还可以在单一的电池模式下工作，且无堵漏材料浓度的限制。它受井深的影响极小，可在很宽的井深度范围内提供一致的数据传输速率。

（五）钻井系统奖——威德福公司的 Endura 双套管磨铣技术

许多海上弃井项目需要在 $9\frac{5}{8}in \times 13\frac{3}{8}in$ 双层套管柱外设置永久屏障。在传统的套管回

收检索或磨铣技术应用效果不佳的井中，Endura 双套管磨铣技术（DSSM）是一种很好的解决方案。它通过 9⅝in 套管下入井内，扶正以后磨铣一段 13⅜in，形成一个窗口。地层得以暴露，便于打一段新的水泥塞，阻止地层流体窜流。例如，在自升式钻井平台上对一口海上生产井的枯竭层实施该技术，减少了磨铣所需的起下钻次数，节省了 17d 钻井时间，降低了弃井成本。

（六）勘探奖——沙特阿美公司的 DrillCam 综合实时系统

DrillCam 是一个集成的实时系统，它可以根据随钻地震分析，预测钻头前方和油井周围情况并进行成像，旨在准确预测高质量油气藏的地质导向，避免高压地层，确定取心深度和目标深度，从而优化钻井决策，提高采收率，降低成本。该技术将钻头作为震源，地面布设无缆检波器进行实时地震数据采集，实时记录并传输反射地震数据用于快速决策。关键因素是随着钻头深度的增加，对采集观测系统进行优化，获得钻头前方的最佳图像。

（七）地层评价奖——斯伦贝谢公司的 Pulsar 多功能全谱测井服务

Pulsar 多功能全谱测井服务是基于脉冲中子技术的新一代套管井测井仪，外径仅 1.72in，适用于大多数完井系统，在套管井地层评价和储层监测方面具有更高的精度。该服务集成了一个高输出脉冲中子发生器和多个探测器，在 175℃ 高温环境下可连续工作，工作时长不受限制；不依赖于传统的电阻率方法来识别岩石和流体，不管地层水的盐度是多少，都能准确地确定低电阻率地层的饱和度，适应从垂直井到水平井的各种井倾；不借助于钻机，也能独立完成套管井的地层评价和油藏监测，从而提高钻井效率和油井产能。

（八）HSE 奖——沙特阿美公司的二氧化碳提高采收率和碳封存项目

沙特阿美公司在 Uthmaniyah 油田启动了首个碳捕集封存（CCS）和二氧化碳提高采收率（CO_2EOR）项目。这是沙特阿美公司碳管理战略和路线图的一部分，是中东地区首个 CCS 和 CO_2EOR 项目，从规模和运营上看，也是全球大型 CCS 和 CO_2EOR 项目之一。项目每天捕获大约 $4000 \times 10^4 ft^3 CO_2$，每年碳减排约 $80 \times 10^4 t$。这些 CO_2 被压缩并输送到 85km 外的 Uthmaniyah 油田，以水汽交替注入的模式注入水淹区进行 CO_2EOR 驱油。

（九）水力压裂/压力泵奖——Stage Completions 公司的 SC Bowhead Ⅱ 系统

SC Bowhead Ⅱ 系统是一种单点进入系统，可满足传统精确压裂系统设计遇到变更时的需求。它是一种投可溶解球激活和夹头激活的压裂滑套系统，用于套管井和裸眼井。可提供多种压裂段长度，便于精确地从阀门激活，能够在更长的水平井段内以更小的间距进行无限级压裂，不需要单独起下钻进行安装和坐封球，不需要电缆射孔，不需要连续油管来激活滑套，只需要将夹头放置到需要的位置，然后重复使用，省水省时高效，提高资金利用率，增加最终采收率。

（十）智能系统和组件奖——斯伦贝谢公司的 WellWatcher Advisor 实时智能完井软件

WellWatcher Advisor 实时智能完井软件可以 1s 的频率将采集到的数据转换为可操作信息。之前需要数周和数月人工研究获取的数据分析工作流，现在可以在数小时和数天内自动完成。软件用户可以从任意计算机上获取井数据，通过对流量、压力梯度和生产率等参数进行综合计算，给用户带来更深入的理解，适用于现有的大多数实时数据流。计算和警报系统对可能出现问题的位置和时间进行预报，为用户节约故障排查时间和停工时间。

(十一) IOR/EOR/修井奖——通用贝克休斯公司的 Torus 安全阀

传统安全阀的挡板式闭合结构限制了连续油管、控制线和电缆通过阀门，必须调动修井机重新完井部署新阀门，作业过程复杂且昂贵。Torus 插入式安全阀可以完成一系列无钻机过油管灵活作业，插入增产设备同时保持安全阀功能。阀门采用滑动套筒设计取代挡板阀门控制生产，是唯一一种可以为毛细管线、电缆和连续管提供永久同心管道的插入式安全阀，可在成熟井中快速安装增产设备，无须修井机。

(十二) 不压裂完井奖——Reveal 能源服务公司的裂缝图技术

IMAGEFrac 压力裂缝图技术允许操作人员使用流线型压力裂缝图监测全部井，提供完井效果早期视图，以最小的操作风险和成本对完井设计进行验证。该技术可以作为工厂化油田开发的完井设计早期预警系统，增加油藏接触面积。在水力压裂施工井附近的监测井口放置压力表，可以计算出压裂井压力裂缝图，然后利用完全耦合的 3D 模型来对裂缝图进行计算，模拟压裂井中的压力响应。系统已在北美几个主要盆地进行了 2500 多级的现场验证。

(十三) 陆上钻机奖——威德福公司的 AutoTong 系统

AutoTong 系统能够自动完成上卸扣，并自动评估上扣。作为一套完整的起下管具技术，AutoTong 系统包括机械大钳和自动评估软件。自动评估软件使用专有算法和实时上扣数据，能够准确解释 10 倍于人眼识别的数据点。AutoTong 系统使用高分辨率数据自动评估上扣，安装大钳上的计算机管理每次上扣，从而消除上扣时的人为误差，提高上扣效率，降低安全风险。

(十四) 海底系统奖——钻石海洋公司的螺旋槽浮力系统

螺旋槽浮力系统由聚氨酯或复合泡沫材料制成，在外径上通过螺旋槽图案来抑制涡旋诱导振动（VIV）。新系统可以使用现有的模具和标准制造方法，可以像标准圆柱形浮力系统一样进行运输、控制、运行和存放。与传统浮力系统相比，新系统抗堆叠"挤压"力更强，成本较低，降低了钻井隔水管的阻力，改善了差压定位，并减少了船舶排放，允许在极端电流条件下安装立管整流罩。2017 年的性能测试结果证实了系统具有与现有立管整流罩设计系统相当的 VIV 抑制和减阻效果。

二、2018 年 OTC 聚焦新技术奖

2018 年海洋石油技术会议（OTC）于 4 月 30 日—5 月 3 日在"世界油都"休斯敦召开。OTC 会议是全球规模最大、历史最悠久的石油行业盛会之一，从 2004 年开始，每届会议推选出若干项值得推广、有经济效益、令人瞩目的新技术授予"聚焦新技术奖"。评委会具有严格的评选标准：（1）时效性——技术投入市场或公开发布日期未满两年；（2）创新性——必须是原创的突破性技术，对海上勘探开发产生革命性影响；（3）可行性——已完成先导试验或全方位应用，并得到证实；（4）广泛性——得到业界广泛关注和好评；（5）影响性——与现有技术相比具有可观的经济效益，对业界影响显著。此外，对环境的影响也是一项重要的评判标准。2018 年 OTC "聚焦新技术奖"经过激烈角逐已经尘埃落定，14 家公司的 17 项技术获此殊荣，中国企业首次荣登榜单。

附　录

（一）Aegion 涂层服务公司的 ACSTMHT-200 超高温海底湿式保温系统

这是一种端到端的深水解决方案，由覆盖绝缘层的耐腐蚀涂层组成，上面涂覆坚韧的聚丙烯，用于管道、立管、现场接头以及海底设备，操作温度高达 204℃（400°F）。

（二）Ampelmann 公司的 N-type"Icemann"运动补偿舷梯转移系统

该系统可在温度低至 -28℃（18°F）的严冬季节安全转移工作人员。全封闭隔热系统可用于浪高 3.5m 的海况，已获得 DNV-GL-OS-A201 防冻设计认证。

（三）通用贝克休斯公司的 TERRADAPT™ 自适应钻头

钻头吃入深度可自主调节，以减轻黏滑效应，延长平滑钻井窗口，无表面相互作用。革命性的自适应吃入深度控制元件，可根据所钻地层岩性自动调整钻头的钻进力度。

（四）通用贝克休斯公司的 DEEPFRAC™ 深水多级压裂服务

该技术将非常规资源领域中已经成熟的工具和技术应用于海上完井作业，以提高作业效率和经济性。采用投球激活式滑套和 BeadScreen™ 专利返排控制技术，简化作业流程，缩短完井时间，可一次起下快速压裂 20 级以上。

（五）CoreAll 公司的智能取心系统

业内首款能够将地层评价数据实时传输到地面的岩心钻探系统，配合井下诊断和岩心堵塞指示器，不仅可以提高数据质量，还能节约勘探活动的时间和成本。

（六）Delmar Systems 公司的 RARPLUS™ 快速分离技术

可使钻机在几分钟内完全与系泊设备分离，以躲避浮冰、气旋风暴及其他紧急情况，并提高钻机搬迁效率。凭借备用的机械分离功能，提高了在浅水区域作业的动力定位/系泊钻机的灵活性。

（七）Dril-Quip 公司的 HFRe™ 自动化海上钻井立管系统

专门为高温高压设计，采用一种耐疲劳性能达 4×10^6 lbf 的无螺栓联轴器，联合 SmartSpider™ 技术进行高效作业，达到 API 16F/TR7 标准。在安装期间可以及时提供重要的反馈信息，无须钻台工作人员，降低了作业风险和成本。

（八）Expro 公司的新一代接地钻杆（NGLS）

NGLS 按照最新 API 17G 标准制造，将尖端技术与突破性分析检验技术相结合，将为全球油气行业提供最佳的海底修井和调试系统，并提供完整的安全系统解决方案。

（九）哈里伯顿公司的 GeoBalance® 自动控压钻井系统

该系统是一套包含软件和硬件的服务包，可完成从钻井到完井期间的压力自动控制。它将自动节流阀、钻井泵分流装置、流量计与先进的控制算法及成熟的液压建模技术相结合，在整个建井期间，为离散点提供精确的压力控制。

（十）哈里伯顿公司的 $9\frac{1}{2}$in 方位岩性密度（ALD™）随钻测井服务

业内首款大尺寸随钻测井服务，井眼尺寸适用范围为 $14\frac{1}{2} \sim 17\frac{1}{2}$in，能够提供方位密度、光电和超声波井径数据，以提高对油藏的理解，减少建井时间。

（十一）LORD 公司的 10K 完井修井立管柔性接头

紧凑型柔性接头，可耐压 1×10^4psi，小尺寸船不需要应力接头或伸缩接头即可操作顶部张紧的立管，从而完成低成本的高压修井作业。在更换底部应力接头时，井口受力显著降低，可在单井进行多次修井，延长油田寿命。

（十二）洛阳威尔若普检测技术公司的 TCK. W 自动实时在线钢丝绳检测系统

TCK. W 自动实时在线钢丝绳检测系统采用先进的"弱磁"检测技术，将彻底改变人类周期性视觉检测方式，通过在操作过程中连续不间断检测，使安全监控达到最高状态，成功地解决了困扰业界长达百年的钢丝绳检测技术难题，检测结果达到国际领先水平。

（十三）NOV 公司的 NOVOS^{TM} 反馈式钻井系统

NOVOS^{TM} 是业界唯一的反馈式钻井系统，可优化钻井设计，保证任何操作的可控性和连续性，可自动进行重复钻井作业，提高了安全性和钻井承包商的效益。

（十四）NOV 公司的 Seabox^{TM} 海水回注技术

Seabox^{TM} 使用一种具有颠覆性又很简单的概念，可以在海底处理海水，从而提供高品质的海水回注，补充油藏压力。在下游泵吸入压力的驱动下，具有卓越的消毒和沉降能力，无须添加化学剂。

（十五）国际海洋工程公司的 E-ROV 水下机器人

E-ROV 是一个通过电池供电的独立遥控系统，能够长时间运行，无须回收至地面。系统由电动遥控探测器、4G 连接浮标和水下保护罩组成，无须水面船只，降低了作业成本和风险。

（十六）Oliden 技术公司的 GeoFusion475 侧向电阻率成像随钻测井仪

该仪器能够提供钻井、地层评价和生产优化方案。即使在滑动钻进时，也能提供大范围测量的高分辨率电阻率象限阵列。结合钻头电阻率、高分辨率井眼电阻率图像和方位伽马图像，为钻井工程师、岩石物理学家和油藏工程师提供优化的解决方案。

（十七）Teledyne 海洋公司的 FlameGuard^{TM}P5-200 电动穿孔器

近海行业的首款专利工具防火电动穿孔器，专门针对海上平台等需要 ATEX 和 IEC Ex 标准的潜在易燃环境安全操作而设计。当压力达到 5000psi 时，电动穿孔器额定电压 5kV、额定电流 200A，降低了人员和资产的风险。

三、2018 年世界石油奖

由美国《世界石油》杂志评选的 2018 年"世界石油奖"颁奖典礼在休斯敦举行，来自 350 多名油气上游行业的专家组成的委员会，对来自 20 多个国家的 290 项提名技术进行评审，93 项技术入围决赛，最终评选出最具开创性的 16 项技术及 2 项个人成就。

（1）最佳完井技术奖：Drill2Frac 公司的 Drill2Frac 工程导流服务。

（2）最佳数据管理和应用解决方案奖：通用贝克休斯公司的基于 AI 的故障检测系统 IntelliStream Rod Lift System。

（3）最佳深水技术奖：通用贝克休斯公司的轻型紧凑型水下采油树。

（4）最佳钻井和完井液奖：斯伦贝谢 M-I SWACO 公司的 PRIMO-FAZE 低油水比可逆无水油藏钻井液系统。

（5）最佳钻井技术奖：Tomax 钻井技术公司的 Curve Drilling AST。
（6）最佳 EOR 技术奖：斯伦贝谢 OneSubsea 公司的用于稠油开发的高增压泵。
（7）最佳勘探技术奖：沙特阿美公司的 SpiceRack 技术。
（8）最佳 HSE 奖（海上）：哈里伯顿公司的全球快速干预包（GRIP）。
（9）最佳 HSE 奖（陆上）：哈里伯顿公司的 BaraOmni 混合分离系统。
（10）最佳外展计划：油田援助之手 Oilfield Helping Hands。
（11）最佳化学品奖：通用贝克休斯公司的 FATHOM XT SUBSEA226 Black Oil Foamer。
（12）最佳生产技术奖：斯伦贝谢 OneSubsea 公司的湿气多相压缩机。
（13）最佳数字转型奖：哈里伯顿公司的油田之声技术。
（14）最佳油井完整性技术：通用贝克休斯公司的 SealBond 水泥垫片系统。
（15）最佳油井干预技术：通用贝克休斯公司的智能喷油器控制系统。
（16）最具创新思维奖：通用贝克休斯公司的 Sven Krueger 博士。
（17）终身成就奖：Frank Walles。
（18）新视野创意奖：斯伦贝谢公司的 DELFI 认知勘探开发平台。

四、2018 年 SEG 奖

勘探地球物理学家学会（SEG）奖主要奖给为行业做出杰出贡献的会员，其中莫里斯·尤因奖（Maurice Ewing Medal）是 SEG 奖中的最高荣誉。经评选委员会推荐，2018 年 SEG 奖主要颁发 11 项重要奖项，其中包括颁发首届克雷格·比斯利（Craig J. Beasley）社会贡献奖。

（1）莫里斯·尤因奖。

获奖者：Albert Tarantola。

Tarantola 被公认为是全波形反演（FWI）新兴领域的主要贡献者。他在该领域的著作已成为经典，他也是首位认识到地震偏移和地震反演之间密切关系的科学家，他证明了地震偏移是尝试迭代解决全波形地震反演问题的首要步骤。他在反演问题理论、贝叶斯概率表达和不确定性分析方面的开创性研究，不仅对勘探地球物理学，而且对全球地球物理学、医学影像以及其他科学和经济学领域都产生了深远影响。Tarantola 于 2009 年 12 月 6 日在巴黎去世，享年 60 岁，但他创立的理论永存。莫里斯·尤因奖章设立于 1978 年，授予勘探地球物理学的发展做出重大贡献而获得特别认可的人士。

多年来，Tarantola 对地球物理学界的贡献巨大。1982 年，他与巴黎国际地球物理研究所（IPG）的 Bernard Velette 合作，撰写了两篇有关反演理论的最重要论文，分别题为《反演问题＝探索信息》和《利用最小二乘准则求解广义非线性反演问题》。上述论文通过概率方法建立了离散反问题的框架，一经发表即获得地球科学界普遍认可。Tarantola 将这一套完整理论扩展应用于地震波形反演，并撰写了数篇有关声学及弹性的论文，奠定了地震全波形反演的基础。Tarantola 建立了伴生源概念以及模型数据与残差之间的互相关性，以计算波形反演（实际上是任何反演问题）梯度。他还指出，地震波形反演的首次迭代是地震偏移。工业界意识到这项工作的重要性，并资助成立了 GTG 联合会。在 GTG，Tarantola 利用合成记录和真实数据对其观点进行测试，并培养了许多在业界任职的学生。

(2) 克雷格·比斯利社会贡献奖。

获奖者：Paul D. Bauman。

Paul D. Bauman 在乌干达、印度尼西亚和马拉维从事人道主义地球物理工作已逾 10 年，并在卡库马和乌干达成功完成了 SEG 无国界地球科学家项目。自 20 世纪 90 年代初期成立 Komex（现为 Advisian）地球物理学小组以来，Paul 为推动地下水勘探和社区供水项目发挥了重要作用。2014 年，作为联合国难民署水、环境卫生与个人卫生（WASH）倡议的一部分，Paul 志愿服务于小型非政府组织 IsraAID，面向生活在肯尼亚卡库马难民营（容纳 186000 人）及其周围严酷干旱条件下的难民和图卡纳人社区教授了水文地质和地下水勘探入门课程。在 SEG 无国界地球科学家项目（GWB）人道主义援助基金的资助下，Paul 于 2016 年 1 月率领一支地球物理学家志愿者团队和设备回到卡库马，安装了至少 3 口高产水井，为大约 60000 名难民和图卡纳人提供了安全饮用水。2018 年 1 月，GWB 的第 2 笔赠款用于乌干达北部的另一个志愿者项目，Paul 带队了一组地球物理学家和水文地质学家，向当地村民讲授如何修复受损水井以及如何使用捐赠的地球物理设备建造新水井。

(3) 维吉尔·考夫曼金奖。

获奖者：Mrinal Kanti Sen。

维吉尔·考夫曼金奖（Virgil Kauffman Gold Medal）授予在技术或专业方面为促进地球物理勘探做出杰出贡献者。Mrinal Kanti Sen 为得克萨斯大学奥斯汀分校地球物理研究所教授兼杰克逊地球科学学院主席。Mrinal 在过去的 5 年一直从事推进勘探地球物理方面的工作，在弹性各向异性波传播、计算地震学、FWI、裂缝分析地震数据反演、流体含量、岩石性质和提高分辨率、储层表征以及二氧化碳封存等应用地震学方面做出了重要贡献。

(4) 雷金纳德·弗森登奖。

获奖者：John Burg 和 Necati Gülünay。

雷金纳德·弗森登奖（Reginald Fessenden Award）授予在勘探地球物理学的某一理论或技术领域做出突出贡献者。

John Burg 在勘探地球物理信号处理领域做出了许多基础贡献，包括开发了多通道 Wiener 滤波技术，并将其应用于反虚反射、切片滤波以及地幔 P 波信号分析。他获得了反褶积领域的首项专利，在预测误差滤波器属性方面开展大量工作，并于 20 世纪 60 年代中期提出大熵谱分析（MEM），随后采用 Burg 技术产生可应用于 MEM 的更好的自相关性。

Necati Gülünay 提出的地震数据去噪和插值方法在全球范围内被广泛采用，已成为地震数据预处理工作流程的核心。其研究和实践反映了地球物理学与电气/通信工程之间的共生关系。他将 $f-x$ 反褶积方法扩展为 $f-x-y$ 反卷积方法，并实现 3D 商业化，还对 $f-k_x-k_y$ 域地震数据插值进行了创新，从而使得这些算法非常有效且准确。

(5) 终身会员。

获奖者：郑华生和朱宪怀。

郑华生先生自 2007 年以来一直担任 SEG 中国指导委员会副主席，是地球物理行业的杰出领导者，对 SEG 在中国的发展发挥了关键作用，包括吸纳公司（中国石油集团东方地球物理勘探有限责任公司，BGP）内部员工成为 SEG 会员，以及在中国推广 SEG 培训课程，吸引了来自三大国有石油公司、大学和研究机构的 2000 多名专业人员。

朱宪怀先生对 SEG 学会和 SEG 中国具有杰出贡献，曾获得 2012 年度 SEG 年会的雷金纳德·费森登科技成就奖，于2014—2017年担任SEG董事会理事，于1997—2002年担任SEG学会专刊《地球物理学》的副主编。此外，他还担任过多个委员会的成员或主席，并一直是SEG的重要志愿者。

（6）克拉伦斯·卡彻奖。

获奖者：Matteo Ravasi，Yunyue Elita Li和朱铁源。

克拉伦斯·卡彻（J. Clarence Karcher）奖授予对勘探地球物理学的科学技术做出重大贡献的年轻地球物理学家，获奖者必须在颁奖典礼前一年的11月1日不超过35周岁。Yunyue Elita Li自2014年获得博士学位以来已在《地球物理学》发表7篇论文，在《勘探前沿》发表1篇论文，与他人合著在《国际地球物理学杂志》发表1篇论文。Matteo Ravasi和朱铁源因其在Marchenko成像（首次应用于现场数据）、波场重建以及基于波场干涉测量的弹性RTM新理论等方面的杰出工作而获此奖项。朱铁源先生自2014年获得博士学位以来撰写了20篇经同行评审的论文，其中有10篇发表于《地球物理学》，他因利用黏声波理论研究衰减、Q-RTM补偿以及计算地球物理学方面的专业知识而享誉业内。

（7）特别表彰奖。

获奖者：Maria Angela Capello。

特别表彰奖主要表彰为公众、科学界或应用地球物理学界提供杰出服务的人士。Maria Angela Capello是SEG终身荣誉会员获得者，曾担任SEG副主席，2018—2019年度中东和非洲名誉讲师，为科学界和专业领域做出杰出贡献，在赋予妇女权利和为世界不同地区的石油行业发展人才方面发挥重要领导作用。多年来，她组织了关于地震解释、地震建模和4D地震等领域的各类学术活动、会议及相关研究。她是SEG妇女网络委员会的创始成员之一，也曾担任SEG全球事务委员会主席。她一直是SEG研发生产及解释委员会的成员。

（8）荣誉会员。

获奖者：Fred Aminzadeh。

Fred Aminzadeh曾担任国SEG主席，还曾任职于SEG研究委员会和全球事务委员会。在勘探地球物理学和地震信号处理领域做出了重要贡献，专注于应用地球物理、石油工程、计算机科学和电气工程学科界限的技术进步，发表了大量专著、专利和出版物；在地震弹性建模、地震模式识别和人工智能、油藏监测以及诱发地震方面进行了开创性工作。

（9）杰出教育家奖。

获奖者：Hendratta Ali和Kristina Keating。

Hendratta Ali和Kristina Keating获得2018年度SEG杰出教育家奖。Ali是堪萨斯州海斯市福特海斯州立大学（FHSU）地球科学副教授，她开发了10门新课程，包括3门研究生课程，1门虚拟在线课程，1门开放教育资源课程以及"学徒制"课程，让学生有机会作为行业专业人士的学徒获得实践经验，同时也应用他们在课堂上学到的技能和知识。Keating是罗格斯大学地球与环境科学副教授，她是近地地球物理学专业的杰出博士生导师。2018年，她主导了由国家科学基金会（NSF）资助的新GEOPATHS项目，旨在通过新颖的、基于现场/研究的学习活动来改进地球科学教育。她积极推动女性在科学、技术、工程、数学（STEM）领域的发展，开发了新的课程，包括与他人合作开发一门定量地球科学的必修课程，教授本科生重要的编程技能。她还自愿参加每周举行的研讨会，以帮助外国研究生提高写作技能。

（10）杰出成就奖。

获奖单位：美国经济地理局。

SEG 杰出成就奖授予对于显著提高勘探地球物理学科学水平有特定技术贡献的公司、机构或其他组织公司。过去一个世纪里，美国经济地理局对石油天然气勘探开发领域地球物理学做出了杰出贡献，主要包括：反射地震学和地震地层学的早期发展，将 3D 地震技术转让给得克萨斯州和周边各州的独立地震监测公司，向公众发布 3D 数字地震数据库，监督和管理 Devine 试验区，建立数个专门的地震研究实验室，培养研究生，为 K-12 学生的地球科学教学提供支持，以及维护美国最大的岩心库等。

（11）塞西尔绿色企业奖。

获奖者：平行地球科学公司。

塞西尔绿色企业奖（Cecil Green Enterprise Award）的获得者是平行地球科学公司（Parallel Geoscience Corporation，PGC），获奖人员包括 Daniel Herold、Robin Herold 和 Peter W. Flanagan。PGC 开发了计算机端地震处理软件，其主要产品为地震处理工作平台（Seismic Processing Workshop，SPW）。SPW 最初运行于使用协处理器的 Macintosh 计算机以提高处理速度，随后公司对软件进行了重写，从而可以在 Windows、Linux 和 Mac 操作系统之间进行移植。PGC 与 Sandia 和 Los Alamos 实验室、法国石油研究院（IFP）、美国地震学研究联合会（IRIS）全球多家研究机构合作，在 70 多个国家/地区安装了 1000 多套 SPW。

五、2018 年 SPE 全球奖

SPE 奖由石油工程师学会（SPE）设立，颁给对石油行业做出重大技术贡献的会员，以及为社会做出卓越服务和领导贡献的会员。SPE 奖分为全球奖和地区奖，全球奖评选出全球各大学、公司及研究机构的有限个人。2018 年，SPE 全球奖于 9 月在得克萨斯州达拉斯举行的 ATCE 年度颁奖宴会上颁发。全球奖有 21 个奖项，包括石油工程学科杰出成果奖、杰出会员奖、杰出服务奖、健康安全环境奖、地区服务奖等。

（1）荣誉会员（6 人）：Christine Ehlig-Economides、Behrooz Fattahi、C. Susan Howes、Mridul Kumar、Madelyn Holtzclaw 和 Stefan Miska。

（2）杰出会员奖（20 人）：Yucel Akkutlu、Ghaithan Al-Muntasheri、Ashraf Al-Tahini、Mohammed Badri、Linda Battalora、Elizabeth Cheney、Eldon Dalrymple、Mohammad Fassihi、Daniel Georgi、Berna Hascakir、Jan Dirk Jansen、Chet Ozgen、Terry Palisch、Ian Phillips、Alejandra Reynaldos Rojas、James Sheng、Ovadia Shoham、Pedro Silva、Rick Stanley 和 Michael Thambynayagam。

（3）约翰·富兰克林·卡尔奖：Sadanand Joshi。

（4）安东尼 F. 卢卡斯金奖：Robert Barree。

（5）莱斯特·C. 尤伦奖：Jitendra Kikani。

（6）德高利杰出服务勋章：Anuj Gupta。

（7）查尔斯·兰德纪念金奖：Scott Sheffield。

（8）罗伯特·厄尔·麦康奈尔奖：Ali Ghalambor。

（9）公共服务奖：David C. Baldwin。

（10）杰出服务奖（5 人）：Annie Audibert – Hayet、Deepak M. Gala、Mohan Kelkar、Terry Palish 和 Hemanta Sarma。

（11）杰出成就石油工程教员奖：Jan Dirk Jansen。

（12）年轻会员杰出服务奖（5 人）：Zeid Ghareeb、Rafael E. Hincapie、Francis Oko、Yogashri Pradhan 和 Mouza Al Houqani。

（13）塞德里克·K. 弗格森勋章：Mahdi Haddad – Medal Jing Du 和 Sandrine Vidal Gilbert – Certificates。

（14）完井优化与技术奖：C. Mark Pearson。

（15）钻井工程奖：Dan Scott。

（16）储层评价奖：Leonty Tabarovsky。

（17）健康、安全、安保、环境和社会责任奖：Richard Haut。

（18）管理和信息奖：Pierre Delfiner。

（19）生产经营奖：Jennifer Julian。

（20）项目、设施和施工奖：Siamack Shirazi。

（21）油藏描述与动态奖：Mustafa Onur，自动当选为 SPE 杰出会员。